白兰地工艺

王恭堂　编著

中国轻工业出版社

图书在版编目（CIP）数据

白兰地工艺学/王恭堂编著．—北京：中国轻工业出版社，2025.1

ISBN 978-7-5019-3354-9

Ⅰ.①白…　Ⅱ.①王…　Ⅲ.①白兰地酒—酿酒—生产工艺　Ⅳ.①TS262.3

中国版本图书馆 CIP 数据核字（2001）第 057434 号

责任编辑：江　娟
策划编辑：江　娟　　责任终审：滕炎福　　封面设计：锋尚设计
版式设计：丁　夕　　责任校对：晋　洁　　责任监印：张　可

出版发行：中国轻工业出版社（北京鲁谷东街 5 号，邮编：100040）
印　　刷：三河市国英印务有限公司
经　　销：各地新华书店
版　　次：2025 年 1 月第 1 版第 3 次印刷
开　　本：850×1168　1/32　　印张：12.75
字　　数：332 千字
书　　号：ISBN 978-7-5019-3354-9　　定价：68.00 元
邮购电话：010-85119873
发行电话：010-85119832　010-85119912
网　　址：http://www.chlip.com.cn
Email：club@chlip.com.cn

242207K1C103ZBQ

重印说明

一

2002年1月，我编写的《白兰地工艺学》第一次印刷，至今已有17年。这段时间，我国的葡萄酒、白兰地工业得到长足的发展，白兰地企业由几家发展到上百家，白兰地产品结构和质量日趋臻美，逐渐与国际接轨。特别值得骄傲的是，张裕公司的白兰地工业发展得又快又好。张裕公司投资2亿元，建成可雅白兰地酒庄，生产的可雅白兰地在国际评比中达到同类产品的先进水平，可以与法国的科涅克媲美，这是国人的光荣和自豪。2019年6月28日，中国酿酒工业协会把“中国白兰地第一庄”的牌匾授予张裕公司。

二

我国的白兰地工业正处于快速发展时期，白兰地从业人员需要专业书籍参考学习。到目前为止，《白兰地工艺学》还是我国唯一的白兰地专业书。因第一次印刷印数有限，几年前《白兰地工艺学》就出现脱销，旧书店买一本原版《白兰地工艺学》，要价200~400元。市场上出现了盗版翻印本，价格五花八门，印刷质量也很差，给读者造成不便。很多朋友向我索书未果后，劝我再版。我退休多年，本已无所牵挂，但见到自己的作品为业内接受认可，市场上一书难求，甚感欣慰。现为了白兰地这个我为之奋斗一生的行业发展，为了让更多有需求的读者能够得偿所愿，决定重印。

三

重印之前，又将《白兰地工艺学》从头至尾通读一遍，觉得原书内容与当前我国白兰地的生产形势仍然吻合。书中概括了法国白兰地、苏联白兰地的生产工艺，如实地记述了我国白兰地，特别是张裕白兰地生产发展的历史过程，这些资料不会过时，这次重印，原书文字结构不做改动，尽量保持原书原貌。同时，为进一步提升本书质量，增强实用性，对以下三处做了调整：

1. 白兰地过滤使用的棉饼式过滤机，已经过时，该部分删除。

2. 现第五章第八节“白兰地蒸馏设备的自动化控制”是新增内容，由烟台裕昌机械有限公司石勇智总经理亲自撰写并提供。自动化控制是工业技术进步的重要方向，衷心感谢石勇智总经理的点石成金之笔，使再版之书与时俱进。

3. 原版书的图片质量较差，分辨率太低。衷心感谢中国葡萄酒信息网孙志军总编辑，重新选择替换了书中部分图片，再版书给人焕然一新的感觉。

随着科学技术日新月异的进步，随着白兰地工业实践经验的丰富和科学研究的深入，我相信，不久的将来，中国一定能有人写出理论更新颖、实践更丰富的白兰地工艺学。长江后浪推前浪，一代更比一代强，这是自然的规律，是历史的必然。我这本《白兰地工艺学》，算是为后人抛砖引玉吧。

王恭堂

2019. 8. 1

前　言

白兰地是世界上通畅型饮料酒，也是国际上酒类贸易的大宗商品。法国的科涅克酒是世界公认的最好的白兰地。作为商品贸易的白兰地起源于法国，至今已有将近300年的历史。

我国最早生产白兰地的厂家是烟台张裕葡萄酿酒公司。建厂初期，该公司称他们的白兰地为“可雅白兰地”，很可能是取“可雅克白兰地”音译兼意译。就像张裕公司把他们生产的“VER-MUT”（意大利文）译作味美思，既是确切的音译又是巧妙的意译。1915年张裕公司的白兰地在旧金山万国博览会上，获得巴拿马金奖。从此以后，张裕公司生产的白兰地称为“金奖白兰地”。这个名字一直沿用至今。

1928—1948年，张裕公司的酿酒师是意大利人巴蒂士多奇。1948年，巴蒂士多奇从烟台去上海。张裕公司曾派人到上海，邀请巴蒂士多奇回张裕公司，继续担任酒师，被谢绝，然后他便从上海回到意大利。

遗憾的是巴蒂士多奇离开张裕公司时，没有留下白兰地生产的完整工艺和配方。在20世纪30年代后期和40年代初期，朱梅工程师曾经在张裕公司担任张裕公司的副总经理。新中国成立初期，朱梅工程师已经调到轻工业部工作。烟台在新中国成立后，朱梅工程师到张裕公司召集老工人，回忆巴蒂士多奇生产白兰地的工艺和配方，然后加以整理和验证，形成一套生产白兰地的完整工艺和配方。按此工艺、配方生产的金奖白兰地，1952年即获得“国家名酒”称号，成为新中国成立后我国最早的八大名酒之一。在以后的历届评酒会上，张裕公司的金奖白兰地都被评为国家名酒，多次在国内外评比中获得金牌奖。

新中国成立前我国生产的白兰地，主要是靠红糖发酵，蒸馏得到的原白兰地，有时也用糖蜜酒精。当时的红糖发酵，还不知道使用人工培养的酵母菌种。每年葡萄收获季节，选择部分好葡萄，在阴凉通风处晾成葡萄干。需要进行红糖发酵时，首先把葡萄干投进大型玻璃瓶里，加水浸泡，并拌加一定量的红糖。葡萄干上的野生酵母自然就繁殖起来，用它作菌种，加到发酵桶里或发酵池里去发酵。

以红糖酒精（或糖蜜酒精）为主体，勾入少量葡萄酒蒸得的原白兰地和葡萄皮发酵后蒸得的原白兰地，并调入进口的白兰地香精，这就是老张裕公司留传下来的白兰地工艺。据张裕公司的老工人回忆，当年巴蒂士多奇一个人关在屋里，把几种白兰地香精按比例在玻璃瓶里混合在一起，然后叫工人抱着大瓶加到配酒池里，并搅拌均匀。一批一批的白兰地就是这样配成的。有心的工人把他用过的香精空瓶搜集起来，根据空瓶的比例，悟出各种香精的比例和用量。

新中国成立后采用人工培养的酵母，发酵蒸馏红糖原白兰地，并增加了葡萄酒蒸得的原白兰地和皮渣白兰地的比例，但仍使用少量的进口香精调配白兰地。虽有少量生产纯葡萄酒蒸馏的白兰地，但由于工艺不对路和调入了过多的香精，因此，即使这种类型的白兰地，仍无法与国外中高档白兰地相比，辣口刺喉，不协调，欠雅致，缺乏科涅克白兰地的典型性。不言而喻，这种白兰地出口量少，售价低，不能与国际市场上的法国白兰地竞争。

早在 1964 年，外贸部门就提出，希望工业部门能改进和提高白兰地的质量，扩大白兰地的出口创汇。由于历史原因，使这项工作迟迟不能开展。

1972 年轻工业部把“优质白兰地、威士忌的研究”，作为重点研究项目，列入轻工业部1973—1977年的科学技术发展规划。该项目由郭其昌教授级高级工程师负责。1972年初，郭其昌工程师就组织北京东郊葡萄酒厂和烟台张裕葡萄酿酒公司等单位，开始进行白兰地的研究。研究组成立后，郭工主持在北京召开会议，探讨了资料的搜集、研究计划、物资的筹办等。大家的干劲很大。郭工对白兰地的研究投入极大的工作热情。由于他的奔走呼号，到处争取，白兰地研究工作需要的物资得到中国粮油食品进出口总公司的大力支持。在9个月内筹集到法国科涅克白兰地样品（VSOP级）6箱，引进法国橡木桶（350L）40个，并搜集到有关的技术资料，汇集成册。

苍天不负有心人，郭工领导的白兰地研究小组，到1977年11月研究报告提出时，经过5年的辛勤工作，达到预期的研究目的。经过鉴定，研制成的优质白兰地，达到VSOP级白兰地的水平。

烟台张裕葡萄酿酒公司积极参与优质白兰地的研究工作。在陈朴先工程师和沈霖忍技术科长的领导下，张裕公司的工程技术人员：林文炳、任其瑞、张桂英、王恭堂、王世斟、孙雪梅等，围绕优质白兰地的研究，都分别承担了一定的科研题目。有的研究酿造白兰地的葡萄品种；有的研究白兰地原料酒的发酵及白兰地酵母菌种的分离；有的研究蒸馏、贮藏、勾兑调配、分析检验等。以上同志的工作为我国白兰地工业的发展，做出了应有的贡献。

由于白兰地生产的周期很长，以郭工为首的对优质白兰地的研究课题项目结束以后，张裕公司继续进行科涅克型白兰地生产工艺的研究。由于王世斟同志的执着追求，他对白兰地调配和勾兑研究做出了突出贡献。1984年，张裕公司研究成功的XO级白兰地，通过技术鉴定。1985年该项目成果获得山东省科技进步二等奖。1988年在雅典举行的世界优质产品评选会上，张裕XO级白兰地获得国际金奖。它标志着我国白兰地的研究达到一个新水平，摆脱了配制酒型的白兰地。张裕公司按科涅克工艺生产的白兰地，在世界的东方独树一帜。

笔者走出学校门，进入张裕公司，就一直从事葡萄酒和白兰地的生产技术管理和科学技术研究，多次出国考察，多次参加有关的学术交流会议。葡萄酒和白兰地都是国际性的饮料酒，随着我国人民生活水平的提高，这两个酒种都会在我国得到发展和普及。有关葡萄酒酿造工艺的书籍，已经有许多的版本和翻译本。因此，我觉得有责任编写一本《白兰地工艺学》，填补这个领域的一项空白。

全书共分13章，系统介绍了白兰地生产的原料、酿造及蒸馏理论、设备，以及勾兑、调配和灌装工艺。本书的最大特点是理论和实践相结合，对国外的经验加以总结吸收，使之更适合我国国情。

本书可供葡萄酒厂的工程技术人员、高等院校师生及相关的科研技术人员学习和参考。在编写过程中，烟台大学唐吉辉高级工程师提供了有关法文资料的翻译，孙雪梅高级工程师帮助整理了有关的图纸和图片资料。在此对以上同志对本书所做的工作表示衷心的感谢。

王恭堂

2001. 6. 5

目　录

第一章　白兰地及其发展概论

第一节　白兰地——葡萄酒生命之水

白兰地是英文“Brandy”的音译。白兰地是一种蒸馏酒，以水果为原料，经过发酵、蒸馏、贮藏、陈酿而成。以葡萄为原料的蒸馏酒称为葡萄白兰地。通常讲的白兰地，都是指葡萄白兰地。有些国家，把白兰地看作是“葡萄酒的生命之水”，所以按国际上的惯例，白兰地就是指葡萄白兰地。以其他水果原料酿成的白兰地，应冠以原料水果的名称，如樱桃白兰地、苹果白兰地、桃白兰地、李子白兰地等。

国际上通行的白兰地，酒精含量在40%vol左右，色泽金黄晶亮，具有幽雅细腻的葡萄果香和浓郁的陈酿橡木香，口味甘洌，醇美无瑕，余香萦绕不散。

目前世界上产量最大、声誉最高的白兰地是法国科涅克（Cognac）。科涅克是白兰地的一种，是指在法国科涅克地区种植的葡萄，并在当地采摘、发酵、蒸馏和贮存所得到的白兰地。法国的法律规定，不是科涅克地区生产的白兰地，即使工艺和科涅克相同，只能称白兰地，而不能称为科涅克。因此，科涅克是一个以地名而命名的酒名。科涅克在世界上赢得了极高的声誉，与它严格控制质量有关。它明确规定酒的品质，清楚界定种植葡萄的地区，规定葡萄的品种和酿造工艺的具体细节。法国政府为了保证酒质，制定了严格的监督管理措施。

法国的地理环境和气候条件，极适合于葡萄种植，很早就使法国成为葡萄酒生产和出口的大国。16世纪时，法国夏朗德河

(Charente River) 沿岸的码头上，有很多法国和外国葡萄酒商人，他们把法国葡萄酒出口到国外。这种贸易都是通过航运实现的。当时该地区经常发生战争，因而葡萄酒的贸易常因航运中断而受阻。由于运输时间延迟，常常因低度葡萄酒变质而造成损失。为了解决这一难题，有的商人采用蒸馏的方法，即把葡萄酒通过蒸馏提取酒精，用于出口贸易，这就是原白兰地。

17 世纪初期，在科涅克地区出现了“两步蒸馏法”，这样生产出来的葡萄蒸馏酒，酒精含量提高，体积减小。在长途运输中，既节省了运费，蒸馏酒也不会发生变质，防止了葡萄酒在长途运输中由于变质而造成的损失。首先是荷兰商人在夏朗德地区设置首批蒸馏器，并逐渐得到了改进。后来法国人也掌握了这种技术，加以改进，逐步发展成现今广泛使用的“夏朗德式壶形蒸馏釜”。

从 17 世纪开始，特别是进入 18 世纪，市场逐渐形成。1701 年，法国卷入了西班牙的一场战争。战争使原白兰地的出口销路大跌，堆积了大量存货，不得不把存货装盛于橡木桶里贮藏起来。战争结束以后，人们惊奇地发现，长期贮藏在橡木桶里的白兰地，由无色变成晶莹透亮的金黄色，芳香浓郁，醇厚柔和，减少了原白兰地的辛辣味和刺激性。人们为这一偶然的发现而欢呼雀跃，奔走相告。高雅名贵的白兰地美酒就这样诞生了。用橡木桶长期贮藏白兰地，也成了白兰地酿造工艺的必需环节。

在法国商品市场上，白兰地是指质量一般的蒸馏酒，或是指品质较差、售价较低的蒸馏酒。法国真正的高档白兰地，不叫白兰地，而是以产地命名。如科涅克，来自法国的地名“Cognac”。法国阿尔马涅克地区生产的白兰地也很有名，即以产地阿尔马涅克命名，来自法国地名“Armagnac”。

法国的科涅克，是举世公认的最好的白兰地，久而久之，科涅克就成了白兰地的代名词。如俄语中称白兰地为“КОНЬЯК”，即为科涅克的音译。烟台张裕葡萄酿酒公司建厂初期称自己的白兰地为“可雅白兰地”也是科涅克的音译。

科涅克是法文“Cognac”的音译，在我国也有很多地方把法文“Cognac”译成“干邑”，这可能是因为我国南方地区最初引入法国白兰地（即科涅克），而后才在全国流行，所以当时用粤语把“Cognac”译成干邑，在南方地区沿用至今。

除了法国白兰地以外，其他盛产葡萄酒的国家，如西班牙、意大利、葡萄牙、美国、秘鲁、德国、南非、希腊等国家，也都生产一定数量、风格各异的白兰地。独联体国家生产的白兰地，质量也很优异。

著名的研究中国科学史的英国专家李约瑟（Joseph Needham）博士，曾经发表文章认为，世界上最早发明白兰地的，应该是中国人。

明朝大药学家李时珍在《本草纲目》中写道：葡萄酒有两种，即葡萄酿成的酒和葡萄烧酒。所谓葡萄烧酒，就是最早的白兰地。《本草纲目》中还写道：葡萄烧酒是将葡萄发酵后，用甑蒸之，以器盛其滴露。这种方法始于高昌，唐朝破高昌后，传到中原大地。高昌即现在的吐鲁番，说明我国在1000多年前的唐朝时期，就用葡萄发酵蒸馏原白兰地。

中国人用甑蒸馏白酒、葡萄烧酒，已经有1000多年的历史。西方科学家一致认为，中国是世界上最早发明蒸馏器和蒸馏酒的国家。后来这种蒸馏技术，经过丝绸之路传到西方。进入17世纪，法国人对古老的蒸馏设备加以改进，制成了蒸馏釜，或者叫夏朗德式蒸馏锅，成为如今蒸馏白兰地的专用设备。法国人又意外地发现橡木桶贮藏白兰地的神奇效果，完成了酿造白兰地的工艺流程，首先生产出质量完美、誉满全球的法国白兰地。

白兰地首创于中国，这是历史事实。但是由于中国长期的封建社会统治，阻滞了科学技术的进步，使中国的白兰地始终停留在原始水平上。就像中国古代的四大发明，在中国长期停滞在原始水平上，传到西方后就变成巨大的生产力。直到 1892 年烟台张裕葡萄酿酒公司建立，才开创了我国葡萄酒和白兰地工业的新纪元。

1892 年，爱国华侨张弼士先生，投资 300 万两白银，在烟台建起了张裕葡萄酿酒公司。聘请欧洲的葡萄酒专家，设计建造生产厂房，并引进酿造葡萄酒和白兰地的优良品种，在烟台开辟东山葡萄园和西山葡萄园。

烟台地区的土壤和气候条件，极适合于发展酿酒葡萄品种。有了好的葡萄品种和质量，有了先进的生产设备和生产技术，张裕公司在建厂初期，即生产出品质超群的葡萄酒和白兰地。1912 年 8 月 20 日，孙中山先生光临张裕公司，品尝了张裕公司的产品后，题赠"品重醴泉"，推崇赞扬。1915 年在美国旧金山市举行的万国商品博览会上，张裕公司的白兰地和葡萄酒获得巴拿马金质奖章和最优等奖状。张裕公司开创了我国工业化生产白兰地的新纪元，是我国白兰地工业的里程碑。张裕公司生产的金奖白兰地，一直保持着传奇品质，而且不断创新，不断增加花色品种。

第二节　广义的白兰地

葡萄白兰地按生产方法的不同，也可分为三种类型，即葡萄原汁白兰地、葡萄皮渣白兰地和葡萄酒泥白兰地。所谓葡萄原汁白兰地是指用葡萄的自流汁或压榨汁，发酵成原汁葡萄酒，而后蒸馏成原白兰地，这就是葡萄酒的生命之水，陈酿后可成为世界上最好的白兰地。科涅克和阿尔马涅克都是这种类型的白兰地。用发酵后的葡萄皮渣蒸馏成的白兰地，称为葡萄皮渣白兰地。用葡萄酒泥蒸馏成的白兰地，称为葡萄酒泥白兰地。葡萄皮渣白兰地和葡萄酒泥白兰地质量较差，售价也较低。葡萄皮渣白兰地甲醇含量较高，不能直接饮用，可少量地掺入到无甲醇酒精里，用于生产配制白兰地。葡萄酒泥白兰地里，含有大量科涅克油（白兰地油），香味太重，也无法直接饮用，只能用于生产配制白兰地。

用甘蔗糖的糖蜜或甜菜糖的糖蜜，稀释发酵后，醪液经过多塔蒸馏，提取符合食用酒精标准的精馏酒精。用这样的糖蜜酒精，与葡萄原汁白兰地、葡萄皮渣白兰地、葡萄酒泥白兰地，按一定的比例，混合勾兑起来，经过调香和贮藏，也能生产出质量很好的白兰地来。在国际上有很多国家生产这种配制酒型的白兰地。

1988 年 9 月 5 至 9 日，在法国巴黎召开的第 68 届国际葡萄与葡萄酒局会议上，由“生命之水与葡萄原料酒精研究会”专家组主席圣·古哈古·大贡娜斯博士夫人，做了《葡萄酒生命之水与白兰地》的报告。报告中，对白兰地概念的内涵与外延，做了广泛的论述。大贡娜斯夫人指出，在大多数生产国中，白兰地并没有一个准确的定义。或者说，白兰地是个广义词，在不同的国家里，白兰地具有不同的含义。在美国，白兰地可以表示不同的烈性酒饮料，既可表示较高档的葡萄白兰地，又可以表示低档的葡萄皮渣白兰地或葡萄酒泥白兰地。

英联邦国家，把白兰地看作是“葡萄酒的生命之水”的同义词。按照这些国家的定义，作为进入市场销售的白兰地，必须是采用新鲜的葡萄汁，不加糖或酒精，发酵蒸馏所得，并且要求至少 3 年以上的陈酿。

有些国家，如西班牙、希腊等，把白兰地作为混合调配的一种烈性酒。

法国生产的科涅克和阿尔马涅克是在世界上享有盛誉的白兰地，但这种产品不以白兰地命名，而以产地命名。法国也生产大量的白兰地。冠以“法国白兰地”的产品，并不全是葡萄酒生命之水的代名词。根据各市场的需要，“法国白兰地”可以采用以下方法酿制：

——传统方法酿制的葡萄酒生命之水；

——调制的葡萄酒生命之水；

——葡萄酒生命之水或用葡萄皮渣发酵蒸馏的酒精与中性的粮食酒精勾兑而成的。

在法国，没有一个法定的白兰地定义。它是根据各国法律对白兰地产品的相关规定，来选用原料酒精，调配成“法国白兰地”的。这种“法国白兰地”主要是对外出口，法国人很少饮用。

得益于法国的这种灵活性，把法国南部的葡萄园和北部的甜菜园有机地结合起来，即用葡萄酒精和甜菜酒精勾兑调配，可生产市场需要的“法国白兰地”。它不仅具有规定的白兰地的典型性，而且价格也很便宜，因为甜菜酒精比葡萄酒精便宜得多。

像法国这样做的国家还有如下几个：

——奥地利：根据奥地利的法律规定，白兰地是一种与粮食酒精勾兑的产品，其产品中需要含有不得少于15%的葡萄酒生命之水［蒸馏所得的生命之水酒精含量不得超过75%vol］。

——比利时：不存在葡萄酒生命之水和白兰地的法定命名，大部分白兰地都是从法国散装进口，在比利时装瓶出售。

——挪威：白兰地这个词意味着一种烈性酒精饮料，它是由进口葡萄酒生命之水和土豆酒精调配而成的。法国是第一大供应国，占进口葡萄酒生命之水总量的90%。

——荷兰：没有白兰地的法定命名。冠以“陈年”字样调配白兰地，是一种烈性酒饮料，是用葡萄酒生命之水勾兑中性酒精调配而成的。葡萄酒生命之水的供应商主要是德国和法国。

——南斯拉夫：规定进口的白兰地必须是真正的葡萄酒生命之水，本国称作科涅克。而国产的白兰地则是用30%的葡萄酒生命之水与精馏酒精勾兑而成。

——日本：根据其酒精含量的不同而各成系列。“特级白兰地”完全由葡萄酒生命之水制成，或者由葡萄酒生命之水与其他酒精勾兑而成，但其中葡萄酒生命之水不得小于27%vol，产品酒精含量不小于43%vol。一级白兰地也是一种调配白兰地，葡萄酒生命之水的含量不得小于17%，产品酒精含量在40%～43%vol。

很显然，法语中的白兰地是一种销售名称，具有很广的范围，既包含高档的产品，也包含低档白兰地。

中文“白兰地”，也具有很广的含义。虽然1997年颁布的《中华人民共和国GB11856—1997白兰地》中对白兰地是这样定义的：白兰地是以葡萄为原料，经发酵、蒸馏、橡木桶贮存陈酿、调配而成的葡萄蒸馏酒。实际上，目前我们国家生产的白兰地有两类，一类是按上述标准生产的纯葡萄白兰地，这类白兰地，质量较高，价格较贵，产量很少，占市场销售白兰地总量不足10%。另一类白兰地是用甘蔗糖蜜酒精和葡萄酒精勾兑调配而成的白兰地。在所用的葡萄酒精中，也可包含少量的葡萄皮渣白兰地和葡萄酒泥白兰地。这种皮渣白兰地和酒泥白兰地香气很浓，不能单独使用，少量的与糖蜜酒精混合使用，用于生产调配白兰地，可起到调香作用。目前我国生产的调配白兰地，在市场上占的比重很大，90%以上的市售白兰地属于这类产品。

第三节　我国白兰地工业的发展形势

一、白兰地工业的发展形势喜人

1949年张裕金奖白兰地的产量只有14.4t，1952年产量提高到26.36t。当时我国没有其他生产白兰地的厂家，所以这就是新中国成立初期我国白兰地的生产水平。

新中国成立前烟台张裕葡萄酿酒公司聘请外国人担任酿酒师。1949年，外国酿酒师弃职回国，把生产白兰地的工艺、配方等技术资料也随之带走。为了恢复生产，轻工业部的朱梅工程师（新中国成立前他曾担任过张裕公司的副总经理）到张裕公司，召集老工人和技术人员，座谈回忆白兰地的生产工艺。然后根据大家的回忆，整理成正式的工艺和配方，使张裕金奖白兰地这个产品得到继承和发扬。

1954 年，北京东郊葡萄酒厂建立，引进生产白兰地的设备和工艺，生产特制白兰地，成为中国正规生产白兰地第二家。

像我国的葡萄酒工业一样，新中国成立后在很长的一段时间里，白兰地工业的发展是很缓慢的。改革开放以后，我国的白兰地工业与国外有了频繁的接触和交流，引进了国外的设备、技术、产品标准和葡萄品种等，缩小了与国外的差距，较好地实现了与国外接轨。产品结构也发生了重大变化，除生产配制酒型的白兰地外，按科涅克工艺酿造的中国 XO 级白兰地也投放市场，并为消费者所认可。

从白兰地市场的消费量也可以看出我国白兰地工业发展的大好形势。目前我国的白兰地市场，国产白兰地年消费近 2 万吨。其中张裕公司白兰地年产量 1.5 万吨左右，占全国白兰地产量的 75%以上。

改革开放以来，每年有几十万箱法国白兰地涌向中国市场，成为沿海开放城市高档饭店、超级市场的一道亮丽的风景线。这对提高我国人民的白兰地欣赏能力和鉴别水平是有益的。

二、白兰地葡萄品种的研究

像葡萄酒一样，要酿造好白兰地，必须选择优良的白兰地葡萄品种。法国科涅克是举世公认的好白兰地。法国政府对生产科涅克的葡萄品种、栽培区域、土壤条件、栽培措施等，做了明确界定。

新中国成立以前我国生产的白兰地属于配制酒型的白兰地。这种档次较低的白兰地，由于价格低，长期在我国生产和销售，至今占领市场的主要份额。配制酒型的白兰地中，葡萄酒精占的比例较小，因而对这部分葡萄酒精，也没有葡萄品种要求。所以，长期以来，我国虽有白兰地生产，但对生产白兰地的葡萄品种，没有要求，没有研究。

1972年轻工业部下达了“优质白兰地和威士忌的研究”课题，由轻工业部食品发酵研究所郭其昌教授负责指导。烟台张裕葡萄酿酒公司和北京东郊葡萄酒厂承担优质白兰地研究的课题。

课题组成立后，首先对酿造白兰地的葡萄品种进行了试验选择。通过单品种的发酵、蒸馏、快速陈酿、品尝分析等，从本地区现有的葡萄品种中，选出了最适合酿造白兰地的葡萄品种。在烟台地区，适合白兰地的葡萄品种是：佳丽酿、白羽、龙眼等清淡香型的葡萄品种。北京地区适合酿造白兰地的葡萄品种是基米亚特、米斯凯特。试验认为，玫瑰香等浓香型的葡萄品种，不适合做白兰地的需要。

酿造科涅克的葡萄品种是白玉霓、鸽笼白、白福尔。这几个品种当时在我国有引种但没有大面积栽培。张裕公司白兰地试验小组用这三个品种进行单独酿造白兰地试验。试验证明，用白玉霓葡萄单独酿造的白兰地，果香浓郁，口味细腻，有法国科涅克的典型性。葡萄园进行的栽培试验也证明，白玉霓葡萄适合在烟台地区栽培，不仅可以稳产高产，而且葡萄的品质好，适合酿造白兰地的需要。

进入20世纪90年代以后，张裕公司为酿造优质白兰地，决定在本地区大面积发展白玉霓葡萄品种。目前张裕公司在烟台地区已建成200亩白玉霓葡萄基地。用白玉霓葡萄单品种酿造的白兰地，已投入生产，进入贮藏阶段。

天津中法合资王朝葡萄酿酒有限公司从20世纪80年代开始，引种白玉霓、鸽笼白、白福尔葡萄试验，并选出白玉霓为我国白兰地最佳酿造品种。目前王朝公司已在辖区基地内栽种400余亩白玉霓葡萄。

三、白兰地生产工艺的研究 、

自“优质白兰地和威士忌的研究”课题下达后，烟台张裕葡萄酿酒公司开始按科涅克的工艺生产白兰地的研究，主要的研究工作及成果如下：

1. 白兰地原料葡萄酒发酵的研究

白兰地原料葡萄酒可以带皮发酵，也可以皮渣分离后，将分离汁单独进行发酵。试验证明，将分离汁单独发酵，所酿成的白兰地口味更纯正。用于酿造白兰地的葡萄原料，破碎时不能加入 SO_2，原料葡萄酒发酵时也不能加入 SO_2。否则酿成的白兰地有不愉快的硫化氢味。

烟台张裕葡萄酿酒公司花费 3 年时间，自葡萄中分离出 7318#、7329#、7448# 等三株适宜酿造葡萄酒、白兰地的酵母菌株。用优选酵母对灭菌后的分离汁纯粹培养发酵，比自然发酵的原料葡萄酒酿造的白兰地要好些。但考虑到纯粹培养酵母发酵在生产上操作困难，而且自然发酵的原料葡萄酒与添加人工酵母发酵的原料葡萄酒所酿造的白兰地，差异不是很明显。所以研究确定，白兰地原料葡萄酒的发酵，还是以自然发酵为宜。

2. 原白兰地蒸馏方法的研究

为了研究白兰地的蒸馏方法，1973 年张裕公司自制了 200L 的小型壶式蒸馏锅。试验证明，用壶式锅蒸馏的原白兰地，比用蒸馏塔蒸馏的原白兰地，质量要好得多。北京东郊葡萄酒厂自制了 2000L 的壶式蒸馏锅，首先把壶式锅蒸馏原白兰地用到生产上。在此基础上，北京东郊葡萄酒厂又制作了十几组壶式蒸馏锅，形成高档白兰地蒸馏车间。

烟台张裕葡萄酿酒公司，在小试成功的基础上，1987 年自法国引进四套夏朗德式壶形蒸馏锅组，又仿制了五套这种锅组，成立了高档白兰地蒸馏车间，并正式投入生产。

现在张裕公司的高档原白兰地蒸馏，不仅采用法国的蒸馏设备，而且完全采用法国科涅克白兰地的蒸馏工艺，即采用二次蒸馏的生产工艺。第一次粗蒸，把白兰地原料葡萄酒急火蒸馏，得到粗馏原白兰地；第二次文火蒸馏，掐酒头，切酒尾，所取酒心即为原白兰地。这样得到的原白兰地，香气丰满，奠定了优质成品白兰地的质量基础。

3. 白兰地贮藏条件的研究

众所周知，白兰地必须在橡木桶里长期贮藏，才能逐渐成熟，成为陈酿佳酒。因而橡木的品种问题，制桶的工艺问题，木桶的形状和大小等问题，都对贮藏白兰地的质量有影响。

优质白兰地试验小组，通过试验认定，用作白兰地贮藏木桶，我国东北的橡木优于美国的橡木，但不如法国利穆森的橡木。1973 年，“优质白兰地和威士忌的研究”小组自法国购进 20 多个利穆森橡木制成的鼓形桶（每个桶的容量 330L）。分配到烟台张裕和北京东郊、西郊葡萄酒厂，分别进行贮存白兰地和威士忌的试验。试验证明，用法国木桶贮藏的白兰地，色泽金黄，香气浓郁，口味细腻，质量明显优于同样情况下国产橡木桶贮藏的白兰地。

1987 年烟台张裕葡萄酿酒公司，自法国引进 600 多个橡木桶，每个桶的容量为 330L，是法国利穆森的橡木制成的鼓形桶，用于贮藏壶式锅蒸馏的原白兰地。除了上述的工艺研究外，张裕公司还对白兰地的调配、勾兑工艺、冷冻过滤工艺、人工老熟工艺等进行全面系统的研究，攻克了许多难关，逐渐建立起一套完整成熟的白兰地生产工艺。

1985 年张裕公司研制的 XO 级金奖白兰地，通过省级技术鉴定，并获得山东省科委科技进步二等奖励。

1987 年国际葡萄酒局局长罗伯特 · 丁洛特先生，在烟台主持召开了“走向世界的烟台葡萄酒”学术讨论会。讨论会上，国内外的葡萄酒专家，对张裕公司 XO 级金奖白兰地给予高度评价。法国白兰地专家评价说：“张裕 XO 级白兰地质量很好，简直不可思议，可以和法国科涅克媲美。”

1988 年张裕 XO 级金奖白兰地在雅典举行的世界优质产品评比会上获得国际金奖。

1995 年张裕 XO 级金奖白兰地年生产能力达到几百吨，这是真正的 XO 级白兰地。

4. 白兰地技术标准的研究

新中国成立初期，我国白兰地生产，既无国家标准，也无行业标准，生产企业按自行制定的标准生产。

1989 年，我国发布了第一个白兰地国家标准，即 GB11856—1989。尽管这个标准存在很多缺陷，但我们国家生产白兰地终于有了统一的技术标准，结束了无标准生产白兰地的历史。

改革开放以后，我国白兰地工业发展很快。1989 年发布的白兰地技术标准，由于自身的缺陷和不足，制约了我国白兰地工业的发展。1997 年，我国发布了新的白兰地标准，即 GB11856—1997。新的标准对原标准做了许多重要的修改和补充。从这些修改和补充中可以看出我国白兰地工艺技术的进步。具体表现在以下几个方面：

（1）1997 年发布的白兰地标准，增加了特级（XO）白兰地的标准。1989 年以前，我国特级（XO）白兰地尚未形成商品，因而在 1989 年发布的标准中，没有特级（XO）白兰地的标准。1989 年以后，我国特级（XO）白兰地陆续投放市场，张裕 XO 级金奖白兰地年销售量达到 100t 左右，天津王朝等合资企业也生产 XO 级白兰地，所以在 1997 年发布的白兰地技术标准中补充了此标准。

（2）1997 年发布的白兰地标准，在理化指标中，引进了“非酒精挥发物总量”的概念。即把白兰地中，除酒精以外的挥发物，如挥发酸、酯类、醛类、糠醛、高级醇等，把它们的总量定作白兰地的标准。这是 1989 年的标准中所没有的，是引进国外的技术标准。

(3) 1989 年发布的白兰地标准，规定铜的含量≤0. 5mg/L；甲醇的含量≤0. 8g/L。实践证明，这两个标准规定得太低，生产根本无法做到。在 1997 年发布的标准中，根据国内外大量白兰地的实际检测结果，并参照法国及其他国家的白兰地标准，把这两个指标分别放宽到：铜含量≤6mg/L；甲醇含量≤2. 00g/L。

GB11856—1997 白兰地标准，是一个比较完整、成熟的标准，也是一个与国际接轨的白兰地标准。

5. 白兰地工业存在的问题与展望

世界上许多国家都生产配制酒型的白兰地。所谓配制酒型的白兰地，是以食用级中性酒精为主体，勾兑一定比例的葡萄酒精（包括葡萄皮酒精或酒泥酒精），然后用白兰地香精香料调配成的白兰地。这种白兰地调配成后，要经过橡木桶的长期贮藏，也可采用人工老熟的工艺，缩短贮藏期。法国、英国等西方国家，都出售白兰地的香精香料，不仅本国使用，也对国外出口。

法国的白兰地在世界上享有很高的声誉。法国除了生产科涅克型白兰地外，也生产配制酒型白兰地。这种配制酒型的白兰地，其市场销售量取决于产品质量。如若调配得法，质量好，成本低，价格便宜，也会有很大的市场容量。

配制酒型的白兰地可以生产，但我国配制酒型白兰地占的比例太大，就成了问题。它制约着白兰地产品质量的提高，甚至对白兰地消费有误导作用。

纯葡萄的白兰地——有人称它为“生命之水”。这种白兰地在我国已形成规模产量。以张裕公司为例，每年科涅克型的白兰地有几百吨的生产能力，但每年能销售的不足 100t。国产科涅克型的白兰地，尽管是国产品，但它的原料成本高，工艺复杂，酿造周期长，所以产品的售价自然要高得多，使消费者不敢问津，不能消费。就像有的消费者明知干型葡萄酒的质量好，但他宁肯喝半汁葡萄酒而不喝干酒，就是因为干酒售价太贵。

自改革开放以来，我国的白兰地生产在工艺技术上有了长足的进步，产品质量有了很大的提高。我国生产的XO级科涅克型白兰地，不仅得到国外专家的高度赞许，而且在国际评比中获得金奖。遗憾的是，这种白兰地在国内还没形成市场。任何事物都是发展的、变化的，都要有一个过程。只要白兰地生产厂家，能坚持不懈地改善和提高高档白兰地的质量，不断地降低生产成本，降低销售价格，并加大对高档白兰地的推销宣传力度，这种“真、善、美”的白兰地，就一定会有广阔的市场。

第二章　酿造白兰地的葡萄品种

第一节　葡萄品种与白兰地酿造

葡萄栽培的品种非常繁多，估计世界上现有葡萄品种 6000 多种，我国栽培的葡萄品种也有 600~700 种。

不同的葡萄品种都具有自己特殊的香味和口味。有的品种香气表现得特别浓，属于浓香型，如玫瑰香葡萄、黑虎香葡萄，都具有典型的品种香。有些葡萄的香气表现比较淡，属于弱香型或中性香型，如龙眼、白玉霓、白羽，它们的香气很难捉摸。一般说来，浓香型的葡萄适合于生食、制汁或酿造红甜葡萄酒；而弱香型或中性香型的葡萄，适合酿造白葡萄酒和白兰地的需要。

无论是浓香型的葡萄还是弱香型的葡萄，其香气成分都是非常复杂的。以玫瑰香葡萄的芳香物质为例，这种葡萄含有丰富的香精油。因此，许多葡萄酒酿造国家，为了提高玫瑰香葡萄酿酒的质量，特别注意这种葡萄香气成分的研究。苏联有人研究了生长在苏联不同地区的白玫瑰香和甜玫瑰香的香气成分，即将鲜葡萄压榨、浸提、浓缩，而后将提出来的玫瑰香葡萄的香精油，用色谱仪进行色谱分析，总共分析出玫瑰香葡萄的香气成分 87 种，包括各种酯类、醛类、醇类、酸类及萜烯类等。他们还发现，不同品种的玫瑰香葡萄及同样品种生长在不同地区的玫瑰香，其香气成分的量和质都有很大差别。他们认为虽然玫瑰香葡萄的香气成分有 87 种之多，但玫瑰香葡萄所特有的玫瑰或麝香香气，主要取决于萜烯醇类化合物的存在。这类化合物是沉香醇、风吕醇、橙花油醇和它们的复杂酯类——乙酸风吕醇酯、乙酸橙花油醇酯等。这些物质含量的变化，既取决于葡萄的品种，也取决于葡萄生长的地方。

玫瑰香葡萄具有明显的品种香，因而它的芳香成分是很复杂的。但是应该指出，即使闻起来具有弱香或中性香的葡萄品种，浆果中芳香物质的含量也不一定少。如白羽葡萄本身具有微弱的香味，接近中性香，然而它的浆果里却含有大量的芳香物质。

众所周知，白兰地的香气成分是非常复杂的，这种复杂的成分来源于三个方面：其一，来源于葡萄本身的香精油成分。葡萄品种的某些香气成分，随着葡萄原酒的加工和原白兰地的蒸馏，而转入葡萄原酒又转入原白兰地，直接参与白兰地的香气形成，并给予重要的甚至是决定性的影响。其二，来源于发酵过程及蒸馏过程。由于酵母菌及其他微生物的活动和化学作用所产生的各种酯类、醇类、醛类和有机酸类。其三是白兰地长期在橡木桶里贮藏陈酿，浸取橡木桶的芳香物质。

每一种白兰地，为了形成自己的香味、口味、酒体等方面的特点，保持自己固定的风格和典型性，除了要有相对固定的工艺，还要求使用相对固定的葡萄品种。特别是一些名牌产品，如法国的科涅克白兰地，它是使用科涅克地区的白玉霓、白福儿、哥仑巴葡萄酿造的。

不是所有的葡萄品种都符合加工白兰地的需要。适合做白兰地的葡萄品种，其浆果达到生理成熟时应该具有下列特点：

第一，糖度较低。因为葡萄品种含糖低，所发酵的白兰地原料酒，简称白兰地原酒，自然酒精含量低，用这样的原酒蒸馏单位容量的原白兰地，消耗的原酒相对要增多。也就是说，生产单位容量的原白兰地，所需消耗鲜葡萄的数量要增多，这样就有可能把较多的葡萄浆果中的芳香物质集中到单位容量的原白兰地中，使所得白兰地具有应有的品种香的典型性。

第二，酸度较高。达到生理成熟的葡萄品种，含有较高的滴定酸，用这样的葡萄做成的白兰地原酒滴定酸自然也高。滴定酸的含量，与蒸馏时酯的形成有关系，而这种酯是形成白兰地的芳香所必需的。

第三，具有弱香或中性香，品种香不宜太突出。如玫瑰香葡萄，作为鲜食葡萄评价是很高的，用它酿造红甜葡萄酒也有特点。如烟台张裕红葡萄酒，就是以玫瑰香葡萄为主要原料酿造的。该产品历届被评为国家名酒，多次荣获国家金牌。但玫瑰香不能用作白兰地的原料，用玫瑰香葡萄做成的白兰地，像“花露水”一样，具有该葡萄品种特有的玫瑰香，这种香韵是不符合白兰地需要的。凡具有特殊芳香的葡萄品种，都应该摒弃，不能作为制造白兰地的原料。

第四，制造白兰地的葡萄品种，应该是高产抗病的，品种的颜色应该是白色或蔷薇色。

适宜的葡萄品种香，对白兰地的香气形成具有重要的意义。葡萄浆果里的某些芳香物质，随着葡萄的加工破碎而转入葡萄汁，又随着葡萄汁的发酵转入白兰地原料葡萄酒中。而后，由于它本身的挥发性，与酒精一起蒸发，其中有些成分，以不变化的形式或很小变化的形式转移到白兰地中。

至今有些人还存在着这样的错误概念，认为葡萄品种和它的栽培地区，对白兰地质量不产生主要影响；认为白兰地的形成仅取决于蒸馏的方法及原白兰地在柞木桶里贮存的条件和期限，甚至错误地认为除了有病的原酒外，任何葡萄的原酒都可以蒸馏白兰地。但是，白兰地生产的实践和试验研究证明，对白兰地细腻的芳香形成，葡萄品种的意义和栽培地区的作用是不可忽视的。

用不同的葡萄品种，即使是按照相同的工艺，制造出来的原白兰地，其成分和质量的差别是很明显的。苏联有人研究了欧洲品种阿里戈杰葡萄和杂交品种葡萄分别做成的原白兰地的化学成分。从他们的研究资料中可以看出，无论是杂交葡萄品种制造的原白兰地，还是欧洲品种阿里戈杰做成的原白兰地，其化学成分都是很复杂的。两种原白兰地成分的含量之间却有显著的差别。

其结果如表 2-1 所示（摘自苏联《葡萄酒酿造与葡萄栽培》，1970 年第 2 期）。

表 2-1　不同葡萄品种做成的原白兰地之化学成分

成　分	原白兰地	
	阿里戈杰	杂交品种
2，4-二硝基苯腙含量/（mg/200mL）	40	95.2~125
苯酚化合物含量/（mg/L）	32.4	61.5
脂肪系的醇所占比例/%	—	—
异丙醇	0.38	0.44
正丙醇	—	0.33
仲丁醇	0.31	0.72
异丁醇	6.36	17.43
正丁醇	0.58	0.83
异戊醇	92.35	80.20

从表 2-1 中的资料可以看出来，由杂交葡萄品种制成的原白兰地中，羰基化合物的含量为欧洲品种阿里戈杰中的 2~3 倍；具有强烈的不愉快气味的苯酚化合物的含量，在杂交品种的原白兰地中为阿里戈杰的 1.9 倍；它们之中所含高级醇的比例也是不一样的。

根据某些学者的资料，200mL 新蒸的原白兰地中，2，4-二硝基苯腙的沉淀为 50mg 左右是适宜的。从这些资料出发可以认为，阿里戈杰葡萄做成的原白兰地中，羰基化合物的含量是正常的；而杂交品种原白兰地中，羰基化合物的含量太高。杂交品种葡萄做成的原白兰地质量之所以低劣，是因为其中的羰基化合物和具有强烈不愉快气味的苯酚化合物含量过高等原因所致。

使用不同的葡萄品种，所酿成的白兰地质量是不一样的。要酿造好的白兰地，必须选用做白兰地好的葡萄品种。

第二节　葡萄生长的土壤和气候条件对白兰地的影响

葡萄生长的土壤和气候条件是影响白兰地质量的重要因素之一。同一个葡萄品种生长在不同的土壤或气候条件下，品种差别是很明显的。“橘生淮南则为橘，生于淮北则为枳”就是这个道理。

土壤对葡萄酒和白兰地的影响是不能低估的。有经验的品酒者，可以尝出不同的葡萄酒是什么样的土壤种出来的葡萄酿成的。

土壤对葡萄酒白兰地的影响，是因为不同的土壤有不同的化学成分和土质结构，因而所生长出来的葡萄成分也有所不同：大量的研究资料证明，生长在碳酸盐丰富的土壤里的葡萄酿造的白兰地质量最高，具有细腻的香味和协调的口味。土壤是葡萄吸取水分和营养物质的地方，它同葡萄的生长和结果有着极为密切的关系。

葡萄对土壤的适应性很强，除了极黏重的土壤和沼泽土、重盐碱土不适宜葡萄生长外，其余如沙土、沙壤土、壤土、轻黏土等，都可以栽植葡萄。因葡萄的根系需要较多的土壤空气，所以葡萄最喜欢土质肥沃的沙壤土。

不同性质、不同组成的土壤，与葡萄栽培的关系如下：

1. 砾石土

主要分布在旧河床，在沙土和细土中，夹有大量的鹅卵石或大小石块，风化程度较差。这种土壤通气透水性好，但容易漏水漏肥。所以在降雨量少而又无灌溉条件的地区，容易遭受旱灾。在利用这种土壤栽培葡萄时，对栽植沟内 60~80cm 以上的土层中，较大的卵石或石块要尽量拣出来，换上好土，并多施有机肥料。

2. 碎石土

主要分布在山坡地。含碎石片多，包括风化程度不同的酥石硼。由于成土母岩的不断风化，矿物元素较为丰富，通气透水性也较好，有利于葡萄生长发育。这种土壤的导热性和地表辐射较强，有利于增强浆果的品质。应多施有机肥、绿肥并实行灌溉，可使葡萄生长良好。

3. 沙质土

主要分布在沙荒地与河套地。这种土壤质地疏松，通气透水性良好，因此葡萄的根系发达。土壤的导热性较强，温差大，冬季冻结深，在干旱地区，根系易受冻害。夏季辐射强，有利于浆果的上色成熟。有促进早熟的效果，但缺乏有机质，保肥保水能力差，需多施有机肥、绿肥，以保证葡萄生长发育的需要。

4. 壤土

壤土的保水保肥能力较强，但导热性、辐射热、通透性不如沙质土和碎石土。因此从葡萄的根系发育特性来看，以轻壤土和中壤土为宜。这类土壤在气候条件适宜、管理良好的情况下，葡萄生长旺盛，产量也高。但排水能力差，应主要改进土壤的通透性，特别是雨季要注意排涝，以保证丰产丰收，提高葡萄的质量。

5. 黏土

黏土由于透气性差，导热性差，对葡萄根系发育不利，根群小，且分布浅。

有的黏土含养分丰富，经过改良后，土质结构变好，适合葡萄生长，可以获得丰收，但葡萄品质一般较差。要获得质量好的葡萄，应尽量避免在黏土地栽培。

6. 盐碱土

在各种果树中，葡萄比苹果、梨、桃、杏等耐盐碱。因为葡萄本身能较大限度地限制盐类进入体内，同时自身有消除盐害的生物学作用：我国沿海一带或内地，有大量盐碱地区，其中有不少盐碱地区建立了葡萄园，并获得高产优质的栽培经验。如天津郊区茶淀乡，在盐碱地上栽培了几万亩玫瑰香葡萄，每年都有好收成。葡萄的质量也很好，不仅可以酿酒，也是北京、天津生食玫瑰香的供应地。

葡萄对土壤的酸碱度适应性很强，可以在土壤酸碱度 pH5～8 生长，但在酸碱度 pH6～7 生长最好。土壤酸性太大（小于 pH5.5 时）应施以石灰予以改良。碱性太大（小于 pH8.3～8.7）时，应该洗盐排碱。

适合酿造白兰地的葡萄品种，对土壤的适应性也是很强的。不同性质的土壤，只要葡萄能获得高产，只要能获得好的葡萄质量，都可以种植酿造白兰地的葡萄品种。法国科涅克地区的土壤条件是多种多样的。

土壤对葡萄酒和白兰地的影响，还表现在土壤中的微生物群落。土壤的性质不同，其中的酵母菌及其他微生物的群落也就不同，就像不同性质的土壤，适合生长不同的牧草一样。石灰质含量高的土壤，土质疏松，易被风吹起，其中的酵母菌群落也随风飘落到葡萄果粒表面的霜层中。而这种土壤中的微生物群落发酵的葡萄酒和酿造的白兰地是别具风格的。科涅克白兰地是自然发酵的，它便是这种微生物群落共同作用的结果。

气候对白兰地品质的影响是不能忽视的。影响白兰地葡萄栽培的气候条件如下：

（1）温度　温度是影响葡萄生长和结果的重要因素。葡萄属暖温带植物，要求相当多的热量。葡萄经济栽培地区等于或大于 10℃的活动积温，称为有效积温。一般葡萄的有效积温不应少于 2500℃。

温度对葡萄物候期进程有很大影响。春天，当气候达到 10℃时，欧亚种的葡萄开始营养生长，12℃左右时开始萌芽。对葡萄生长和结果的适宜温度为 20～25℃，开花期间温度不宜低于

14~15℃。浆果生长期不宜低于20℃，浆果成熟期不宜低于16~17℃。

生长期高温达40℃以上，对葡萄有伤害。低温对葡萄的伤害也是常见的，主要是春天的冻害。

（2）水分　葡萄根系吸收水分的多少对葡萄的生长和结果有显著的影响。葡萄对水分需要最多时是在生长初期，开花期间需水量少，以后逐渐增多，在浆果成熟初期又达到高峰，以后又降低。

如果葡萄植株在过湿的环境中，根系吸收的水分过多，对葡萄植株也有不利的影响，使葡萄生长过快；影响授粉受精，引起落花落果；浆果成熟期间水分过多，刺激副梢旺盛生长，降低果汁质量。总的说来，葡萄属于比较抗旱的植物，因为它有发达的根系。种植白兰地葡萄不能选择低洼的地方建园。

（3）光照　光合作用是植物制造有机化合物的最重要过程。葡萄属于喜光植物，叶片总是以上表面垂直朝向光线。植株对光的反应敏感。有了必要的光照条件作保证，葡萄才能良好地生长和结果。另一方面，葡萄也有一定的耐阴性。只要热量和水分条件有保证，光照一般不会成为限制生长和发育的因素。

葡萄是长日照植物。不仅是大的环境条件，如纬度、海拔等大的气候和地形条件，而且坡向、坡度、行向、架式、新梢负载量等小气候和微气候条件对葡萄栽培也有一定的影响。葡萄栽培最好选在向阳坡，采用南北行栽培。

我国土地辽阔，有许多适合葡萄生长的气候条件。如，山东半岛的气候，温暖、潮湿，这里冬天不冷，葡萄不用埋土就能过冬；夏天不热，葡萄生长期长，赶在天高气爽的秋天成熟，避过了伏雨季节。这里的葡萄病害少，生理成熟好。

张裕葡萄酿酒公司的创始人张弼士先生是广东大埔人，1892年他选择到烟台创建我国第一座现代化的葡萄酒厂，经过一番周密调查，认为这里具有发展葡萄生产得天独厚的气候条件。

第三节　科涅克葡萄的法定产区

科涅克产区土地肥沃，土质多样。这里靠近大西洋，是海洋性气候和大陆性气候交汇的地方，气候宜人，极适合白兰地酿造葡萄的栽培。

根据法国的酒法规定，科涅克原产地控制命名地区，分为6个产区。不同产区的葡萄蒸馏酒，经过巧妙地勾兑后，调制成的科涅克酒，都十分醇香美味，各具特点。因为各个产区的科涅克酒，都是采用相同的葡萄品种，按相同的工艺，用相同的设备加工酿造的，所以各产区的科涅克酒，都具有科涅克酒特有的浓郁的香醇，使科涅克酒有别于其他任何产区、任何类型的白兰地，成为举世公认的佼佼者。

科涅克酒的特产区分布在夏朗德河两岸：夏朗德河是一条美丽的河流。亨利四世曾称之为“我的王国中最迷人的小溪”。

科涅克酒特产区包括夏朗德省、滨海夏朗德省的大部分地区，以及多尔多涅省和德塞夫勒省的几个镇。

这里有多种多样的土壤：香槟地区被白垩土覆盖着，而平原地区是红壤土和沙石土。翠绿的山谷长满各种树木，把坡地上的葡萄园和沼泽地分割开来。多姿多彩的土壤条件也表现在科涅克酒的醇香和口感上，这无疑是誉满全球的科涅克酒品种繁多的原因之一。

科涅克酒的产区位于法国的西南部，西面临近大西洋。

雅克纳克、珊彤查克和科涅克是科涅克酒产区的3个城市。科涅克市距离巴黎465km，距离波尔多市120km，距离罗什尔市约100km。在这个地区，还有其他一些著名的城镇，如安古莱姆、塞特、罗扬、雷岛和奥雷龙岛等。

科涅克地区有充足的光照，适中的降雨量，适宜的气温。年平均气温为13.5℃，冬季的平均气温为6.5℃，夏季的平均温度为 21.5℃。这种气候是生产优质葡萄的理想条件。科涅克地区有大片美丽的葡萄园，如图 2-1 所示。

图 2-1　科涅克地区大片美丽的葡萄园

科涅克酒法定的 6 个特产区的名称是：大香槟、小香槟、小农庄、优木、良木、普木。仅这些名称便能显示出科涅克酒的天然特性。

根据法国国家科涅克酒行业办公室提供的资料，科涅克酒 6 个特产区，各自的总面积和葡萄园面积如表 2-2 所示。

表 2-2　　科涅克酒法定的 6 个特产区

控制命名产区	总面积/hm^2	葡萄园面积/hm^2
大香槟区	35700	13000
小香槟区	68400	16000
小农庄区	13440	4000
优木区	354200	33000
良木区	386600	12000
普木区	274176	1700

根据 1909 年 5 月 1 日法国的法令规定，只有在符合科涅克酒原产地命名产区里生产的葡萄蒸馏酒，才可以称为科涅克酒。由于科涅克酒产区土壤和气候的多样性，这就意味着并非只有一

种类型的科涅克酒。

根据立法规定，这个特产区从1938年起，被分为6个小区。由于其土壤、气候、光照等方面，既有相同点，又各具特色，所以用6个小区出产的葡萄酒为原料，生产的葡萄蒸馏酒，共同取名为科涅克酒。但6个小区的科涅克酒，总体风格是一致的，细微的特征又有所不同。其中以大香槟区和小香槟区的科涅克酒为质量最优。

大香槟区面积为35700hm^2。土壤是富含碳酸钙的石灰质细土，用以种植做干白葡萄酒和科涅克酒的葡萄园面积为13000hm^2。用这里的葡萄生产的葡萄蒸馏酒口感细腻绵柔，主要为鲜花香型。这种酒需要放在橡木桶里长期陈化，可以成为尽善尽美的陈酿佳酒。

小香槟区的总面积为68400hm^2，其中有16000hm^{2}的葡萄园生产科涅克酒所需要的葡萄。这里的土壤为较疏松的石灰质土，越往西部，受海洋的影响越大，土质越疏松。这个产区生产的科涅克酒品质与大香槟区生产的科涅克酒相类似，只是口感不如前者细腻。

大小香槟区的葡萄都是采用篱架栽培，如图2-2所示。

图2-2　科涅克地区篱架栽培的葡萄园

小农庄区是6个特产区中最小的一个，该区的面积是13440hm^2，葡萄园的面积为4000hm^2，位于科涅克城以北。当地小气候很适宜葡萄种植。这里生产的科涅克酒细腻香醇，甜美醉人，并具有紫罗兰的香味。其陈化时间比香槟区生产的科涅克酒要短，但产品质量是很好的。

优木区环绕着前面3个小区，面积为354200hm^2，母岩为硬质石灰石，葡萄园面积为33000hm^2。产出的原白兰地陈化时间较短，属葡萄香型。

在优木区的四周是良木区，面积为386600hm^2，属于黏土土壤带，这里的土壤含石灰质较少。该区有12000hm^2的葡萄园，受海洋气候的影响较大。而东边的葡萄园海拔较高，酿出的葡萄蒸馏酒口感较硬，陈化速度较快。

第6个特产小区为普木区，面积为274000多公顷，而葡萄园的面积仅为1700hm^2，这里的土壤基本是硅质土。葡萄园地处沿海地带，包括雷岛和奥雷龙岛。

科涅克酒的6个葡萄特产区，分别为普木区、优木区、小农庄区、大香槟区、小香槟区、良木区。

根据1938年颁布的一项法令，经销商可以借用原白兰地原产小区的名字来作为原产地命名。同样，根据此条法令，用大小香槟地区出产的原白兰地，勾兑出来的科涅克酒，只要其中大小香槟地区的原白兰地占了50%以上，这种科涅克酒就可以在其标签上，标以精美香槟这个原产地名字。

第四节　酿造白兰地的葡萄品种

为了选择适于酿造优质白兰地的葡萄品种，在1972—1975年期间，烟台张裕葡萄酿酒公司中心试验室，从本地区及济南葡萄试验站，搜集了30多个葡萄品种，进行了106个样品次单品种试验。通过发酵、蒸馏和快速陈酿，初步认定本地区栽培的白羽、白雅、龙眼、佳丽酿等品种，基本上符合酿造优质白兰地的需要。试验工作的部分资料如表2-3所示。

法国几百年积累的经验，认为要做好白兰地，必须有好的原料葡萄品种。酿造科涅克有特点的葡萄品种是白玉霓、白福儿、哥伦巴。烟台张裕葡萄酿酒公司也曾用以上3个葡萄品种，进行单独酿造白兰地的小型试验，所做白兰地芳香细腻，口味协调，确实具有科涅克白兰地的典型性。

下面根据烟台张裕葡萄酿酒公司和北京东郊葡萄酒厂等单位，多年来从事白兰地生产和研究的经验，介绍几种适合酿造白兰地的葡萄品种。

1. 白玉霓（Ugni Blanc）

白玉霓又叫圣爱米利翁。欧洲种，原产法国。1957年由保加利亚引入我国，1974年又从法国引进（同时还引入了白福儿、哥伦巴），济南、烟台、北京、辽宁、陕西等省、市、地区有栽培，是酿造白兰地的世界名种，又可供酿造白葡萄酒。该品种树势强，新梢黄绿色，有红条纹，绒毛稀。幼叶黄绿色，中等厚，有光泽，叶表面绒毛稀，叶背面绒毛密，成年叶片大，五裂，裂刻深，表面光滑；两性花，果穗中等大，圆锥形，果穗松散；果粒圆形，中等大小，果皮黄绿色，果汁无色，果皮薄，果肉多汁，味酸甜，无香味，含糖量11%~15.8%，含酸量0.8%~1.1%，出汁率70%。

科涅克酒特产区的葡萄园内，种植着各种品种的葡萄。该地区主要栽培的品种是酿造科涅克酒所需要的白葡萄品种。这些葡萄园占地8万公顷左右，分属15000个农庄。用这里的葡萄生产出来的夏朗特白葡萄酒，是酿造科涅克酒的原料葡萄酒。

酿造科涅克酒的主要葡萄品种是白玉霓，占生产用量的90%；辅助品种是白福儿和哥伦巴，这两个品种占生产用量的10%。白玉霓是一个晚熟品种，既丰产，又具有较好的抗病性。用白玉霓葡萄酿造出来的白兰地原料葡萄酒，具有以下两个特点，

表 2-3　　葡萄单品种酿造白兰地试验　　单位：g/L

序号	葡萄品种	产地	果汁成分		措施要点	发酵		醪液成分				蒸馏酒成分				品评意见
			糖分	总酸		起止时间	温度/℃	酒精含量/%	总酸	挥发酸	残糖含量/(g/100ml)	酒精含量	总酯	总醛	杂醇油	
1	玫瑰香	烟台	15. 6	0. 482	大缸发酵	8 月 28 日～8 月 31 日	26～29	8. 7	0. 620	0. 0184	0. 11	63. 8	0. 0256	0. 00470	0. 185	香浓、香型不太对路
2	贵人香	烟台	16. 6	0. 551	大缸发酵	8 月 30 日～9 月 2 日	26～30	9. 4	0. 711	0. 0239	0. 11	66. 0	0. 0229	0. 00454	0. 210	较适用于白兰地
3	龙眼	烟台	13. 3	0. 826	大缸发酵	9 月 12 日～9 月 16 日	22～29. 5	7. 9	0. 859	0. 0160	0. 16	64. 9	0. 0260	0. 01124	0. 170	较适用于白兰地
4	佳丽酿	烟台	13. 2	1. 10	大缸发酵	9 月 22 日～9 月 26 日	22～25	7. 8	0. 952	0. 0231	0. 15	66. 5	0. 0226	0. 00438	0. 210	较适用于白兰地
5	白羽	平度	17. 1	0. 689	大缸发酵	9 月 19 日～9 月 28 日	22～25	10. 1	0. 904	0. 0462	0. 40	69. 0	0. 0779	0. 00421	0. 210	较适用于白兰地
6	白雅	平度	12. 4	0. 780	大缸发酵	9 月 19 日～9 月 23 日	22～27	6. 8	0. 895	0. 0294	0. 11	63. 6	0. 0774	0. 00401	0. 215	较适用于白兰地
7	雷司令	烟台	17. 8	0. 516	小坛发酵	8 月 25 日～8 月 29 日	22～27	10. 0	0. 769	0. 0257	0. 13	65. 0	0. 0277	0. 00567	0. 22	略有异香味
8	李将军	烟台	17. 2	0. 585	小坛发酵	8 月 26 日～8 月 31 日	22～27	9. 7	0. 757	0. 0184	0. 10	65. 7	0. 0506	0. 0127	0. 205	较适用于白兰地
9	长相思	烟台	17. 8	0. 608	小坛发酵	9 月 2 日～9 月 7 日	23～25	9. 9	0. 769	0. 0239	0. 18	66. 0	0. 0259	0. 00981	0. 240	风格不突出
10	晚香玉	烟台	13. 9	0. 423	小坛发酵	9 月 28 日～10 月 4 日	20～22	8. 5	0. 518	0. 0154	0. 09	70	0. 0305	0. 00287	0. 200	有典型性，适用于白兰地
11	金黄后	牟平	13. 6	0. 594	大缸发酵	10 月 22 日～11 月 1 日	17. 5～24	8. 3	0. 725	0. 0323	0. 10	70. 5	0. 0358	0. 00721	0. 200	风格不突出
12	待查	龙口	15. 3	0. 459	小缸发酵	9 月 11 日～9 月 17 日	22～24	8. 8	0. 700	0. 0918	0. 09	68. 3	0. 0573	0. 00537	0. 225	较适用于白兰地

其一是酸度高，其二是酒精含量一般较低。这两个特点都是白兰地原料葡萄酒所应具备的。

烟台张裕葡萄酿酒公司通过小型试验证明，用白玉霓葡萄单品种酿造的白兰地，香气浓郁、口味细腻，具有法国科涅克酒的典型性。

张裕葡萄酿酒公司，为了生产科涅克酒型的白兰地，自1995 年开始，就大量发展白玉霓葡萄，计划在烟台地区发展 $200hm^2$ 白玉霓葡萄，用于发展高档白兰地的需要。

烟台张裕葡萄酿酒公司基地开发办公室，经过几年的艰苦工作，已经在莱阳市的赤山乡，建成 $133hm^2$ 白玉霓葡萄基地，又在龙口市、蓬莱市、福山区等地方，发展 $667hm^2$ 的白玉霓葡萄基地。这些白玉霓葡萄基地，大都进入盛果期。

实践证明，白玉霓葡萄适合在烟台栽培，抗病能力中等，产量较高，葡萄的质量较好。该种葡萄的亩产量，高者可以达到 $333kg/hm^2$（5000kg/亩）以上，很容易达到 $200 \sim 267kg/hm^2$（3000~4000kg/亩）。为了提高白玉霓葡萄的质量，控制白玉霓葡萄的产量在 $67 \sim 133kg/hm^2$（1000~2000kg/亩）比较适宜。

白玉霓葡萄总的说来，成熟后糖度较低，总酸较高，符合白兰地葡萄品种的要求。糖度的高低与葡萄的负载量有关，与栽培管理的措施有关。白玉霓葡萄属于晚熟品种，在烟台地区，国庆节前后采摘合适，糖度高者可以达到 16% 以上，一般的糖度在 11%~15%。

莱阳市赤山乡的白玉霓葡萄，采用单秆双臂修剪。该乡有许多大片的白玉霓葡萄园，见图 2-3。成熟的白玉霓葡萄呈浅金黄色，见图 2-4。

2. 白福儿（Folle Blanche）

引自法国，是酿造白兰地的良种，又可供酿制白葡萄酒用。树势强，新梢黄绿色；幼叶黄绿色，多绒毛，成年叶片中等大小，深绿色，五裂，裂刻深，表面粗糙背面多绒毛；两性花，果

图 2-3　烟台龙口地区的白玉霓葡萄园

图 2-4　成熟的白玉霓葡萄

穗小，圆锥形，较紧密；果粒圆形，中等大小，不甚整齐；果皮淡绿色，中等厚，果肉多汁，味酸甜，无品种香，鲜食不佳。该品种目前国内栽培不多。

3. 哥伦巴（Colombard）

来源于法国。树势强，新梢黄绿色，有红晕；幼叶黄绿色，成年叶片中等大小，五裂，背面多绒毛；两性花，果穗小，圆锥形，中等紧密；果粒椭圆形，果皮淡绿色，果粒中等大小，整齐；果皮薄，果肉多汁无色，味酸甜，口味简单，不宜鲜食。目前国内栽培不多，是酿造科涅克酒的辅助品种。

4. 白羽

别名尔卡齐捷利。欧洲种，原产苏联格鲁吉亚。1956 年引入山东省，现在烟台、龙口、平度、济宁等地有栽培，北京、天津、河南、安徽、江苏、陕西、上海等地已经推广，是我国栽培的主要葡萄品种之一。

该品种优质高产，为酿酒良种。用它酿制的白葡萄酒，清香爽口，回味悠长，酿造白兰地也芳香细腻，有科涅克的风味。

该品种嫩梢黄绿色，带紫红色，有绒毛，一年生，成熟枝条深褐色；幼叶黄绿色，中等厚，叶脉间带红褐色，有光泽，叶表面绒毛稀，叶背面绒毛浓密；成年叶片中等大，心脏形，边缘略向上折，呈漏斗状，3~5 裂，上侧裂深、下侧裂浅，叶表面有网状皱纹；两性花，果穗中等大，圆柱形或圆锥形，有副穗，呈翼形，所以又称为白翼；果粒着生较紧密，果粒小至中，近圆形，果皮金黄色，上有棕褐斑点，果皮薄，甜酸清口，无香味。在烟台地区成熟期为 9 月中旬。糖度 12%～18%，总酸 0.52%～0.86%，出汁率 70%~75%。

自 1995 年以来，由于中国人兴起喝红葡萄酒的热潮，白葡萄酒受到冷落，因为酿造白葡萄酒的葡萄品种，收购价格低，果农经济效益低，所以有不少白葡萄品种被大面积砍伐，白羽、白雅即在其中。

5. 白雅

白雅又名巴雅-西里依，欧洲种，原产苏联阿塞拜疆，1956年由苏联引入我国。山东省济南、烟台、龙口、平度、济宁等地均有栽培，北京、天津、河南、安徽、江苏等地已推广。

该品种结果早，产量高，适应性强，唯浆果糖分偏低，为酿造白葡萄酒和白兰地的优良品种。嫩梢绿色，带紫红色，绒毛稀，一年生，成熟枝条灰褐色；幼叶绿色，绒毛稀，成年叶片大，五裂，上侧裂深，下侧裂浅，叶两面光滑，无毛而平展；两性花，果穗中至大，长 15.5～20.5cm，宽 10～12.2cm，重 158.8～412.8g，圆锥形，果穗较紧密；果粒中至大，百粒重 260～303g，圆形；果皮中等厚，黄绿色；果肉多汁，味酸甜，含糖 12.4%～16.20%，含酸 0.73%～0.85%，出汁率 72.5%～76%，在烟台地区 9 月中旬成熟。

6. 龙眼

欧亚种，原产我国，分布面积极广，如河北省的涿鹿、昌黎；山东省的平度、烟台；山西省的清徐、榆次；辽宁省的熊岳，及黄河故道葡萄基地等，龙眼都是主栽品种之一。平度大泽山的龙眼，是地方名产，中外有名，龙眼能适应山地干旱条件，果穗大，耐贮藏，是我国的一个重要代表品种。

龙眼葡萄为生食与酿酒兼用品种。用它酿造香槟酒、干白葡萄酒、甜白葡萄酒，质量优良，酒香细腻清雅；用于酿造白兰地，香气纯净，适合于白兰地的香型。

龙眼葡萄嫩梢绿色，有稀疏白色绒毛，一年生成熟枝条扁圆，红褐色，有紫色条纹，节间较长；幼叶绿色，带红褐色，叶面有稀疏的白色长绒毛，有光泽；成龄叶片中等大，深绿色，肾脏形，近全缘或浅五裂，叶面光滑无毛；两性花，果穗大，长 20.5cm，宽 13cm，重 471g，大者可达 1000g 以上，果穗较紧密；果粒大，百粒重 325.6～609g，圆形；果皮绒红色，有的地区为紫红色，中等厚；果肉柔软多汁，酸甜清口，无香味，含糖量

15%~17%，含酸量0.6%，出汁率71%以上，在烟台地区，国庆节前后成熟。

7. 红玫瑰

别名：米斯凯特，欧亚种，原产保加利亚。1953年引入我国，山东省鲁西南地区、北京、天津、河南、安徽、江苏等地有大面积栽培。

该品种适合酿造白葡萄酒，酒香清雅，柔和适口。北京东郊葡萄酒厂，用该品种酿造白兰地，认为具有科涅克的典型性。

该品种嫩梢紫红色，有绒毛，一年生成熟枝条红褐色；幼叶绿色，叶脉及叶缘间带红色，叶表面绒毛中等密，叶背面绒毛密，成龄叶片中等大，中等厚，圆形，五裂或全缘，裂浅，叶表面粗糙，叶背面密生刺毛；两性花，果穗中等大，长11.3~18cm，宽11cm，重400.9g，圆锥形，果穗较紧密；果粒中等大，百粒重253.1g，近圆形；果皮薄，浅红色或粉红色，多汁，味甜适口，充分成熟后略有麝香味。含糖量15%~17%，含酸量0.74%，出汁率70%以上。在北京地区9月上旬成熟。

8. 佳丽酿（Carignane）

别名：法国红等。欧亚种，原产西班牙。我国栽培历史已久。北京、天津、河南、安徽、江苏、陕西、山东等地均有大面积栽培。

佳丽酿结果早，易丰产，为酿酒良种。可酿制红葡萄酒、白葡萄酒、香槟酒，酒质优良，酒香浓郁。烟台张裕葡萄酿酒公司用佳丽酿葡萄酿制白兰地，小型试验和生产实践都证明，在我国现有的条件下，佳丽酿是做白兰地较好的品种之一。

该品种的植物学特征是：嫩梢绿色、绒毛中多，一年生成熟枝条棕褐色、节间短、节膨大；幼叶黄绿色、绒毛中至密，成龄叶片心脏形，五裂、裂深，叶表面光滑无毛，叶背面稀生丝状长毛；两性花、穗中等大，长14.6~17.9cm，宽10.6~12.2cm，重276.1~631.1g，圆锥形，有歧肩，果穗极紧密，有些地方容易出现果实成熟不一致，并且有小豆粒现象；果粒中等大，百粒重155.9~249.9g。果粒近圆形，果皮紫黑色，中等厚，果粉较多，柔软多汁，汁无色，所以可做白葡萄酒和白兰地。味酸甜清口，无香味，含糖量一般在160g/L以上，含酸量可达1.07%，出汁率75%左右。该品种属晚熟品种，烟台地区国庆节以后成熟。

第三章　白兰地原料葡萄酒的酿造

白兰地是葡萄酒的蒸馏酒，用于蒸馏白兰地的葡萄酒，称为“白兰地原料葡萄酒”，简称“白兰地原料酒”。由白兰地原料葡萄酒蒸馏所得的葡萄酒精，谓之“原白兰地”。所以，“白兰地原料酒”和“原白兰地”是两个完全不同的概念。原白兰地经过橡木桶的长期贮藏，并经过勾兑和调配，就成为白兰地。

白兰地原料酒应该具有纯粹葡萄品种的香味和协调而细致的口味，原料酒在口味和香味方面任何不利的干扰都会对白兰地的质量造成不可弥补的影响。

白兰地原料酒是用白葡萄品种按白葡萄酒的工艺酿造的。由于白兰地原料酒和白葡萄酒的用途不同，前者用于蒸馏原白兰地，后者是直接饮用的，所以它们的加工工艺和成分要求也有所不同。

严格遵守工艺要求，酿造出合乎标准的白兰地原料酒，是制造优质白兰地的基本条件。

第一节　葡萄采收期的确定和加工前的准备

为了制造合乎标准的白兰地原料酒，葡萄的成熟程度具有重要的意义，因而确定葡萄的采收期就成为一个重要的实践问题。

生青的葡萄是不能用于做葡萄酒的。随着葡萄进入成熟期，在葡萄浆果里进行着一系列的生物化学变化，这主要就是浆果里的酒石酸和苹果酸不断地转化为葡萄糖和果糖，因而果汁的滴定酸越来越低，糖含量越来越高。与此同时，葡萄浆果里芳香物质的含量也随着葡萄的成熟而逐渐积累。当葡萄达到成熟期或生理成熟期时，这种芳香物质的含量达到了最高峰，而过成熟的葡萄，芳香物质的含量反而趋向减少。

确定葡萄的收获期，可以根据它的外部特征。当白葡萄果粒具有金黄透明的色调或者成为琥珀色；红葡萄的果粒具有玫瑰红或暗红色，即为成熟的象征。但是，只根据这样的方法来确定葡萄的成熟度和收获期是不准确的，根据糖度和滴定酸的变化来观察葡萄的成熟程度，这个方法更为可靠。

由于品种和生态条件的不同，各种葡萄的成熟时期是不一样的。每一个葡萄栽培地区，根据多年的实际观察和实践经验，能够做到大概地确定采收时最合适的成分指标。例如，在我国山东烟台地区，白羽葡萄糖度15%~20%，滴定酸0.52%~0.86%时，即达到生理成熟期。而龙眼葡萄在山东地区达到生理成熟时糖度在15%~17%，滴定酸在0.6%左右。

采收充分成熟的葡萄，可以做出高质量的白兰地原料酒，这一点是毫无疑问的。而用过成熟的葡萄酿制白兰地原料酒，反而质量下降。一方面由于过成熟的葡萄中，芳香物质的含量有所减少；另一方面过成熟的葡萄中，维生素C的含量显著下降，因而使白兰地原料酒容易被氧化。

不同采收期对白兰地原料酒的影响从表3-1中可以看出。同一品种葡萄，不同的采收期加工的白兰地原料酒，其成分质量是不同的。只有达到生理成熟的葡萄，所加工成的白兰地原料酒才能得到最高的质量评分。

为了采收生理成熟的葡萄，酿造最好的白兰地原料酒，需要从预定的采收时间前15天开始，每2~3天1次，接近采收期时要每天1次，到葡萄园的不同地段，采集平均的样品，每次采葡萄3~4kg，在玻璃器皿里揉碎，分析测定汁的糖度和酸度，按需要的标准确定葡萄的采收期。

葡萄加工前的准备工作，应该提前两三周做起。首先应该修

表 3-1 葡萄采收期对白兰地原料酒成分和质量的影响

葡萄品种和采收期	汁子成分		酒精含量/%（体积分数）	滴定酸含量/(g/L)	挥发酸含量/(g/L)	酒石酸含量/(g/L)	醛类含量/(mg/L)	缩醛含量/(mg/L)	挥发酯含量/(mg/L)	pH	感官品尝
	糖分/%	滴定酸含量/%									
普拉娃依（Плавой）第一期	14.3	1.03	8.40	7.28	0.79	3.92	10.2	8.56	280	3.09	6.7
第二期	16.4	0.85	9.84	7.2	0.68	3.45	14.5	8.9	249	3.0	7.1
第三期	18.5	0.70	11.09	6.3	0.89	3.22	12.0	7.12	186	3.13	6.9
谢列克沙（Cерексия）第一期	16.1	1.23	9.58	9.88	0.94	4.8	16.5	12.2	208	2.97	7.2
第二期	18.3	1.14	10.84	9.37	0.76	4.2	13.3	9.51	218	3.08	7.2
第三期	22.5	0.72	13.5	6.82	0.88	2.82	20.54	13.59	102	3.23	7.0
捷别里（Зейбелъ）第一期	16.3	1.18	9.55	10.34	0.76	6.05	22.2	7.7	197	2.95	6.5
第二期	18.1	1.16	10.75	9.9	0.70	—	24.0	7.9	216	—	6.8
第三期	19.75	1.04	11.82	8.9	0.60	3.4	16.5	10.0	155	3.18	6.8

注：第一期，浆果没有达到完全成熟状态；第二期，生理成熟的浆果；第三期，过成熟的浆果。

缮加工葡萄的车间，墙壁应该使用加入2%~3%蓝矾的石灰溶液粉刷，地面要擦洗干净。特别要注意加工车间的空气清洁，为此，可在葡萄加工前2~3天，关闭车间的门窗，点燃硫黄，用硫黄烟进行彻底杀菌。

加工葡萄的机器设备要检修，空车运转合格后，再进行清洁，洗漆，用干抹布擦拭干净，再涂上一层润滑油。为了防止落上灰尘，机器设备应用篷布盖好。

对生产过程所用的容器，要进行专门的加工处理。新制作的柞木桶，为了排除可溶性的单宁物质，要先用冷水浸泡15天，在这期间，换水3~4次。然后用灼热的苏打水溶液（500L水加入400g苏打）洗涤30min，用热水冲洗几次。待桶里的水都流出来，桶干燥后轻轻地用硫黄烟熏一下，保持到应用。

用过的木桶也应该充分地用热水和凉水洗刷，控干后轻微地用硫黄烟熏。

对白兰地原料酒的发酵和贮存，广泛地采用大型容器，如钢筋混凝土的水泥池、不锈钢罐或涂料的铁罐。利用这种大型容器，可达到最大限度地节约劳动力，增加贮存的容积，降低损耗。这种大型容器的优点，还在于空气与酒接触机会小，防止酒的氧化，有利于酒的保存。

大型的水泥池容器和铁罐，在使用前要仔细地检查涂料情况，如果发现有的地方涂料脱落，则应补涂，一定不能让铁或水泥池壁接触酒。大型容器检查涂料后，也要充分地洗刷干净，以备应用。

第二节　白兰地原料葡萄酒的加工方法

一、白兰地原料葡萄酒的加工方法

白兰地原料葡萄酒加工的工艺流程是：

葡萄→破碎→分离→分离汁→发酵→白兰地原料酒

↓

皮渣

↓

普通白兰地

要制造高质量的白兰地，必须要有好的白兰地原料酒为基础。好的白兰地原料酒香气要纯，口味要正，应具备充沛的果香和丰富的酒香。

白兰地原料酒的充沛果香来源于加工白兰地的优良葡萄品种和恰当的采收期。但是，只有严格地执行正确的酿酒工艺，才能使优良葡萄的果香转移到白兰地原料酒中。丰富的酒香也是按正确的工艺发酵白兰地原料酒，由有关的微生物群落代谢产生的。

首先，加工白兰地原料酒的葡萄，采收后要及时运往加工场地，及时破碎加工。采收后的葡萄最好在3~5h以内，就能破碎加工。这样能保证葡萄的新鲜度，使被加工的葡萄果粒完好，果粒的表面有一层白霜，没有破肚或流汁现象。用这样的葡萄按正确的工艺加工成白兰地原料酒，才能保证白兰地原料酒有充沛的果香。

按白葡萄酒工艺发酵白兰地原料酒，是传统的、经典的做法。葡萄破碎后，葡萄浆被输送泵泵入果汁分离压榨机，果汁分离压榨机有连续式或间断式两种。连续式果汁分离压榨机生产效率较高，适合于大量生产白兰地的需要，把自流汁和压榨汁输入发酵池，直接发酵或澄清后再发酵；也可把葡萄浆直接输入滴干池，自然控汁，滴干后皮渣中仍含有20%~30%的汁液，可发酵普通葡萄酒或发酵后蒸馏普通白兰地。

压榨需要尽可能快，以减小果汁与皮渣接触的时间，并减轻空气对果汁的氧化。压榨的果汁较浑浊，如要进行澄清处理，可将压榨的果汁泵入澄清池里进行澄清（澄清池可采用大型贮酒容器)。澄清时不要往汁液中添加 SO_2，因为它对白兰地有不好的影响。在温度较低的情况下，6~8h 即可使悬浮的机械微粒（果皮、果肉、尘土及其他）逐渐沉淀下去，使汁液变得澄清透明。

沉淀之后，仔细地把清汁和沉淀物分开，把清汁泵入发酵桶或发酵池，准备进行发酵。可以采用自然发酵的方法，也可以往汁液中加入 2%纯粹培养的酵母菌。

发酵应该在 20~25℃温度下进行。当温度超过 30℃，发酵过程进行得不正常，得到的原酒质量也较低。在这种情况下应该进行人工冷却。

主发酵结束后，用同样的发酵汁液添满发酵容器。当发酵完全停止，残糖在 0.3%以下时，即可进行混汁蒸馏。如果要进行清汁蒸馏，则需要用同类型的新酒添满发酵容器，经过一段时间的贮藏，待酵母残体沉淀澄清后，把清酒和酒脚分开，清酒即可进行蒸馏。

二、分离发酵与带皮发酵

法国科涅克白兰地原料酒是按白葡萄酒的酿造工艺发酵的。葡萄破碎后，立即把皮渣与果汁分离，用分离的果汁发酵白兰地原料酒。这是得到高质量白兰地的传统做法，也是目前各国所公认的白兰地工艺。

苏联 B. п. 毛捷巴哲研究了白兰地质量与按不同方法加工的白兰地原料酒化学成分的依赖关系（见苏联《葡萄酿造与葡萄栽培业》1973 年第二期，9~10），他们按下面三种方法得到白兰地原料酒：由自流汁发酵制得白兰地原料酒；自流汁与压榨汁混合发酵制得白兰地原料酒；由连续作用的压榨汁做成的白兰地原料酒。品尝的资料指出，用自流汁发酵成的白兰地原料酒，口味新鲜、协调，具有愉快的芳香；由压榨汁酿制的白兰地原料酒，含有较高数量的单宁、色素物质、浸取物及无机盐类，而挥发成分的含量显著地比自流汁低，原酒的挥发成分随蒸馏进入馏出物，对感官品尝给予重要的影响；自流汁与压榨汁的混合物做成的白兰地原料酒，它的成分介于自流汁和压榨汁之间。

不同方法加工的白兰地原料酒的化学成分见表 3-2。

表 3-2　不同方法加工的白兰地原料酒的化学成分

白兰地原料酒	缩醛	醛类	总氮	蛋白氮	单宁与色素	浸取物	果胶	灰分	碱性灰分
	含量/(mg/L)		含量/(mg/L)		含量/%				含量/(mg/L)
自流汁	53.1	161	162	38	0.42	20.4	0.2	1.4	1.1
自流汁与压榨汁	53.6	39	195	46	1.3	23.2	0.7	2.3	2.6
压榨汁	30.6	12	200	38	1.5	24.2	0.6	2.7	3.0

毛捷巴哲等人将这三种白兰地原料酒分别蒸馏成三种白兰地，并对其成分进行了化学分析，分析结果见表 3-3。

表 3-3　原白兰地某些成分分析资料表

原白兰地来源	酯	羰基化合物	乙醛	丙醛	异丁醛
	含量/（mg/L）				
自流汁原料酒	150	840	490	4.3	7.7
自流汁加压榨汁原料酒	123	440	—	痕量	痕量
压榨汁原料酒	105	痕量	痕量	痕量	痕量

从表 3-2、表 3-3 中可以看出，不同质量的白兰地原料酒蒸得的白兰地，酯类、醛类、羰基化合物等芳香物质含量差别很大。以上的研究工作指出，高质量的原白兰地不但应该进行

皮渣分离发酵，而且最好使用自流汁加工的白兰地原料酒蒸馏制得。

也有人对白兰地原料酒的制造工艺提出异议，认为带着皮渣发酵，能增加白兰地原料酒的成分，有助于改善白兰地的质量。例如，苏联耶列瓦斯基白兰地工厂科学研究试验室 E. Л. 姆德尧亚、C. H. 拿志梁、P. B. 玛努加等，为了阐明特定的工艺对制造白兰地原料酒的影响，多年来，他们既在实验室的条件下，又在大生产的条件下，进行了一系列的研究工作。

他们的研究指出，用同一种葡萄按分离发酵的方法和带皮发酵的方法，比较这两种工艺生产的白兰地原料酒，它们的化学成分是显然不同的。例如，用巴那茨（бананц）葡萄，按传统的工艺方法（分离发酵）制造的白兰地原料酒，含有（单位：mg/L）单宁 165.0，戊糖 280.0，总氮 84.0，蛋白氮 61.0，非蛋白氮 23.0，高级醇 124.0。同样的葡萄原料用汁液浸泡皮渣（即带皮发酵），制得白兰地原料酒，含有（单位：mg/L）单宁 371.0，戊糖 712.0，总氮 108.0，蛋白氮 31.0，非蛋白氮 77.0，高级醇 140.0，游离氨基酸 94.0。

白兰地原料酒成分的这种变化，在所有试验样品中都能观察到。他们的研究还指出，汁液浸泡皮渣的时间影响白兰地原料酒中某些成分的含量。有趣的是，这些成分的转移发生在持续浸泡 20~40h。单宁的含量比不浸泡皮渣工艺的单宁含量增加了 6 倍。在浸泡的情况下，可看到游离氨基酸的积累及高级醇、戊糖和单宁含量的增加。长时间浸泡（192h），物质的积聚不甚显著，即浸泡 60h 和 192h，上述物质含量之间的差别是不大的。

E. Л. 姆德尧亚等的研究指出，带皮发酵的情况下，蒸得的白兰地中高级醇、糠醛、中级酯和酸的含量较高。这一点证明，白兰地原料酒制造的工艺方法不同，导致了原料酒中一定成分含量的增加，这些成分在蒸馏过程中，形成挥发性化合物，改善了原白兰地的质量。

目前我国白兰地原料酒的发酵，大多采用带皮发酵的工艺方法，为了制造科涅克型的白兰地，烟台张裕葡萄酿酒公司等单位已采用和推广分离发酵的工艺方法生产白兰地原料酒。

三、自然发酵与酵母发酵

目前国内各葡萄酒厂，白兰地原料酒的发酵多采用自然发酵，国外的情况也是如此。自然发酵的优越性，除表现在大生产条件下工艺操作方便外，而且所得产品质量也很优异。成熟的葡萄果实表面栖息着各种各样的微生物。所谓自然发酵是指葡萄破碎以后不经杀菌，也不接种任何菌种，就直接进行发酵。主要是由于葡萄果粒表面的各种微生物随着破碎的葡萄一起转入发酵池或发酵桶内，在嫌气性的环境里，各种好气菌的繁殖受到抑制，而嫌气性的葡萄酒酵母菌的繁殖则占了绝对的优势。另一方面，葡萄汁低的 pH 也阻止了杂菌的繁殖。由于上述原因，在自然发酵的过程中，只有其中的各种酵母菌得以繁殖，在某种意义上讲，这和用纯粹培养的葡萄酒酵母进行人工发酵没有多大差别。

野生酵母的种类非常多，它们的性质也相去甚远。有的生香性能强，有的生香性能弱，不同种类的酵母，所产生的香成分也是不相同的。自然发酵的葡萄酒，是葡萄果粒表面各种野生酵母综合作用的结果。

科涅克白兰地原料酒是自然发酵的产物。有的法国葡萄酒专家说，科涅克原料葡萄酒的发酵，没有专门的酿酒师，任其自然发酵，就符合工艺要求。参与科涅克原料酒发酵的酵母菌，主要是野生的葡萄酒酵母（*Saccharomyces ellipsoideus*），这种酵母酒精发酵力强，有的可产生 14%vol 的酒精分，但只产生很少的酯类。另外还有多种野生酵母参与白兰地原料葡萄酒的发酵，如尖端酵母（*Saccharomyces apiculatus*），这种酵母酒精发酵能力很弱，但发酵能产生很多酯类。毕赤酵母（*Pichia fermentans*）及克鲁斯假丝酵母（*Candida krusei*）能产生大量的某酸乙酯及大量的某酸戊酯类。

上述各种野生酵母栖息在葡萄园的土壤中，随着风吹尘土飘扬在空气中。当野生酵母落到成熟葡萄的果粒表面，得到它们所需要的养分，便大量繁殖起来。

苏联有的白兰地工厂发酵白兰地原料酒，采用加酵母发酵的方法。他们的做法是分离的果汁不经杀菌，往其中加入1%～1.5%纯粹培养的酵母菌，用人工酵母的优势，压倒野生酵母的劣势。

在国外，用于葡萄酒生产的酵母，已制成酵母干粉，真空包装，作商品出售。如法国巴黎洛萨夫雷公司是专门生产酵母的工厂，该公司生产的葡萄酒酵母，室温下可放6～12个月。这种干酵母用于生产是很方便的。

烟台张裕葡萄酿酒公司为了提高白兰地的质量，从1972年的葡萄季节至1974年的葡萄季节，在连续3年的时间里，从生长在不同地方的27个葡萄品种和5种红、白葡萄干酒中，分离出163个酵母菌株。对它们的发酵能力和生香性能一一做了鉴定：从中选出了7318#、7448#、7480#、7510#四株适合于做白兰地的酵母菌种，特别是7318#酵母，无论在烟台张裕葡萄酿酒公司试验，还是在北京东郊葡萄酒厂试验，用它发酵白兰地原料酒，均可提高白兰地的质量。

四、发酵添加物对白兰地原料酒的影响

苏联有人在白兰地原料酒的发酵过程中添加一定数量的尿素，以此控制酒精发酵过程中杂醇油的形成，对提高白兰地的质量收到一定的效果。

大家知道，酒精发酵时，除了产生乙醇外，还形成一定数量的杂醇油，通常能占乙醇总量的1%。杂醇油对白兰地的质量有重要的影响，使原白兰地具有不愉快的杂醇油味。因此，研究杂

醇油生成的机制，对提高白兰地的质量是很重要的。

在白兰地原料酒的发酵过程中，杂醇油是由氨基酸和碳水化合物形成的。用于制造白兰地原料酒的葡萄汁中，含有一定数量的氨基酸。氨基酸上的氨基，是酵母同化作用所必需的氮源。当氨基酸上的氨基被酵母所利用，剩下的碳骨架便转化成高级醇。所以，如果在发酵之前往汁液里加入一定量的硫酸铵或者尿素，当醪液中有充足的无机氮时，酵母不利用氨基酸上的氮源作营养，将迅速地吸收无机氮作氮源，不使氨基酸遭到去氨作用，而直接把氨基酸用于生物体的合成。在这种情况下，高级醇只能从碳水化合物形成，而不能从氨基酸形成。这样，高级醇的含量比正常的酒精发酵要低得多。

1965 年葡萄酿造季节，在苏联古德亚尼（Гурджани）葡萄酒厂进行了下列试验：将 10000L 白羽葡萄制备的汁液分成四个部分：

第一部分不加任何添加物，直接进行发酵（做对照）；

第二部分添加 1%葡萄酒酵母自溶物；

第三部分添加 1%面包酵母自溶物；

第四部分加尿素 200mL/L。

发酵在酒窖里进行，温度 18~20℃。发酵结束后，将汁液与沉淀的酵母分离，加鱼胶沉淀或过滤，贮存 1 个月后，蒸馏得到原白兰地。原白兰地在橡木桶里贮藏 3 年，分析其中高级醇、酯类和羰基化合物。

研究指出，加葡萄酒酵母自溶物和面包酵母自溶物的醪液蒸馏得到的原白兰地，品尝评分最低，分别为 7.4、7.5 分，因为其中杂醇油的含量太高。最高的评分是 8.5 分，它是用尿素调节发酵过程的试验样品；对照样品得分 8 分。添加尿素对原白兰地化学成分的影响见表 3-4。

表 3-4　　添加尿素对原白兰地化学成分的影响

成　　分	原白兰地样品			
	对照样品		试验样品	
	波峰号码	含量/（mg/L）	波峰号码	含量/（mg/L）
戊烷（溶剂）	1	—	1	—
乙醛	2	5.0	2	22.8
甲酸乙酯	3	9.6	—	—
乙酸乙酯	4	14.0	3	3.8
丁二酮	5	—	—	—
未知成分 1	6	—	—	—
乙醇、甲醇	7	—	4	—
丙酸乙酯	8	10.5	—	—
异丁酸乙酯	9	20.0	5.0	5.0
未知成分 2	10	—	6	—
正丙醇	11	20.0	7	8.5
异戊酸乙酯	12	10.5	8	5.0
醋酸异丁酯	13	15.7	—	—
异丁醇	14	96.0	9	36.0
正丁醇	15	12.0	10	5.0
醋酸异戊酯	—	—	11	4.7
异戊醇	16	490.0	12	130.0
戊醇	17	40.0	13	13.0
乙酸乙酯	18	8.0	—	—
未知成分 3	—	—	14	5.0
丁酸异戊酯	19	19.2	15	4.7
己醇	20	31.5	16	14.0
乳酸乙酯	21	65.0	17	17.0
醋酸	22	—	18	—
戊酸异戊酯	23	8.7	—	—

从表 3-4 中可以看出，对照样品的杂醇油含量比加尿素的试验样品多得多。在对照样品里含异丁醇 96.0mg/L；含异戊醇 490.0mg/L。而在加尿素的试验样品中，含异丁醇 36.0mg/L；含异戊醇 130.0mg/L。

在有尿素存在的情况下发酵，还引起羰基化合物成分的变化，特别是醛类，它们的变化见表 3-5。

表 3-5　　尿素引起原白兰地羰基化合物的变化　　单位：mg/L

原白兰地样品	糠醛	甲醛	乙醛	丙醛	异丁醛	异戊醛
对照样品	5.6	1.2	5.2	1.6	痕量	痕量
试验样品	12.4	2.0	24.4	1.5	0.8	0.2

从表 3-5 可以看出，白兰地的试验样品中，醛含量比对照样品高，糠醛和乙醛特别多。醛能合成缩醛，这些成分的变化能引起白兰地质量的改善。

烟台张裕葡萄酿酒公司中心试验室，为了提高白兰地的质量，在 1973 年进行了以龙眼葡萄为原料，原酒发酵时添加 200μL/L 和 300μL/L 的尿素及不加尿素的空白试验，利用野生酵母自然发酵，发酵结束后蒸得原白兰地，稀释至酒精含量为 45%，分析化验结果和品评意见如表 3-6 所示。

从表 3-6 可以看出：

（1）葡萄汁加入尿素后，发酵进行稍快，发酵醪挥发酸略有降低，制得的原白兰地总酯含量显著提高，提高的幅度为 60%~90%。杂醇油的含量下降 5%~10%。

（2）对原白兰地的品评认为，白兰地原料酒发酵时，添加一定量的尿素，用这样的原料酒蒸得的原白兰地香气较浓，风味有所改善，是提高原白兰地质量的手段之一。

综上所述，白兰地原料酒的发酵过程添加一定数量的尿素或铵盐，可改变发酵过程，使有害的杂醇油的含量显著降低，有利

表 3-6　添加尿素对龙眼原白兰地的影响

试验内容	发酵温度/℃	起止时间	醪液成分				原白兰地成分				品评意见
			酒精含量/%	总酸含量/(g/L)	挥发酸含量/(g/L)	残糖含量/%	酒精含量/%	总酯含量/(mg/L)	总醛含量/(mg/L)	杂醇油含量/(mg/L)	
龙眼汁对照	21~24	9月18日~9月26日	8.4	0.750	0.0215	0.12	64.3	0.0457	0.00517	0.220	有香气、味较平淡
龙眼汁+尿素0.2g/L	22.5~24	9月18日~9月25日	8.4	0.815	0.0129	0.10	64.0	0.0866	0.00530	0.205	香气较浓
龙眼汁+尿素0.3g/L	22.5~24	9月18日~9月25日	8.4	0.791	0.0147	0.10	66.6	0.0741	0.00612	0.200	香气较浓

于提高原白兰地的质量。

第三节　法国科涅克原料葡萄酒的压榨工艺

刚刚采摘下的新鲜葡萄立即送去压榨，榨出的葡萄汁马上进行发酵，但发酵时不允许添加任何糖。科涅克原料葡萄酒，无论是压榨还是发酵，都是在严密监控下进行的，因为这两道工序对酒的最终质量都有着决定性的影响。

法国丁·鲍内特（J·Bonnet）介绍了压榨工艺对科涅克白兰地质量的影响，并综合评述了夏朗德地区压榨设备和压榨工艺的演变。

一、压榨工艺对科涅克白兰地质量的影响

在对葡萄进行机械加工时，如果加工不当，有时能使葡萄梗中或葡萄皮渣中的一些有害成分释放出来，使加工成的白兰地原料葡萄酒有青草味、苦味、湿味等。

所有这些不良成分，自然会从葡萄汁转移到葡萄酒中，然后再转移到白兰地中。在葡萄酒工艺学中有这样很简单的规定：对葡萄的机械处理应尽可能地减少。

尽量减少对葡萄的机械处理，这不仅仅在压榨过程中是必需的。研究证明，在压榨过程中，葡萄汁的性质会起变化。其原因在于葡萄果肉细胞的组成是不同的，各种细胞的抗机械作用的能力也是不同的。一般说来，压汁率过分高的压榨机，使得酿出来的白兰地质量平平，含有不悦的青草味、碳氢化合物味等。如果压榨条件控制得好，不进行过度的压榨，实践证明，这样榨出的葡萄汁，全部可用来酿造出很好的白兰地。对于白玉霓葡萄而言，建议的榨汁率是每100kg葡萄榨出80.1kg葡萄汁。该品种葡萄许可的最高榨汁率是每100kg葡萄榨82.1kg葡萄汁。

因此，榨汁是科涅克白兰地酿造过程中的一个主要环节。

二、夏朗德地区所使用的压榨机

在夏朗德地区，用于酿制科涅克白兰地的葡萄汁，主要是用两种压榨机榨出来的。一种是双板压榨机，如巴斯兰（Vaslin）双板压榨机，这种压榨机使用比较广泛。另一种是气囊式压榨机，气囊式压榨机投入使用的时间短，由于它生产效率高，榨汁质量好，因而近几年得到较广泛的推广使用。法国 BNIC 葡萄种植站一直在对气囊式压榨机进行跟踪研究，并将它与巴斯兰（Vaslin）压榨机进行比较。所使用的主要捣碎评定剂有：

己醇——植物特性；

顺 3-己醇——植物特性；

TDN（三甲基-1，1，6-二氢-1，2 萘）——碳氢化合物。

表 3-7 所列数据，为 12 次检查的平均值。这 12 次的榨汁率差别很小，见表 3-7。

表 3-7　　双板压榨机和气囊压榨机榨汁质量的比较

单位：mg/L，白兰地（70%vol）

项目	己醇	顺 3-己醇	TDN
双板压榨机	13	2.6	0.44
气囊压榨机	10.4	2.1	0.37
感知阈值	20	3.5	1

从表 3-7 可以看出，在气囊式压榨机上所得出的数值，比感官感知界限值（阈值）低得多，这表明这类气囊式压榨机适合用于压榨葡萄。

两种压榨机的值虽有差别，但没有定性的意义，因为它们的值都低于感知阈值，说明这两种压榨机都符合压榨葡萄、做白兰地原料葡萄酒的工艺要求。

但是，在将加工过程各个阶段（采摘、运输、入料、压榨等）的破碎效应综合起来时，气囊式压榨机破碎效应的评定尺度，其数值很低，可以说是很安全的。

使用上述两种压榨机榨汁，所酿出的白兰地质量相比，并无很大的差别。

经验证明，在夏朗德地区对压榨机的选择，常常是从经济角度考虑的。压榨投料小于5t/次者，通常选用双板压榨机；压榨投料大于5t/次者，通常选用气囊式压榨机。

三、夏朗德地区压榨机的演变情况

1. 连续压榨机

采用阿基米德螺杆的连续压榨机系统，早在法国1936年5月15日的法令中，就禁止使用了。

2. 板式压榨机

在20世纪90年代初期，卧式板式压榨机占夏朗德所有压榨车间压榨机总量的80%。这些压榨机常是老式的。

新型板式压榨机（PHP Vaslin）的优点，在于以下多项改进：(1）程序可变更，特别是不使用很高的压力；

(2）有3种记忆压榨程序；

(3）葡萄汁流量变化时，程序自动随之变更；

(4）清洗是很方便的，是自动进行的。

CEP Vaslin压榨机，在其投料终了时，压榨框笼可以旋转。这样在投料的过程就已沥出了一部分葡萄汁。这一种压榨机的效率很高。

3. 气囊式压榨机

其中一类可移动式压榨机，独立性比较强，是特地为满足夏朗德市场而开发出来的。

以Bucher RPX 70 Cognac型压榨机作为例子，它设计成拖车式的，配有一台空气压缩机、葡萄汁排出泵以及干渣排出提升输送机。葡萄是通过压榨桶的中轴投入进去的。在投料期间，压榨桶旋转，投料自动进行。沥汁和将空气从桶中排出是分别进行调整的。压榨可以按正向和反向旋转。

可移动式压榨机，常常是随同葡萄收获机一起活动作业的。

至于安装在固定地点的压榨机，主要革新之点在于压榨系统的管线配置。

以往，压榨机程序的确定都是以实验的方式来制定的。压榨机按用户所要求的程序制作。应该注意的是，压榨机的工作程序应能随葡萄榨汁流量的变化而做相应的改变。

夏朗德的第一批 RPZ Bucher 压榨机在 1991 年投产使用。这一系列的压榨机可以自行确定最佳的压榨操作：工作压力的数值、每压一次的工作时间、减压强度、压榨持续时间等。

这种获得专利权的自动编程技术的成功，归功于对通过压榨机的葡萄浆流量的测定方法，这是 CMMC Bucher 公司的一项专利技术，该公司在世界压榨机界占领先地位。

但是 RPZ 自动程序技术，并不排除用户主观能动性的作用。在以下几个项目中，要人为地选择确定：葡萄汁的收率（挤干程度）、葡萄汁的质量、压榨持续的时间等。考虑到地区的特点和葡萄品种的特点，这种选择并不复杂。此外，由于这种系统具有很大的适应性，所以对选择的要求并不苛刻。

综上所述，压榨操作是决定科涅克白兰地质量的一个重要工序。

卧板式压榨机一直在不断地改进，它至今仍然是一种很好的压榨设备。

气囊式压榨机具有很多先进性和优越性，已被逐渐推广使用。对于大规模的压榨中心来说，气囊式压榨机常常代表着一种较好的经济效益。

第四节　白兰地原料葡萄酒的特点

首先，白兰地原料酒应该具有固定酸度比较高的特点，口味要纯正、爽快，没有不相干的气味。固定酸度高能保证发酵过程的顺利进行，使有益的微生物得到充分的繁殖，有害微生物的繁殖则受到抑制。在保存过程，固定酸度高，能保证酒不变坏。

白兰地原料酒的固定酸度高，在工艺上可代替二氧化硫的作用。众所周知，白兰地原料酒的发酵是不允许使用二氧化硫的。这是因为：

（1）白兰地原料酒的发酵，是多种微生物共同作用的结果。如果在白兰地原料酒发酵时加入了二氧化硫，就抑制了其他微生物的活动，使白兰地原料酒的发酵变成了单纯的酒精发酵过程。

（2）使用二氧化硫会在白兰地原料酒中产生多种醛类，影响白兰地的质量。

（3）白兰地原料酒中含二氧化硫，会随蒸馏而蒸到原白兰地中，使原白兰地带有二氧化硫的刺鼻味，并带有硫化氢的臭味。

（4）如果白兰地原料酒中含有二氧化硫，在蒸馏过程中，它会腐蚀铜锅和铜的冷却管路，把很多的铜绿拖带到原白兰地中。

（5）如果二氧化硫蒸馏到原白兰地中，经过氧化作用变成硫酸或亚硫酸，因而使原白兰地的 pH 出现不正常的降低。

（6）二氧化硫在发酵和蒸馏过程中会形成硫醇类，这种化合物具有令人作呕的恶劣气味。

鉴于以上原因，白兰地原料酒发酵是不允许使用二氧化硫的。因此，只有白兰地原料酒本身的固定酸度高，才能代替二氧化硫的工艺作用，既能保证发酵过程的顺利进行，又能保证原白兰地的质量，避免由于加二氧化硫所造成的上述缺陷。

白兰地原料酒除要求固定酸度较高以外，要求较低的酒精含量是它的另一个特点。如前所述，使用酒精含量较低的白兰地原料酒，蒸馏单位容量的白兰地，所消耗的原料酒相对就多，这样就把较多数量的葡萄的芳香物质集中到单位容积的原白兰地中，保证原白兰地具有充沛的葡萄品种的芳香。

任何事物都是相对的，白兰地原料酒要求固定酸度较高，糖度较低，也是相对的，不是酸度越高越好，糖度越低越好。

早在20世纪初期，法国夏朗德省就对科涅克白兰地的原料酒进行了分析，所得平均数值如表3-8所示。

表3-8　　科涅克白兰地原料酒的成分特点

葡萄品种	酒精含量/%	干浸出物含量/（g/L）	总酸含量/（g/L）
白福儿	8.7	17.75	6.37
哥伦巴	11.1	17.5	5.04
白玉霓	9.5	16.75	6.02

根据法国数十年的经验，认为法国历史上最优良的科涅克酒是用酒精含量为7.5%vol的原料酒蒸成的。

法国连续20年对科涅克原料酒的分析资料如下：

酒精含量：最低5.3%vol（白玉霓所酿原料酒）；最高10.9%vol（白福儿葡萄所酿原料酒）；平均7.9%vol。

酒精含量不一样的原料酒，蒸馏时可进行适当的勾兑。

酸度（g/L）：最低3.8（白福儿葡萄所酿原料酒）；最高11.9（白玉霓所酿原料酒）；平均6.9。

无糖浸出物（g/L）：最低12.6；最高22.8；平均18。

夏朗德省的科涅克原料酒，以含有较高的固定酸为其特征。

原料酒的 pH 一般在 3.0~3.2，在这种酸性环境里，醋酸菌及其他的杂菌难以繁殖。醋酸是挥发酸，葡萄酒中挥发酸高，是杂菌污染的标志。如果科涅克原料酒的固定酸度高，在发酵过程中就能抑制醋酸菌的活动，使醪液只产生很少的挥发酸，这对白兰地原料葡萄酒有保护作用。

第五节　白兰地原料葡萄酒的保存和管理

发酵完全停止后，当白兰地原料酒残糖在 0.3%以下，即可进行蒸馏得到质量很好的原白兰地。但是，因为专门的白兰地工厂，原白兰地的蒸馏要延续 5~6 个月，所以创造良好的白兰地原料酒的保存条件，遵守正确的规章制度，精心管理好白兰地原料酒是很重要的。

前面已经说过，白兰地原料酒要求酒精含量较低，这种低酒精含量的原料酒很容易受到微生物的侵入而变坏。在生产实践中，醋酸菌和酒花菌，是白兰地原料酒贮存过程中的两大敌害。

醋酸菌是好气性的菌，在空气充足的情况下，它们能吸收空气中的氧，氧化酒精生成醋酸和水，其反应如下：

$$C_2H_5OH+O_2 \longrightarrow CH_3COOH+H_2O$$

当所有的酒精变成醋酸和水后，醋酸菌缺少了生活的主要粮食——酒精，它们又开始分解醋酸为二氧化碳和水，反应式如下：

$$CH_3COOH+2O_2 \longrightarrow 2CO_2+2H_2O$$

低的酒精含量（12%以下）和充足的空气是醋酸菌在葡萄酒中得以繁殖的必要条件。

酒花菌也是一种好气性的菌，在酒精含量为 10%vol 以下的低度葡萄酒中，容易繁殖。酒精含量为10%的葡萄酒，对它们的繁殖就有抑制作用，在酒精含量为12%以上的葡萄酒中就不能繁殖了。酒花菌能把酒精分子氧化成乙酸和醋酸，最后分解为二氧化碳和水。所以当酒花菌在酒中繁殖时，酒中可以闻到一种不愉快的怪味，有人称醛味，使酒精含量降低，酒体衰弱。

因为醋酸菌和酒花菌都是好气性微生物，所以为了防止它们的感染，白兰地原料酒必须满罐保存。白兰地原料酒最好保存在15~18℃的地窖里，如果没有地窖，可保存在地面上带盖的房间里，贮藏原酒的桶，应该每周一次用健康的同种酒添满，以隔绝空气，防止好气性杂菌侵袭。添酒时要仔细检查酒的状态，当出现病变特征时，马上采取措施，进行处理。

第六节　影响科涅克原料葡萄酒保存的一些参数

法国科涅克国家行业局葡萄种植站 B. 加利（B. Galy）、C. 罗兰（C. Roulknd）等，介绍了科涅克白兰地酿造过程中，影响白兰地原料葡萄酒保存的一些因素，具有重要的实践意义。

科涅克原料葡萄酒在保存管理过程中，不要求进行任何的稳定化处理。

白兰地原料葡萄酒的这种特性，使得它们在保存过程中，成分发生变化，从而使原白兰地的成分以及它们的感官特性也发生相应的变化。

这项研究工作所研究的几个主要影响因素是：

——原料葡萄酒的保存时间；

——原料葡萄酒的保存温度；

——加少量二氧化硫的影响；

——原料葡萄酒的 pH 对保存的影响。

关于白兰地原料葡萄酒保存的研究，从11月份葡萄酒丙-乳酸发酵终了时开始，在蒸馏操作中继续研究，蒸馏操作到第2年3月31日结束。

一、白兰地原料葡萄酒的保存时间

白兰地原料葡萄酒为等待蒸馏而保存的时间，是一个对质量有重要影响的因素。

白兰地原料葡萄酒，或是由原料葡萄酒蒸得的白兰地，在保存期间，通过色谱分析或化学分析表明，酒中的某些成分会发生变化，如表3-9所示。

表3-9　白兰地原料葡萄酒在保存期间成分的变化情况

浓度增加的成分	浓度减少的成分
有机酸、乳酸、琥珀酸和乙酸的烯属酯	醋酸异戊酯
醇醛	癸酸乙酯
正异戊二烯化合物	月桂酸乙酯
半乳糖醛酸、琥珀酸、柠檬酸、苹果酸	甘油
木糖	海藻糖
挥发酸	乙偶姻（3-羟基丁-2-酮）

白兰地原料葡萄酒的保存时间对蒸馏所得白兰地的质量有重大的影响，图3-1表明，同一种白兰地原料葡萄酒，在蒸馏操作的早期（G_1）、中期（G_2）与晚期（G_3），接出原白兰地，分别酿成白兰地，三个样品的品尝结果是不同的。

由于采用多维统计分析方法，通过试验可以得到这样的结论：在白兰地蒸馏的中期，其果香的细腻程度逐渐减少，而同时果香的强度却达到最大。一般白兰地蒸馏厂家，都很熟悉这个道理，这种规律可用图3-2表示。

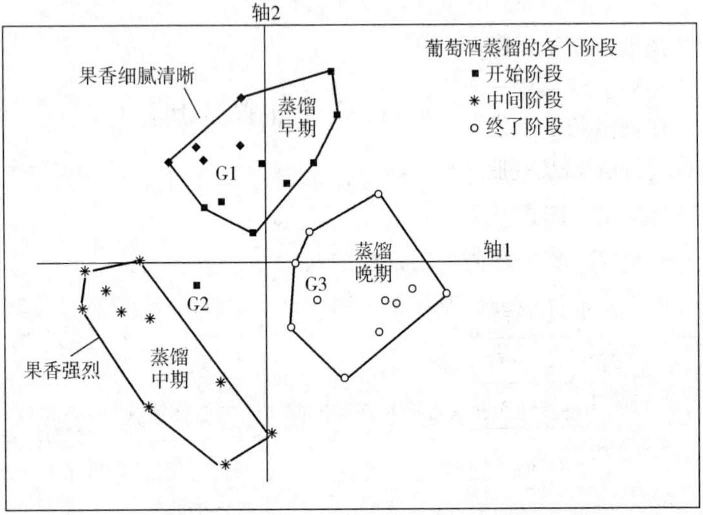

图 3-1　白兰地品尝结果的统计分析

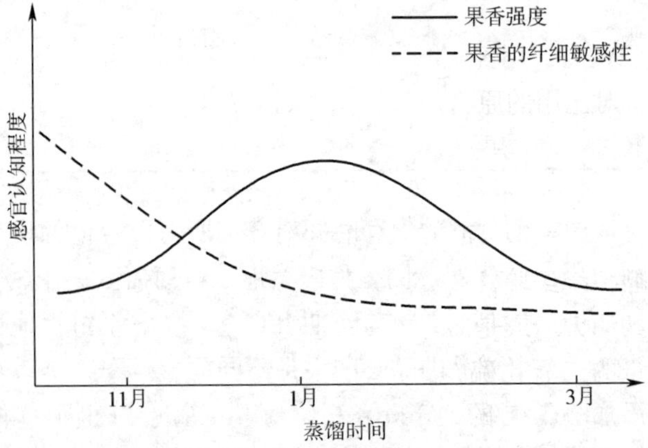

图 3-2　白兰地的感官认知曲线随蒸馏时间的演变情况

二、白兰地原料葡萄酒的保存温度

在进行酒精发酵和丙-乳酸发酵过程中，要使葡萄酒的温度迅速降低，这需要一个相当大的冷却作用。

在低温条件下发酵和保存白兰地原料葡萄酒，可以防止某些果香成分（如某些脂肪酸的酯类）的挥发损失。

用两个不同产地 A 和 B 的原料葡萄酒，对酿成的白兰地进行分析，表明了保存温度对白兰地原料葡萄酒的影响，见表 3-10。

表 3-10 低温保存葡萄酒酿成白兰地中某些芳香酯的含量 单位：mg/L

白兰地中酯含量	对比用葡萄酒（27℃）		从 27℃冷至 9℃的葡萄酒	
	A 产地	B 产地	A 产地	B 产地
月桂酸乙酯	4.17	1.11	7.4	2.05
癸酸乙酯	5.65	3.19	8.9	5.29
癸酸异戊酯	0.64	0.137	1.1	0.219
辛酸异戊酯	0.15	0.05	0.25	0.09

品尝认为，用经过冷却的白兰地原料葡萄酒所酿制的白兰地，与供对比用的原料葡萄酒所酿制的白兰地相比，前者的芳香酯含量较高，花香更为显著。

三、添加二氧化硫的影响

按照传统经验，有的工程技术人员，向一些不稳定的白兰地原料葡萄酒中，或是向某些较晚蒸馏的白兰地原料葡萄酒中，添加一定量的二氧化硫，用量为每 100L 葡萄酒中添加 2g 二氧化硫，即添加 2μL/L 的 SO_2。

1. 二氧化硫的物理-化学效应

在白兰地原料葡萄酒的保存过程中，添加二氧化硫的效果可以表现在两个方面。其一，可以防止白兰地原料葡萄酒的氧化，见表3-11；其二，能增加白兰地中乙醛和醇醛的含量，见表3-12。

表3-11　光密度为420nm的葡萄酒在保存期间添加SO_2的抗氧化效果

葡萄酒	11月	12月	1月	2月	3月
供对比用的葡萄酒	0.34	0.38	0.39	0.40	0.43
添加SO_2-1的葡萄酒	0.35	0.34	0.36	0.39	0.40
添加SO_2-2的葡萄酒	0.32	0.32	0.32	0.34	0.32

注：添加SO_2-1为2g SO_2/100L葡萄酒，添加SO_2-2为4g SO_2/100L葡萄酒。表3-12同。

表3-12　在葡萄酒保存期间添加SO_2对白兰地化学成分的影响　单位：mg/L白兰地

地点1	对比用的葡萄酒	加SO_2-1	加SO_2-2
乙醛	9.29	15.35	26.3
二乙氧基-1，1-乙烷	16.03	26.9	36.5
二乙氧基-1，1-异丁烷	9.10	9.23	16.66
地点2	对比用的葡萄酒	加SO_2-1	加SO_2-2
乙酸	13.95	22.2	22.3
二乙氧基-1，1-乙烷	3.03	10.61	31.3
二乙氧基-1，1-异丁烷	2.63	4.62	22.9

以上的试验结果清楚地表明，白兰地原料葡萄酒在保存期间，不能添加SO_2。若添加SO_2，则会危害白兰地的质量。对于表3-12所列的两个产地的白兰地，评酒员们对于“加SO_2-2”（即加4g SO_2/IOOL白兰地）的各批白兰地进行品尝。在品评结论中，都签注“有醚味”或“有硫味”的评语。

2. 二氧化硫的微生物学效应

即使在添加 SO_2 剂量很小的情况下，SO_2 对葡萄酒中的乳酸菌与醋酸菌也具有很明显的影响。白兰地原料葡萄酒在保存过程中，存在着众多的微生物群落。图 3-3 表明添加 SO_2 对白兰地原料葡萄酒中微生物的影响。随着时间的推移，可以看到活的总细菌群落迅速衰减。

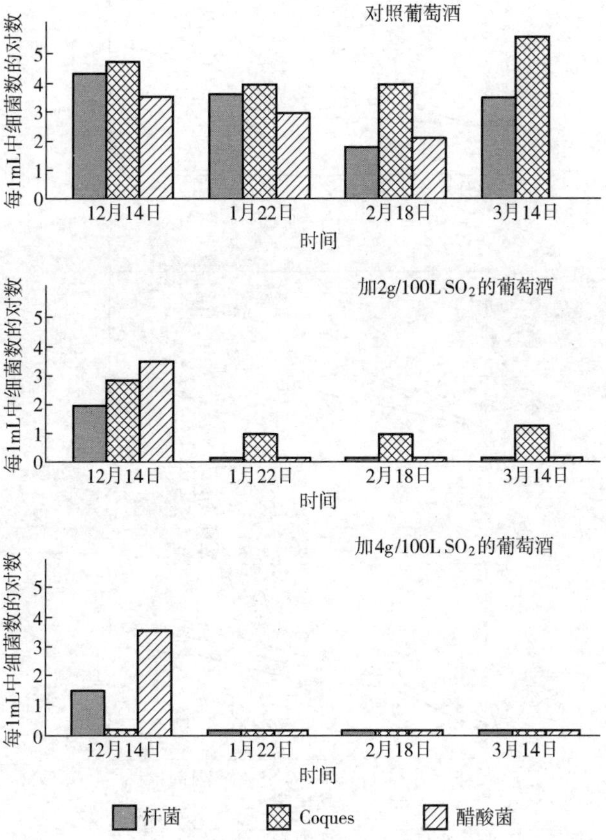

图 3-3　添加 SO_2 对白兰地原料葡萄酒中微生物的影响

四、pH 对白兰地原料葡萄酒保存的影响

与葡萄酒 pH 降低相联系的主要化学变化是酯化反应，这种反应使有机酸酯的含量增加。pH 降低，对葡萄酒中三种主要的有机酸酯的影响情况如图 3-4 所示。

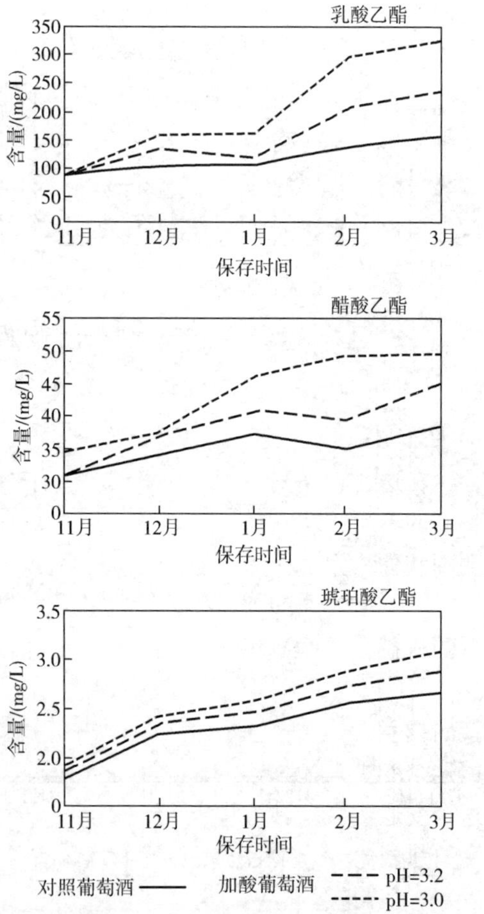

图 3-4　pH 对葡萄酒中主要有机酸酯含量的影响

葡萄酒保存期间，较低的pH，有利于C_{13}的前体物的水解反应。

感官检验证明，酸化葡萄酒所酿造出的白兰地，与对照酒相比，通常可得到较好的评语。乳酸乙酯含量的大幅度提高，能够促进白兰地质量的改善。这种成分能使白兰地变得更丰满，这是人所皆知的。改善白兰地原料葡萄酒的保存条件，是提高白兰地质量的手段之一。

低温保存葡萄酒，有助于保持葡萄酒的果香。所以白兰地原料葡萄酒在发酵之后，应该通过冷却过程做到低温保存。

在保存葡萄酒期间，保持较低的pH，有利于葡萄酒中的酯化反应，这有助于提高白兰地的质量。

对性质不稳定的白兰地原料葡萄酒，加少量的SO_2处理，有一定的合理性。但白兰地原料葡萄酒添加SO_2的副作用很大，所以使用SO_2时要特别慎重，要全面地平衡利弊关系。

第七节　各国对白兰地原料葡萄酒的不同规定

1988年9月5日至9日，于巴黎召开了第68届国际葡萄与葡萄酒局全会。在这次会上，大贡娜斯博士夫人介绍了各国对白兰地原料葡萄酒的不同规定。

在国际葡萄和葡萄酒局的所有成员国中，是绝对禁止直接向白兰地原料葡萄酒中添加农作物酒精的。这样做一方面是为了保护葡萄种植者的权益，另一方面，是为了保证葡萄原白兰地的纯正性。

由于直接向白兰地原料葡萄酒中添加农作物酒精是被禁止的，采用加糖这个变通办法，可以间接提高白兰地原料葡萄酒的酒精含量。这个变通办法有些国家是允许的，如有的欧盟国家允许加蔗糖提高原料葡萄酒的酒精含量，美国等允许加从玉米中提取的葡萄糖。在有些国家，这是一个有争议的课题。

前面已经讲过，白兰地原料葡萄酒，其工艺特点就是要求酒精含量偏低。因此，为了提高酒精含量而发酵时加糖，完全是多余的。所以国际葡萄与葡萄酒局的绝大多数成员国认为，用加糖或借助于添加浓缩葡萄汁的方法，对发酵葡萄酒的酒精含量进行调整，这个工艺不适用于白兰地原料酒。瑞士允许向酿造葡萄酒的葡萄汁中加糖，但禁止向用于蒸馏的葡萄汁中加糖。向用于蒸馏的葡萄汁中加糖，将会由于葡萄酒精的增加而导致产品过剩。由于葡萄酒生命之水及各种各样的白兰地销量会下降，所以向白兰地原料酒中添加酒精，或发酵加糖的工艺，是不应该提倡的。

在法国，所有的佐餐葡萄酒，都是不加糖发酵的。人们也不会用加糖发酵的葡萄酒去蒸馏制取葡萄酒生命之水。但是，当以产地命名的葡萄酒，由于其超出了规定的产量时，则被用于做蒸馏白兰地的原料酒。因为这涉及葡萄种植者的利益。在这种情况下，这些葡萄酒蒸馏出来的只能称为葡萄酒精，而不能称为生命之水。

德国每年进口大量的白兰地原料葡萄酒，用于蒸馏生产普通的或高档的白兰地。1985 年从法国进口 30200t 白兰地原料葡萄酒。这其中的 30%是习惯性地从法国夏朗德地区进口的，这使得德国的一些大公司因采用高质量白兰地原料葡萄酒生产出来的葡萄白兰地而自豪。德国的葡萄酒由于其价格高，并且因为其中 SO_2 的含量太高，因而不适宜作白兰地原料葡萄酒。因而只在一些中小企业里，才采用德国的葡萄酒进行蒸馏，其质量难以与从法国进口的白兰地原料酒相比。因此，大量的小型蒸馏企业都消失了。

为什么有的欧盟国家允许采用往葡萄汁中加糖的方法生产白兰地原料葡萄酒，而法国禁止采用这个方法呢？从大环境看，法国的这种立场，是基于对产地命名葡萄酒的保护。其目的就是在葡萄酒的生产方面做出规定，第一步是禁止在用于蒸馏的葡萄酒中加糖，第二步就是禁止在葡萄酒生产中加糖。

第四章　白兰地蒸馏的理论

第一节　白兰地的蒸馏

法国波尔多第二大学葡萄酒学院 A. 贝尔特朗德（Alain Bertrand），对蒸馏的历史和演变过程做了精辟的论述。他的研究报告指出，有关蒸馏的最早迹象可追溯至公元前 3500 年左右。现在伊拉克北部出土的带颈陶罐见图 4-1，很可能就是最早的蒸馏壶。

以生产香料和化妆品闻名的国家，如古代的中国在公元前 3000 年，古印度在公元前 2500 年，古埃及在公元前 2000 年，就已经将蒸馏技术用于这些产品的生产。

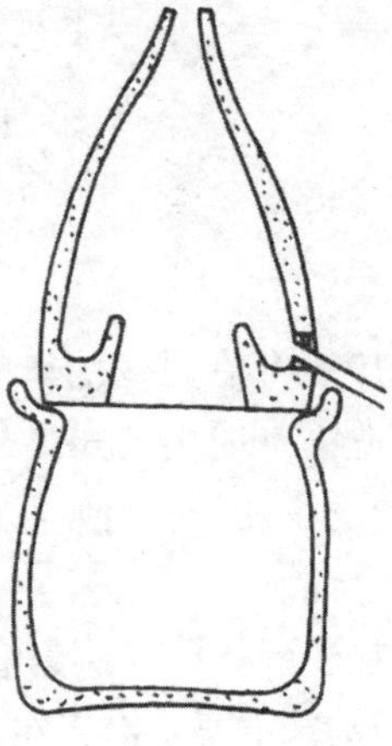

图 4-1　最早的蒸馏壶

最早讲述蒸馏的文字记载是在希腊。公元前 465 年在希腊的文字著作中，描述了蒸馏实验。

在阿拉伯文化处于主导地位时期，蒸馏技术的发展很快。现在仍在欧洲一些地区使用的一种称为“Alquitara”的蒸馏壶，见图 4-2，就可能产生于这一时期。生命之水（即白兰地）一词，在 9 世纪已经出现。很可能正是由于阿拉伯文化曾统治伊比利亚半岛，才使蒸馏技术在欧洲多数地区得以普及。

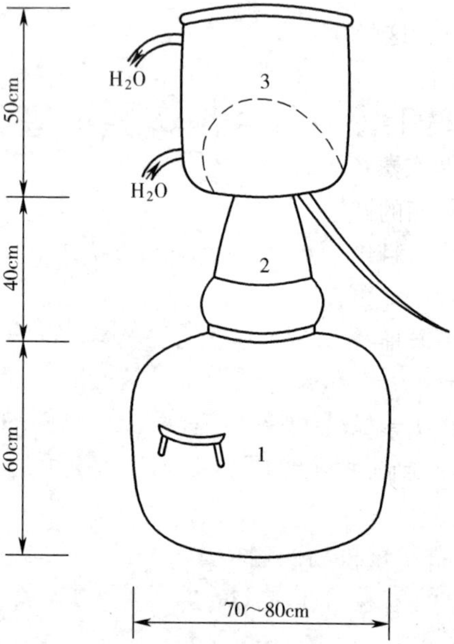

图 4-2 Alquitara 蒸馏壶

1—蒸馏锅 2—蒸馏器 3—冷凝器

1930 年在丹麦的奥胡斯南部出土的陶器，是公元 1300 年左右的遗物。现在已知最早记载葡萄酒蒸馏的文字见于公元 1285 年。在这一时期，白兰地仅限于医用，至于从何时开始饮用，则很难考证。

在法国，白兰地蒸馏发展最早的地区为阿尔马涅克（Armagnac）。这主要是由于在 15 世纪前半叶，该地区为英国所有，与英国及北方国家的贸易发展促进了该地区的葡萄种植业和酿酒业的发展。

科涅克地区最早关于蒸馏的文献出于 1622 年（Aunis）和 1630 年（Saintongc）。最早的酒业公司始建于 1643 年。然后相继建立了英国的公司马太尔（Martell，1715 年）和轩尼诗（Hennessy，1765 年）。这些公司至今闻名世界。

直到 18 世纪，一直是用简单设备通过重复蒸馏（或者称为再次蒸馏）获得白兰地。在科涅克地区，至今保留了“再次蒸馏”或者称为两次蒸馏的方式。在阿尔马涅克地区，1761 年发明了使用连续蒸馏的设备蒸馏白兰地。这一蒸馏方式在阿尔马涅克地区普及很快，沿用至今，改变很小。

随着科学技术的进步，蒸馏白兰地的设备不断改进，蒸馏技术不断提高，白兰地蒸馏的理论也越来越完善。

在酒精生产中，使乙醇和所有挥发性混合物从成熟醪液内分离出来的过程称为蒸馏。蒸馏的结果便得到粗馏酒精。除去粗馏酒精中杂质的过程则称为精馏。精馏的结果得到高纯度的精馏酒精。

白兰地是一种高雅香醇的饮料酒。它的芳香物质主要是通过蒸馏获得的。白兰地虽然是一种蒸馏酒，但它与蒸馏酒精不同。原白兰地不像精馏酒精一样要求极高的纯度，而是要在酒精含量为 60%~70%vol 的酒精中，保持适当含量的挥发性混合物，以奠定白兰地芳香的基础。

乙醇与某些挥发性成分一起，从白兰地原料葡萄酒中分离出来的过程称为白兰地的蒸馏。白兰地原料葡萄酒是几种化学成分的混合物，大致比例为，水占 90%左右，乙醇占 10%左右，其他成分的混合物占 0.5%左右。

当几种挥发性成分混在一起时，将这种混合成分分离开来，蒸馏是一种被广泛采用的方法。通过蒸馏分离液体混合成分的理论，在于组成液体混合物的各种成分具有不同的沸点和挥发性，即在同样的温度下，各种成分具有不同的蒸汽压力。因此，蒸汽的成分或馏出液的成分，将区别于被蒸馏的混合液的成分。

如果将两种或两种以上挥发性不同的物质组成混合溶液，加热至沸腾，这时液相组分与气相组分是不同的。气相比液相含有较多的易挥发组分，而液相含有较多难挥发的组分。正如拉乌尔定律指出的，混合溶液中，蒸汽压高、沸点低的组分，在气相中的含量总是比液相中高。反之蒸汽压低、沸点高的组分，在液相中的含量，总是比气相中高。根据这个原理，通过反复气化与冷凝，即可将混合溶液分离开来。

第二节　蒸馏与分馏

在白兰地原料葡萄酒或粗馏原白兰地中，水和乙醇的成分，占99.5%以上，其余的成分（如醛类、酯类、酸类、醇类及其他）与水和乙醇的含量相比是微乎其微的。所以发生在设备里的蒸馏过程，被蒸馏的混合液，可假定地看作是两种成分的混合物，蒸馏原理也同乙醇-水混合物蒸馏。

在简单蒸馏的情况下，馏出物的酒精含量开始很高，而后，由于被蒸馏液体里酒精含量的降低，馏出物的酒精含量也逐渐降低。

在蒸馏技术发展的初期，为了得到较高的酒精含量，采取在大锅里重复蒸馏的方法。这种蒸馏的时间长，消耗的热量多，是不合理的。后来在大锅的上部安装了分馏器，含酒精分低的蒸汽在分馏器里冷凝成液体，又回流到大锅里，而含酒精分高的蒸汽进入冷凝器，这样馏出物的酒精含量就显著提高了。

白兰地生产中，最常使用的夏朗德式蒸馏釜，就是借助于大锅上面的球形分馏器来浓缩馏出液的。因为大锅里低浓度的酒精混合液，比含酒精量高的回流液具有较高的沸点温度，所以有部分回流液又重新蒸发，形成高浓度的酒精蒸汽，馏出设备系统。

带有一系列分馏盘的蒸馏大锅，其实是几个单独的简单蒸馏设备的组合。分馏盘的分馏效率要比夏朗德式蒸馏大锅上的球形分馏器效率高。当水和酒精的蒸气上升进入第 1 个分馏盘，含酒精分高的蒸气则上升进入第 2 个分馏盘，而含水分高的蒸气则冷凝成回流液向大锅里回流。依次类推，在上面的每个分馏盘里，都发生了同样的分馏作用，只是下面的分馏盘里，回流液的酒精含量低，越是上部的分馏盘，回流液里酒精含量就越高。

可以想象到，在分馏盘里存在着两个流向相反的过程，即上升的酒精蒸气和向下流动的回流液。

酒精蒸气自下而上经过分馏盘，在其中发生了许多次的重复蒸馏，当它从分馏盘出来时酒精含量是很高的。蒸气上升时，进一步加强了蒸气里的酒精含量，而回流液随着向下流动，酒精的含量越来越少。

苏联 Ю. Е. 法里科维齐的研究指出，酒精在液体中的含量和气体中的含量之间的关系，可用下面的公式表示：

$$\varphi_2 = \frac{\varphi_1}{a + b\varphi_1}$$

式中 φ_1——乙醇在液体中的含量（%vol）

φ_2——乙醇在气体中的含量（%vol）

a 和 b——常数

按照 Ю. Е. 法里科维齐的资料，对所有的蒸馏来说，常数 $b=0.0104$，而常数 a 随着蒸馏设备的分馏装置而变化。

常数 a 又称为分馏系数，对不同的分馏设备来说是不同的。对用火加热的夏朗德设备，$a=0.067$；对用蒸汽加热的夏朗德设备，$a=0.057$；对带分馏盘的蒸汽加热的一次蒸馏设备，$a=0.035$（以上蒸馏设备图见本书第五章白兰地的蒸馏设备）。

酒精蒸馏时馏出液里乙醇的含量与被蒸馏的液体里乙醇含量之比称为加强系数。

表 4-1　　在不同分馏系数下加强系数的值

液体里的酒精含量/%vol	馏出液里乙醇的含量/%vol			加强系数		
	用火加热的夏朗德型 $a=0.067$	用汽加热的夏朗德型 $a=0.057$	带两个分馏盘的一次蒸馏 $a=0.035$	用火加热的夏朗德型	用汽加热的夏朗德型	带两个分馏盘的一次蒸馏
40	83.0	84.6	—	2.07	2.11	—
35	81.2	83.1	—	2.32	2.37	—
30	79.1	81.3	—	2.64	2.71	—
25	76.4	78.9	—	3.06	3.16	—
20	73.0	75	82.3	3.65	3.75	4.11
15	67.5	69.7	78.5	4.50	4.67	5.23
10	58.5	62.0	72.0	5.85	6.20	7.20
8	53.0	57.5	68.0	6.63	7.20	8.50
6	46.0	50.8	—	7.67	8.43	—
4	37.0	43.0	—	9.25	10.70	—
2	23.0	25.7	35.2	11.50	12.85	17.6
1	12.9	12.9	—	12.90	14.90	—

从表 4-1 可以看出加强系数与分馏系数数值大小的依赖关系。分馏系数的数值越小，加强系数的数值就越大，即在分馏系数数值小的情况下，可以得到大的酒精加强度。因此，分馏系数在一定程度上，表达了分馏过程数量方面的特征。

在上面引用的公式中，如果把 a 的数值看成是 0（极大分馏），那么公式具有这样的形式：

$$\varphi_2 = \frac{\varphi_1}{a + b\varphi_1} = \frac{\varphi_1}{0.0104\varphi_1} = 96.15\%$$

在这种情况下，对沸腾液体中的任何酒精含量，馏出液中酒精含量将是96.15%vol，大约接近于共沸混合物的酒精含量。

第三节　白兰地中挥发性成分的蒸馏情况

白兰地原料酒中含有一些挥发性物质，在蒸馏情况下，随着乙醇一起转入馏出液里。

白兰地原料酒中的挥发性成分主要有醛类、酯类、高级醇及其他。这些物质具有不同的沸点，在水和酒精的混合液中，具有不同的溶解度。所有这些物质都能很好地溶解于纯酒精，但在水里的溶解情况是不相同的。

白兰地原料酒中各种挥发性成分，由原料酒转入馏出液的顺序，不仅取决于它们的沸点温度，也取决于它们与水分子之间的亲和力，以及它们在水和酒精混合液里的溶解度。

如果按照沸点温度增加的顺序，排列原酒中基本的挥发性物质，则得到表4-2的情况。

表4-2　　挥发性混合物的沸点温度

编号	物质名称	沸点/℃	化学式	简略特征
1	乙醛	20.8	C_2H_4O	无色液体，有尖锐不愉快气味
2	丙醛	50.0	C_3H_6O	无色液体，具有尖锐不愉快气味
3	甲酸乙酯	54.1	$C_3H_6O_2$	液状，具有愉快的香气
4	乙酸甲酯	56.6	$C_3H_6O_2$	液状，具有愉快的香气
5	甲醇	65	CH_4O	口味烈，几乎无闻香
6	丁醛	75	C_4H_8O	有尖锐刺鼻气味
7	乙酸乙酯	77	$C_4H_8O_2$	具有愉快香气的液体
8	乙醇	78.3	C_2H_6O	口味烈，具有微弱的愉快闻香
9	丙醇	97.4	C_3H_8O	闻香愉快而尖锐

续表

编号	物质名称	沸点/℃	化学式	简略特征
10	水	100	H_2O	无色、无臭
11	缩醛	102.9	$C_6H_{14}O$	强烈的气味
12	异丁醇	108.4	$C_4H_{10}O$	口味烈，气味强烈
13	异丁酸乙酯	110.1	$C_6H_{12}O$	有愉快的气味
14	丁醇	117.5	$C_4H_{10}O$	有愉快的气味
15	乙酸	118.1	$C_2H_4O_2$	有尖锐的气味
16	丁酸乙酯	121	$C_6H_{12}O_2$	有愉快的香味
17	旋光戊醇	128	$C_5H_{12}O$	有不愉快的味道
18	异戊醇	132	$C_5H_{12}O$	是杂醇油的主要成分，气味不愉快
19	异戊酸乙酯	134.3	$C_7H_{14}O_2$	有愉快的香味
20	乙酸异戊酯	137.6	$C_7H_{14}O_2$	有愉快的香味
21	丙酸	140.9	$C_3H_6O_2$	有尖锐的气味
22	己醇	157.2	$C_6H_{14}O$	有愉快的香味
23	糠醛	162	C_5H_4O	苦的巴旦杏味
24	丁酸	162.8	$C_4H_8O_2$	有不愉快的烧油味
25	异戊酸	177	$C_5H_{10}O_2$	异戊醇氧化产物，气味不愉快
26	异戊酸异戊酯	190	$C_{10}H_{20}O_2$	有愉快的气味
27	己酸	205	$C_6H_{12}O_2$	有愉快的气味
28	庚酸	223.5	$C_7H_{14}O_2$	有愉快的气味
29	辛酸	237.5	$C_8H_{16}O_2$	有愉快的气味

上述挥发性成分在蒸馏的过程里转入馏出液。这些成分对形

成白兰地特有的口味和香味具有重要的作用。根据沸点的高低，挥发性物质可分为三类：低沸点、中沸点和高沸点。

属于第一类的物质，其沸点低于乙醇（78.3℃）的温度，表4-2所列举的1~7号，即属于此。主要的低沸点化合物有乙酸、甲酸乙酯、乙酸甲酯和乙酸乙酯。

乙醇是属于中沸点的化合物。

属于高沸点的化合物，具有比乙醇高的沸点温度。主要的高沸点化合物有高级醇（丙醇、异丁醇、异戊醇）、糠醛、酯类（异丁酸乙酯、异戊酸乙酯、乙酸异丁酯）、酸类（乙酸、丙酸、丁酸、异戊酸）。

白兰地蒸馏时，温度不超过100℃，表4-2所列的29种挥发性成分，自编号11~29，这些化合物的沸点都在100℃以上。如异戊醇的沸点为132℃；辛酸的沸点237.5℃。为什么这些高沸点的物质能够蒸入白兰地中，形成白兰地芳香的物质基础呢？多组分混合溶液蒸馏时，各组分的挥发性不是由各自的沸点决定的，而是由溶液中各组分之间引力决定的。

以异戊醇和乙醇为例，两者都是一元醇，都有—OH基，因此都存在氢键作用力。异戊醇的相对分子质量比乙醇大。它的分子间的作用力也比乙醇大。因此异戊醇的沸点高于乙醇，即在纯组分时异戊醇较难挥发。可是在大量水存在的情况下就不同了，水分子有较强的氢键作用力，水分子同时对乙醇和异戊醇分子有氢键吸引力，但异戊醇分子比乙醇大，这就减弱了它与水分子的氢键缔合强度，于是异戊醇就比乙醇容易挥发。

同样道理，当有大量水存在时，水分子相对分子质量小的甲醇的氢键作用力大于乙醇，甲醇的沸点虽然只有64.7℃，但甲醇在稀溶液里比乙醇难挥发。

上述现象除了用分子间作用力解释外，还可以用水蒸气蒸馏解释。酒中一些高沸点的物质，如丁酸乙酯，它们难溶于水。当不能互溶的两种液体混合加热至沸时，蒸汽中的分压不与溶液中该成分的含量成正比例，而是各组分都有各自独立的蒸气分压。当加热使不互溶的混合液的蒸气压与大气压相等时，两种组分便同时沸腾。由于溶液的蒸气压是两种组分蒸气分压相加的结果，因此混合溶液的沸点便低于两组分中任一组分的沸点。由此可知，即使沸点很高的物质，只要其难溶于水，也能被蒸出来。由于水是溶液中的两者之一，因此称这种现象为水蒸气蒸馏。这时蒸气中两种组分的浓度比等于两种组分蒸气分压的比。

还是以异戊醇为例，它在水中溶解度很小。将异戊醇与水混合，当加热至沸时，气相中异戊醇的蒸气分压与溶液中异戊醇的含量不发生关系，异戊醇和水各自具有独立的蒸气分压。当这两种液体的蒸气分压之和与大气压相等时，这两种液体的混合溶液便沸腾，此时的温度为93℃，水的蒸气压为78.5kPa，异戊醇的蒸气压为22.8kPa，蒸气压之和为101.3kPa，所以此时沸腾。按道尔顿分压定律，在蒸气中异戊醇的浓度为：

$$\frac{22.8}{22.8+78.5}=22.5\ (\%)$$

即蒸气中异戊醇的浓度大大增加了。许多酯类沸点虽高，只要它不溶于水，根据水蒸气蒸馏的道理，便能很容易地进入酒中。

为了更好地了解和控制挥发性成分在白兰地蒸馏过程中的转移情况，搞清楚蒸发系数和蒸馏系数的含义是很必要的。

第四节　蒸发系数

对酒精来说，如果酒精在蒸气中的含量用 Y_a 表示，酒精在液体中的含量用 X_a 表示，那么，酒精的蒸发系数 K_a，则可表示为：

$$K_a = \frac{Y_a}{X_a}$$

同样，如果混合物在蒸气中的含量用 Y_n 表示，该混合物在液体中的含量用 X_n 表示，那么混合物的蒸发系数 $K_n=\frac{Y_n}{X_n}$。

蒸发系数指明了在简单蒸馏的情况下，酒精或混合物的加强程度。对酒精来说，蒸发系数又称加强系数。表 4-3 列出的是酒精及其少量混合物的蒸发系数，在达到恒沸点混合物之前，它们随着蒸馏液体中酒精含量的提高而降低。

表 4-3　　酒精及其少许混合物的蒸发系数

乙醇含量/%vol	乙醇 K_a	混合物的蒸发系数 K_n								
		异戊醇	异戊酸异戊酯	乙酸异戊酯	异戊酸乙酯	异丁酸乙酯	乙酸乙酯	乙醛	乙酸甲酯	甲酸乙酯
10	5.10	—	—	—	—	—	29.0	—	—	—
15	4.10	—	—	—	—	—	21.5	—	—	—
20	3.31	5.63	—	—	—	—	18.0	—	—	—
25	2.68	5.55	—	—	—	—	15.2	—	—	—
30	2.31	3.00	—	—	—	—	12.6	—	—	—
35	2.02	2.45	—	—	—	—	10.5	—	12.5	—
40	1.80	1.92	—	—	—	—	8.6	—	10.5	—
45	1.63	1.50	—	3.5	—	—	7.1	4.5	9.0	—
50	1.50	1.20	—	2.8	—	—	5.8	4.3	7.9	—
55	1.39	0.98	1.80	2.2	—	—	4.9	4.15	7.0	12.0
60	1.30	0.80	1.30	1.7	2.3	4.2	4.3	4.0	6.4	10.4
65	1.23	0.65	1.05	1.4	1.9	2.9	3.9	3.9	5.9	9.4
70	1.17	0.54	0.82	1.1	1.7	2.3	3.6	3.8	5.4	8.5

续表

乙醇含量/%vol	乙醇 K_a	混合物的蒸发系数 K_n								
		异戊醇	异戊酸异戊酯	乙酸异戊酯	异戊酸乙酯	异丁酸乙酯	乙酸乙酯	乙醛	乙酸甲酯	甲酸乙酯
75	1.12	0.44	0.65	0.9	1.5	1.8	3.2	3.7	5.0	7.8
80	1.08	0.34	0.50	0.8	1.3	1.4	2.9	3.6	4.6	7.2
85	1.05	0.32	0.40	0.7	1.1	1.2	2.7	3.5	4.3	6.5
90	1.02	0.30	0.35	0.6	0.9	1.1	2.4	3.4	4.1	5.8
95	1.004	0.23	0.30	0.55	0.8	0.95	2.1	3.3	3.8	5.1

从表4-3可以看出，各种混合物的蒸发系数彼此显著不同，并随着乙醇在被蒸馏液体里含量的变化而改变。

如果乙醇在被蒸馏的液体里含量少于55%，那么表4-3中所有物质的蒸发系数都大于1；乙醇在被蒸馏的液体中含量大于55%vol，异戊醇的蒸发系数小于1。因此，在这种情况下，异戊醇在蒸气里的含量比在被蒸馏的液体里含量低。当被蒸馏的液体里乙醇的含量高于65%vol，则异戊酸异戊酯的蒸发系数小于1。同样对乙酸异戊酯、异戊酸乙酯、异丁酸乙酯，要使它们的蒸发系数小于1，乙醇含量的体积比，要分别高于72%、87%、92%。表4-3列出的其他物质的蒸发系数都大于1。所以，这些物质在蒸气里的含量始终大于在液体里的含量。

苏联Ю. Е. 法里科维齐和Е. Л. 姆德尧亚根据各种设备蒸馏白兰地的情况，确定了某些挥发性物质蒸发系数的大小。表4-4是他们对乙醛、杂醇油、缩醛、糠醛的研究中得到的。

从表4-4可以看出，这四种物质的蒸发系数随着酒精的最初含量而变化，并且，几乎在表4-4所列情况下都大于1。

白兰地生产中采用的蒸馏方法和设备类型，当酒精的含量为8%~33%vol，对上面的混合物的蒸发系数，没有本质的影响。

表 4-4　　原白兰地中某些混合物的蒸发系数

液体中酒精含量/%vol	蒸发系数			
	乙　醛	杂醇油	缩　醛	糠　醛
40	10.20	2.00	11，90	0.65
35	11.50	2.42	12.30	0.68
30	12.70	3.10	13.00	1.02
25	14.40	3.99	14.00	1.61
20	16.30	5.59	15.00	2.57
15	18.40	8.22	16.20	4.16
10	20.70	12.50	18.00	6.80
8	21.60	14.60	19.40	8.28
6	22.60	18.00	20.40	10.10
4	23.70	22.40	21.60	12.20
2	24.90	26.00	23.00	15.00
1	25.50	29.00	23.80	16.60

在蒸馏过程中，在酒精浓度低的情况下，因为水分子对甲醇分子有较大的氢键作用，因而甲醇比乙醇难挥发，使甲醇集中在尾馏分。将高浓度的酒精进行蒸馏时，因为甲醇比乙醇分子小、沸点低，所以它先于乙醇挥发，而集中于头馏分。

醋酸在蒸馏过程中的状况研究得也比较清楚。在水-酒精-醋酸三种混合液中，醋酸的不同浓度不影响它的蒸发系数。

Ю. E. 法里科维齐的研究指出，醋酸的蒸发系数取决于原液中乙醇的含量及蒸馏的操作方法。当蒸馏方法确定后，醋酸的蒸发系数随原酒中乙醇含量的降低而增加。同样，当原酒中乙醇的含量确定时，蒸馏的操作方法不同，醋酸的蒸发系数也不同。蒸气的强度越大，醋酸的蒸发系数越低。醋酸的蒸发系数如表4-5所示。

表4-5　醋酸的蒸发系数

原酒中乙醇的含量/%vol	不同蒸馏方法的蒸发系数		
	$a=0.025$	$a=0.050$	$a=0.0546$
32	0.020	0.081	—
23	0.024	0.100	—
20	0.030	0.114	0.130
15	0.042	0.150	0.162
10	0.065	0.192	0.213
6	0.110	0.266	0.297
3	0.261	0.352	—

挥发酸的蒸发系数（以醋酸计），在原料葡萄酒蒸馏的情况下，区别于纯混合物的蒸发系数。这大概是由于原料葡萄酒中存在 SO_2 的原因。SO_2 主要随着蒸馏进入头馏分。即在酒精含量比较高的情况下，亚硫酸仍有较高的蒸发系数，所以在蒸馏原白兰地时，亚硫酸的量主要在酒头里。

原料葡萄酒里除了含有亚硫酸外，同样含有醛-亚硫酸结合的化合物。由于亚硫酸的影响，需要对各种设备系统得到的醋酸蒸发系数做某些修正。

第五节　蒸馏系数

蒸发系数不能说明少许混合物伴随乙醇蒸出的程度，为了判断通过蒸馏能够在什么程度上把乙醇和少许混合物分开，必须比较混合物的蒸发系数 K_n 和乙醇的蒸发系数 K_a。

酒精中所含的任何挥发性成分的蒸发系数与乙醇蒸发系数的比，称为蒸馏系数。如果蒸馏系数用 K' 表示，则：

$$K' = \frac{K_n}{K_a}$$

蒸馏系数表示，在蒸馏过程中，挥发成分的含量与乙醇含量的比例关系是如何变化的。原白兰地中某些混合物蒸馏系数的数值见表 4-6。

表 4-6　　蒸馏系数 K′的数值

乙醇含量/%vol	异戊醇	异戊酸异戊酯	乙酸异戊酯	异戊酸乙酯	异丁酸乙酯	乙酸乙酯	乙酸甲酯	甲酸乙酯	乙醛
1	3.26	—	—	—	—	—	—	—	—
10	—	—	—	—	—	5.67	—	—	—
25	2.02	—	—	—	—	5.43	—	—	—
30	1.30	—	—	—	—	5.43	—	—	—
40	1.05	—	—	—	—	4.77	5.83	—	—
50	0.80	—	1.866	—	—	3.86	5.26	—	2.86
60	0.615	1.0	1.307	1.76	3.23	3.3	4.92	8.0	3.08
70	0.44	0.7	0.94	1.45	1.96	3.07	4.61	7.26	3.25
80	0.36	0.463	0.74	1.20	1.30	2.77	4.25	6.6	3.34
90	0.26	0.343	0.688	0.882	1.07	2.37	4.01	5.68	3.34
95	0.22	0.299	0.548	0.797	0.897	2.09	3.78	5.08	3.29

蒸馏系数说明了混合物的含量对乙醇含量之比究竟是在增加还是在减少。如果蒸馏系数等于 1，即混合物与乙醇以同样的比例速度蒸发出来，这样的蒸馏不能把混合物与乙醇分开，即蒸馏所得的馏出液与被蒸馏液中该混合物的含量没有变化。蒸馏系数

大于1，意味着馏出液里比被蒸馏的原酒里含有大量的混合物，因为混合物比乙醇蒸发得快。蒸馏系数大于1的混合物进入头馏分，称为酒头混合物。蒸馏系数小于1，这意味着馏出液里混合物含量比被蒸馏的原酒里少，该混合物比乙醇蒸发得慢，它们随着蒸馏进入尾馏分，称为酒尾混合物。

当被蒸馏的原酒中酒精含量相同时，不同的混合物蒸馏系数是不同的。乙醛、乙酸乙酯、乙酸甲酯、甲酸乙酯，无论原酒中酒精的含量高还是低，它们的蒸馏系数都大于1。因此，这些物质总是比乙醇蒸发得快，它们属于酒头混合物。异戊酸异戊酯、乙酸异戊酯、异戊酸乙酯、异丁酸乙酯，当被蒸馏的原酒中乙醇含量低时，属于酒头混合物，当乙醇含量高时，则属于酒尾混合物。

乙酸异戊酯，直到乙醇的含量小于68%，都是酒头混合物。当原酒中乙醇含量为68%，这时乙酸异戊酯与乙醇具有相同的蒸发性，当乙醇含量高于68%，它就成为酒尾的混合物了。

蒸馏白兰地时，易挥发的酯类，如乙酸乙酯、乙酸甲酯、甲酸乙酯，主要进入头馏分。中馏分里，它们的含量就低了。而较高分子的挥发酯，具有小于1的蒸馏系数，它们在酒尾里的含量比中馏分里高。

应该指出，在有亚硫酸存在的情况下，要测定馏出物中的酯含量，需对蒸馏系数做必要的修正。

当被蒸馏的液体里酒精含量达到42%，则异戊醇比酒精蒸发得还快。当乙醇的含量超过42%时，异戊醇就成为酒尾的混合物了。异戊醇在正常的蒸馏情况下，是不留在大锅里的。异戊醇是杂醇油的主要组成部分，除此之外，杂醇油还包括另外一些高级醇，如丙醇、异丁醇。其他的高级醇在蒸馏时，表现出和异戊醇相似的性质，即当被蒸馏的液体里乙醇的含量达到某种程度时，它们就离开酒头而进入中馏分或尾馏分。

在任何情况下，醋酸的蒸馏系数都小于1，这说明醋酸是典型的酒尾混合物。醋酸的蒸馏系数越低，它在被蒸馏液里的含量就越大。

表 4-7 引证的是不同设备蒸馏原白兰地时，某些混合物的蒸馏系数。

表 4-7　在各种分馏条件下原白兰地某些混合物的蒸馏系数

酒精在液体中含量/%vol	混合物的蒸馏系数							
	用火加热的夏朗德设备 $a=0.067$				用汽加热的夏朗德设备 $a=0.057$			
	乙醛	缩醛	杂醇油	糠醛	乙醛	缩醛	杂醇油	糠醛
40	4.95	5.75	0.96	0.31	4.84	5.64	0.94	0.31
35	4.93	5.30	1.04	0.34	4.81	5.19	1.02	0.34
30	4.81	4.92	1.17	0.3	4.69	4.80	1.14	0.38
25	4.70	4.58	1.30	0.53	4.57	4.43	1.27	0.51
20	4.47	4.11	1.53	0.70	4.35	4.00	1.49	0.68
15	4.09	3.60	1.83	0.92	3.94	3.47	1.77	0.89
10	3.54	3.08	2.14	1.16	3.34	2.90	2.02	1.10
8	3.26	2.93	2.20	1.25	3.00	2.69	2.03	1.15
6	2.95	2.66	2.34	1.32	2.67	2.42	2.12	1.20
4	2.56	2.33	2.42	1.32	2.22	2.02	2.09	1.14
2	2.16	2.00	2.26	1.30	1.93	1.78	1.86	1.16
1	1.98	1.84	2.24	1.29	1.71	1.60	1.95	1.11

从表 4-7 可以看出，当被蒸馏的原酒酒精含量相同时，设备的分馏系数对蒸馏系数的大小是有影响的。分馏系数越大，对某种混合物来说蒸馏系数也越大。

第六节　蒸馏原白兰地时在大锅里发生的变化

白兰地原料酒中的挥发性混合物，有的来源于葡萄原料，有的是在发酵过程形成的。在蒸馏过程中，这些挥发性混合物有的能够彼此化合，有的能够分解形成新的成分。

按蒸馏时在大锅里发生的过程不同，挥发性混合物能够分成两大类。第一类挥发性物质，由于蒸馏作用的结果，它们能够从白兰地原料酒转入粗馏原白兰地，而后转入原白兰地。在这中间，不发生化学变化，它们的含量，或者保持不变化，或者由于某种物理因素的影响而发生一定的变化。第二类挥发性物质，在蒸馏过程里要经受化学变化。一些物质的含量因化学作用而减少或增加，另外一些物质将重新形成。

表 4-8 引证的是 E. Л. 姆德尧亚的试验结果，说明了原酒在直接两次蒸馏的情况下，某些物质重新形成的过程。

表 4-8　　在蒸馏情况下混合物的变化

物质名称	蒸馏前后的物质量/g				差异	
	原料酒	粗馏原白兰地	蒸馏残液	粗馏原白兰地+蒸馏废液	含量变化/g	变化比/%
挥发酸	2066.58	230.40	1899.52	2129.92	+63.34	+3.0
醛（包括乙醛）	14.10	35.28	3.36	38.64	+24.52	+74.0
总酯	760.95	403.20	490.34	893.34	+132.34	+17.4
戊糖	0.39	—	—	—	—	—
糠醛	—	0.40	0.00	0.04	0.04	—
甲醇	160.00	79.2	79.51	158.71	−1.29	−0.8

从表 4-8 可以看出，在蒸馏过程中，发生显著增长的是醛的含量（+74%）和酯的含量（+17.4%）。在由原料酒蒸馏成粗馏原白兰地过程中，醛含量增加是由于部分的乙醇氧化成乙醛。在蒸馏的过程中酯含量增加是由于大量中级酯的形成。中级酯是高级醇和乙酸形成的，在大锅里所以能够发生这些变化，是由于大锅里具有一系列良好的反应条件，如较高的温度、溶解氧含量及中间氧化剂的存在。

由于戊糖的去水作用，而形成了糠醛，被蒸入粗馏原白兰地中。

除了物质重新形成的过程，在蒸馏时还发生一个相反的过程——物质的分解。高温、中间氧化剂和溶解氧的存在，促成了酒精氧化成乙醛和乙酸。在酯化作用的同时，还发生了酯的分解。除了上面的反应以外，在蒸馏过程中还有其他物质的形成和分解。蒸馏设备的制作材料也影响着蒸馏过程某些化学反应的进行。

E. Л. 姆德尧亚的研究指出，在由铜和铁制造的蒸馏釜里，挥发物质形成得多。因为铜和铁是一系列化学反应的催化剂。在玻璃烧瓶里蒸馏，挥发物质就形成得少。蒸馏时原酒沸腾的时间，也是影响挥发物质形成的基本因素。随着原酒加热时间的延长，大锅里新形成的物质的量也增加了。

第五章　白兰地的蒸馏设备

随着科学的发展和技术的进步，现代酒精生产的蒸馏设备是很先进的。经过粗馏塔和精馏塔的两次蒸馏，即可得到纯度很高、质量很好的酒精。但白兰地生产中，至今还采用传统的蒸馏方法，为的是通过蒸馏获得白兰地的芳香物质，以奠定白兰地质量的物质基础。

目前在白兰地生产中，普遍采用的蒸馏设备有夏朗德式蒸馏锅、带分馏盘的蒸馏锅、塔式蒸馏设备等，现分别叙述如下。

第一节　夏朗德式蒸馏锅

世界上最有名的白兰地——法国科涅克白兰地，就是用夏朗德式蒸馏锅蒸馏的。夏朗德式蒸馏锅又叫壶式蒸馏锅，这种壶式蒸馏锅在世界上已有将近1000年的历史，最早是用来蒸馏香料的。200多年以前，法国夏朗德省把这种蒸香料的壶式锅稍加改进，用于蒸馏白兰地，即成为现在广泛使用的夏朗德式蒸馏锅。21世纪以来，蒸馏技术虽然有了很大的发展，但真正好的白兰地，仍然采用传统的夏朗德式蒸馏设备。

夏朗德式蒸馏锅设备系统如图5-1所示，由以下几个部分构成。

1. 蒸馏锅

蒸馏锅又称为蒸馏釜，是用紫铜板加工制作的。它的使用要求是，加热要均匀，蒸馏完毕的残液放锅要干净彻底，锅内不能有积存残液。放锅后要容易清洗，没有死角。

为了达到上述的使用要求，大锅的制作和安装是很讲究的。

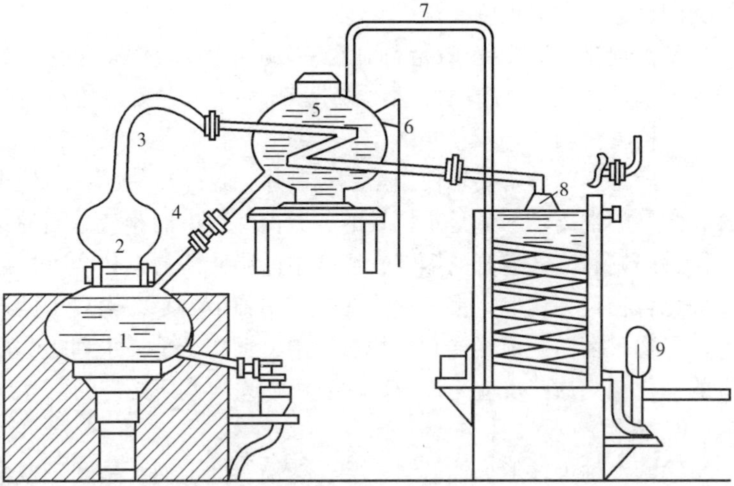

图 5-1　夏朗德式蒸馏锅设备系统

1—蒸馏锅　2—锅帽　3—鹅颈管　4—温酒进管　5—酒预热器
6—冷空气管　7—回收酒气管　8—冷凝器　9—验酒器

传统的蒸馏锅是洋葱头形，锅底要向上隆起，锅底与周围锅身的连接处要有一定的角度。放料口在锅底与锅身的连接处，即在整个大锅的最低处。大锅安装时，要向此口微做倾斜，这样就能保证放锅彻底，不留残液。

锅底的厚度，对保证锅的形状和使用要求是很重要的。锅底太薄，负荷加热时，有可能使锅底下塌，这样就不能保证放残液干净彻底，也影响锅的使用寿命。

一般来说，锅的体积为 500L，锅底铜板的厚度应该不小于 5mm，体积为 500~1000L 的大锅，要求每增加 100L 的体积，铜板的厚度增加 1mm。体积为 1000~2000L 的蒸馏锅，锅底厚度最多到 12mm。

大锅做好后，要试验锅是否严密，有无空隙，只要装满水试漏即可，不用加压试验。加压试漏，有可能使向上隆起的锅底向下倒凹，造成大锅报废。

整个锅身，是用锤子冷锻而成，锅的内表面要锻得平滑。这样的大锅使用时容易清洗，不会残留酒泥，用它蒸馏的白兰地酒，也格外清雅。

夏朗德蒸馏设备要求使用紫铜板制作，这样能使原白兰地中含有微量的铜离子。铜是不挥发的，原白兰地中的铜，是酒的蒸气接触锅帽和冷却蛇管的铜壁，酒气中的脂肪酸与铜化合，形成一种化合物称为铜皂。铜皂在蒸馏过程中拖带出来，铜离子就进入馏出物。在白兰地蒸馏和贮藏过程中，铜离子是一系列化学反应的催化剂。这些反应是形成科涅克酒质量要素所必需的。

2. 锅帽

锅帽又称为球形分馏器，安装在蒸馏锅的上面，是圆形或梨形。锅帽上面连接鹅颈式酒气管，老式的锅帽和鹅颈管是旱烟杆式。法国的大香槟和小香槟地区，工人喜欢用旱烟杆式的锅帽，或者采用低的鹅颈式锅帽，这两种形式的锅帽容易把酒中有益的挥发成分都蒸出来。但操作要当心，需调节火力，采用缓慢蒸馏的方式。

锅帽与锅身的连接方法，可用一种两个半环形的接头卡子，扣上拧紧，防止漏酒气。也可以在锅身与锅帽的连接处，都翻出铜边，用一对法兰把它们连到一起。法兰之间加石棉垫，不能用胶皮垫，因为胶皮垫的成分很复杂，对酒的质量有影响。

3. 预热器

预热器是用来预热白兰地原料酒或粗馏原白兰地的，安装在锅帽和鹅颈管后面的支架上。位置要比大锅高，预热的醪液或粗馏原白兰地，能全部自动流进大锅里。

预热器的有效容量应相当于大锅的实际装量。它是回收余热的装置，可以节省燃料，节约蒸馏时间和冷却用水。

锅帽上面的鹅颈管，在进预热器之前，安装一个三通，使大锅出来的酒气，能直接进入预热器。当预热的温度达到要求后，也能改变酒气的方向，不经过预热器而直接进入冷却蛇管。

进入预热器的酒气管，直接穿过预热器的底部，不要打圈，免得在预热器把醪液加得过热。酒气管穿过预热器的底部，能使预热器的醪液上下对流，加热均匀。

预热器的下部接有卸料管，使预热的醪液能自动流进大锅里。当预热的温度太高时，酒气可直接冷却成酒，从而提示操作者改变三通的方向，使大锅出来的酒气不经过预热器，直接进入冷却蛇管。

4. 冷却器

夏朗德式蒸馏设备所采用的冷却器，一般都是蛇管式的。冷却管的口径，应当上部粗，下部略细，冷却面积不宜过大，否则蒸馏时会发生吹气现象，即吸力太大。蛇管用纯锡焊接，不能用铅。

冷却后流出的酒流，要保持均匀。流量不规则，可能是由于蛇管的坡度不规则造成的。1t 容量的大锅，要有 25m 长的蛇管，围成圈数 7~10 个为宜。蛇管的坡度为 35mm/m。冷却器安得不正也会使酒流不均匀。

冷却器的出酒口安装一个酒精含量检验器。验酒器里放一支酒精含量表，可随时观察馏出液的酒精含量。

5. 炉灶建造法

根据法国多年来蒸馏白兰地的经验，认为夏朗德大锅的炉灶建造应符合特定的技术要求。

把大锅安在炉灶上，只让锅底受到火焰的煅烧，不让火烧到锅的周围。这种方法建炉，以前用得较多。它的缺点是，炉火的利用率低，蒸馏时浪费时间和燃料。

现在较普遍地采用“旋转火弄”建炉法，把火焰引到炉身的周围，以提高炉热的利用率。火焰在锅身周围达到的高度是很重要的。如果火焰的高度超过了蒸馏结束时大锅残留液的液面高度，就会使新蒸馏的酒带有一种“煎熬味”，从而影响白兰地的质量。

为了说明“旋转火弄”火焰所要达到的实际高度，可用有效装量 500L 的蒸馏锅的建灶安装法说明，见图 5-2，其他容量的蒸馏锅可依次类推。

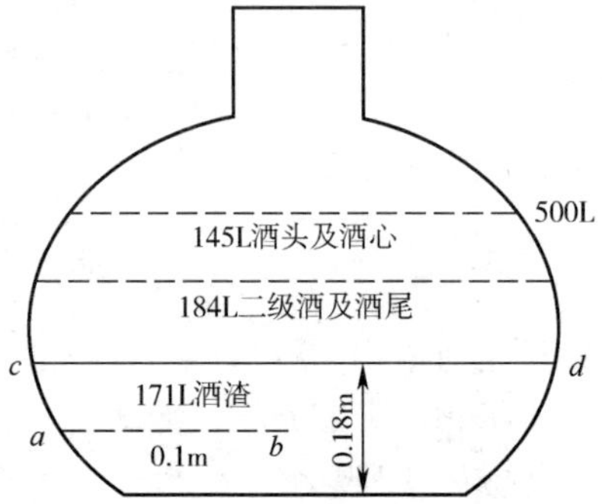

图 5-2　500L 容量的蒸馏器

图 5-2 是 500L 粗馏原白兰地进行复蒸馏的情况。除去总酒精含量的 1%~2%为酒头，即可得到酒心或称中馏分，为一级原白兰地，约占 145L。继续蒸馏得到二级原白兰地和酒尾 184L，留在锅里的残液为 171L。蒸馏时火焰在锅身周围所达到的高度应在残存液面之下，如果 *cd* 线是残存液面的高度，*ab* 线则表示火焰所应该达到的实际高度。*ac* 线的位置一周砌耐火砖，用耐火泥塞紧封严，这样火焰的高度只能达到 *ab* 线。

锅灶的炉门可以留在灶前，即在室内烧火。也可建在灶后，留在室外，在屋里进行蒸馏操作，在屋外进行烧火扒灰，这称为反装灶，屋内干净，卫生好搞。如果烟筒的高度不够，灶下可加鼓风机。

近几年，法国普遍采用液化石油气，进行直接燃烧加热蒸馏科涅克酒。与烧煤相比，燃烧液化石油气更方便、快捷、卫生，可极大地提高生产效率。为了燃烧液化石油气，在科涅克蒸馏车间外面，安装有固定的液化气贮罐，如图 5-3 所示。

图 5-3　安装在蒸馏车间外面的液化气贮罐

夏朗德式蒸馏锅应该集中建设，整齐地排列成行，这样便于操作和管理，如图 5-4 所示。

图 5-4　科涅克白兰地蒸馏车间

传统的夏朗德式大锅蒸馏，是直接用火加热的，这种蒸馏设备，在法国及其他白兰地生产国家，至今仍被广泛采用。

烟台张裕葡萄酿酒公司自 1973 年开始使用夏朗德式蒸馏锅蒸馏白兰地。1979 年，张裕又制作并安装了 2t 容量的夏朗德式大锅两组，当年即投入使用。1986 年，张裕公司从法国引进四组夏朗德式壶形蒸馏大锅，容量为 2t/个，同时又自制了五组同样容量的蒸馏大锅。这九组大锅安装在一起，建成壶式锅蒸馏车间。这是我国目前最大的壶式蒸馏车间。北京东郊葡萄酒厂也在 1974 年前后，制作并安装了锅容量为 2150L、使用容量为 1600L 的夏朗德式大锅。

夏朗德式蒸馏大锅，除了直接用火加热以外，也有用间接蒸汽加热的。用间接蒸汽加热的夏朗德式大锅，在苏联使用比较普遍。这种设备系统只是对加热蒸馏的大锅进行了改造，把直接火加热改成间接汽加热，其余的部分，如球形分馏器、预热器、冷却器等部分，基本不变。

用间接蒸汽加热的夏朗德式大锅，也是用紫铜材料做成的，锅体为圆锥形或圆柱形，如图 5-5 所示。蒸汽加热盘管，要求使用不锈钢管制作。

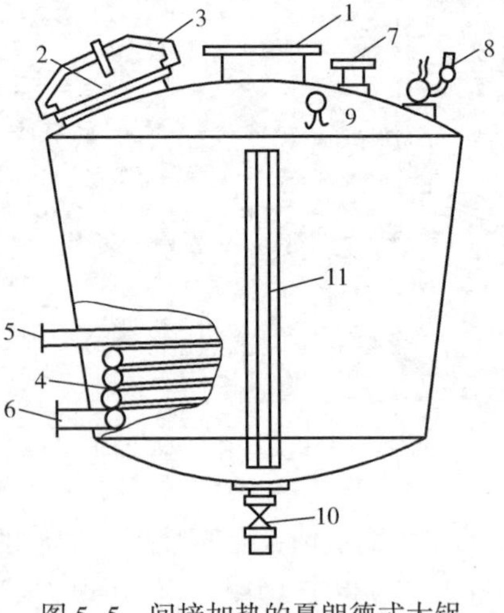

图 5-5　间接加热的夏朗德式大锅

1—连接球形分馏器　2—人孔　3—封盖　4—螺旋盘管　5—进气阀　6—排气阀　7—供料阀　8—空气阀　9—压力表　10—排糟阀　11 —液面计

大锅顶部的中央，有一个大孔 1，此处是安装球形分馏器的。圆口 2 为人孔，直径为 400mm，用作观察和清洗大锅，通过封盖 3 来关闭大锅。在装锅和卸锅时，要打开空气阀门 8。预热好了的原料酒通过供料阀门 7 装入大锅。大锅工作时通过气压表 9，观察其锅内压力。

这种大锅是用间接蒸汽加热蒸馏的。蒸汽通过管接头 5，进入螺旋盘管 4，经过排气阀 6 而排出。带刻度的玻璃液面计 11，是用于检查大锅的装量。大锅的底部阀门 10，用来排除蒸馏完毕的糟水。这种大锅的有效装量在苏联一般为 650~850L。

用间接蒸汽加热的夏朗德式大锅，整个设备系统如图 5-6 所示。

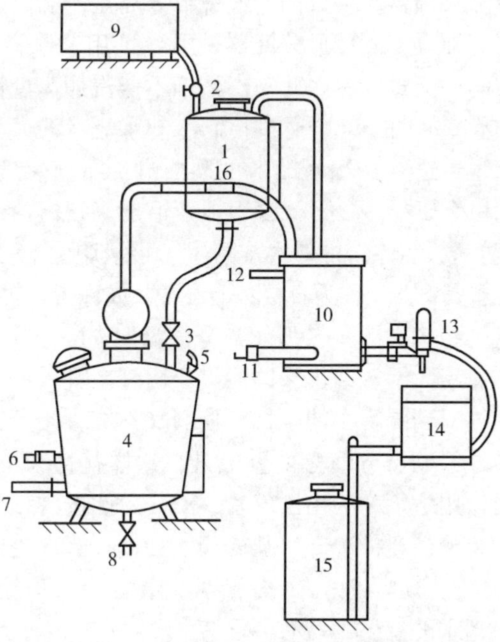

图 5-6　用间接蒸汽加热的夏朗德式设备系统

1—预热器　2—装料孔　3—进料阀　4—蒸馏锅　5—空气阀　6—进气阀　7—排气阀　8—排糟阀　9—压力槽　10—冷却器　11—进水阀　12—出水阀　13—验酒器　14—承酒器　15—贮酒桶　16—三通

这种大锅的设备系统与直接火加热的夏朗德式大锅的设备系统相比，主要是加热方式不同，其余部分大同小异。用间接蒸汽加热的优点是，操作方便卫生，工作效率高，一个人可以同时看管几台设备。

第二节　带分馏盘的蒸馏设备

夏朗德式大锅设备系统，无论是用直接火加热还是间接蒸汽加热，都属于两次蒸馏设备。即白兰地原料酒经这种设备系统的两次蒸馏，才能得到较好的原白兰地。

如果对间接蒸汽加热的夏朗德式大锅设备稍加改造，即把大锅上部的球形分馏器改换成两个透镜形分馏盘，就使两次蒸馏设备变成一次蒸馏设备。球形分馏器是用空气冷却的，冷却效率不高，低度酒的回流量少，因此一次蒸馏不能得到高度酒。而分馏盘是用自来水冷却的，可以通过控制冷却水流量的大小来控制低度酒的回流量。进入分馏盘的低度酒蒸汽，经分馏盘继续上升，进入预热器和冷却器，形成高度酒被蒸馏出来。白兰地的原料葡萄酒，经过这种设备系统的一次蒸馏，就可得到原白兰地。所以带分馏盘的蒸馏设备，又称为直接蒸馏设备，或称为一次蒸馏设备。

分馏盘的结构如图 5-7 所示。分馏盘的内部像透镜形，从外面看像碟形。从大锅蒸馏出来的酒气，由管 1 进入分馏盘，进入分馏盘的酒气受到隔板 2 的阻挡，使酒气不能直接上升，而是散向隔板的边缘，贴着分馏盘的壁上升，这样就扩大了冷却面积，加强了分馏作用。管 3 为出酒气管，酒气由此进入预热器或直接进入冷却器。分馏盘的冷却水从阀门 4 和连接管 5 进入上面的分馏盘，而后经管 6 进入底层的分馏盘。最后冷却水经管 7 流出。为了测定冷却水的温度，装有温度表 8。

带两个分馏盘的一次蒸馏设备，整个系统如图 5-8 所示。这种设备系统与间接蒸汽加热的夏朗德式大锅系统基本相同，只是大锅上的球形分馏器改换成两个分馏盘。预热器和冷却器等适应

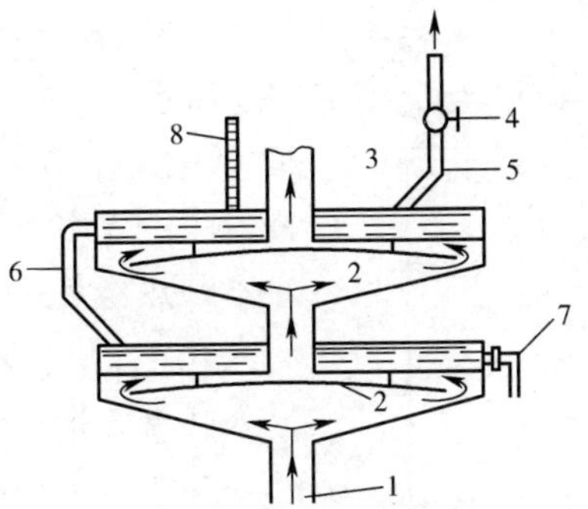

图 5-7　碟形分馏盘

1—进气管　2—隔板　3—出酒气管　4—阀门
5—连接管　6—流水管　7—出水管　8—温度表

设备系统的需要，也有相应的改动。

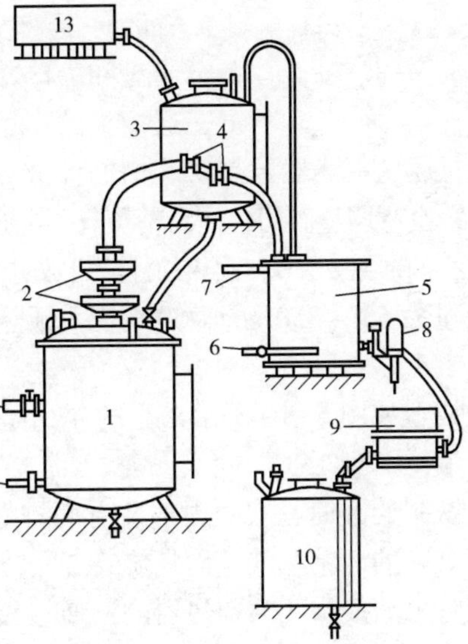

图 5-8　带两个分馏盘的一次蒸馏设备系统

1—大锅　2—分馏盘　3—预热器　4—三通　5—冷却器　6—进水阀　7—出水阀
8—验酒器　9—盛酒器　10—贮酒桶　11—进气阀　12—出气阀　13—高位槽

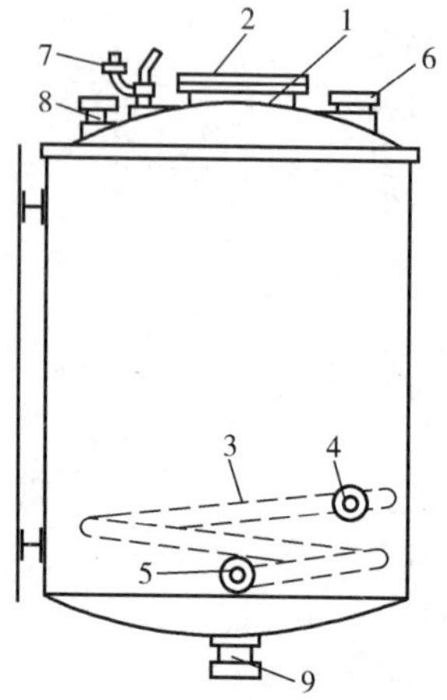

图 5-9　预热器

1—人孔　2—人孔盖　3—螺旋管
4，5—三通　6—装料孔　7—空气阀
8—出气孔　9—排料孔

预热器又称为定量锅，如图5-9所示。预热器用于预热被蒸馏的液体到70~80℃。能提高大锅的生产效率，并且节约燃料。

预热器是一个圆筒，其上部有人孔1，供修理和清洗用。依靠人孔盖2把预热器关闭。装料孔6是作为预热器装料用的。预热器排出的酒精蒸汽经出气孔8进入冷凝器，其顶部有空气阀7。在预热器里面，下部有螺旋管3。来自分馏盘的蒸汽，经过螺旋管3预热被蒸馏液体。管接头4和5，都为三通接头，分别连接来自分馏盘和去冷却器的管子。两个三通接头的作用是，使从分馏盘来的酒精蒸气可通过预热器预热待蒸馏的汁液。当预热的汁液达到温度要求时，也可调整阀门，使酒精蒸气不经过预热器直接进入冷却器。经过底部的管接头9，预热的汁液可放进大锅里。

对有效装量为650~850L的大锅设备，预热器的体积应该是700~900L。

冷却器的构造如图5-10所示，它的作用是使蒸汽冷凝成液体，并把馏出液冷却到15℃。

冷却器是铁制的圆筒，它的内部装有两排螺旋管。螺旋管1作为冷却分馏盘来的酒精蒸气，而螺旋管2是冷凝预热器来的酒精蒸气。螺旋管1的接头3与预热器的三通接头5相连，螺旋管2的接头4与预热器的三通相连。冷却器的两个螺旋管的末端汇合在一起，通过管接头5通向外边，酒精含量检验器连接在接头5处。冷却器的管接头6和7作为供水和出水用。

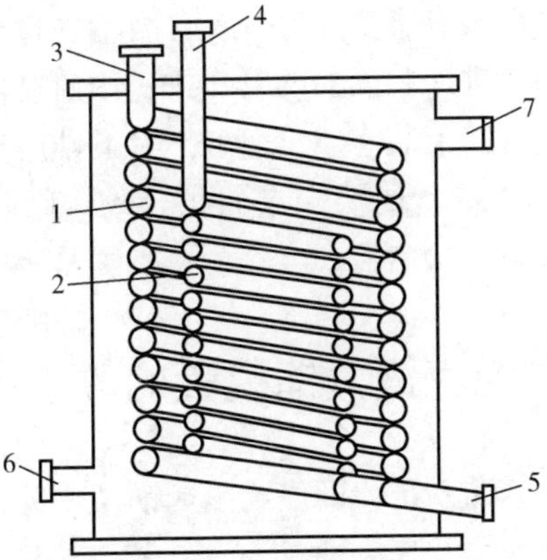

图 5-10　冷却器

1—螺旋管 1　2—螺旋管 2　3—螺旋管 1 接头　4—螺旋管 2 接头
5—出酒管　6—进水管　7—出水管

验酒器的构造如图 5-11 所示。验酒器又称为酒精检验器，是监督蒸馏用的，借助于它，可以观察蒸馏酒的酒精含量、温度和蒸馏的速度。

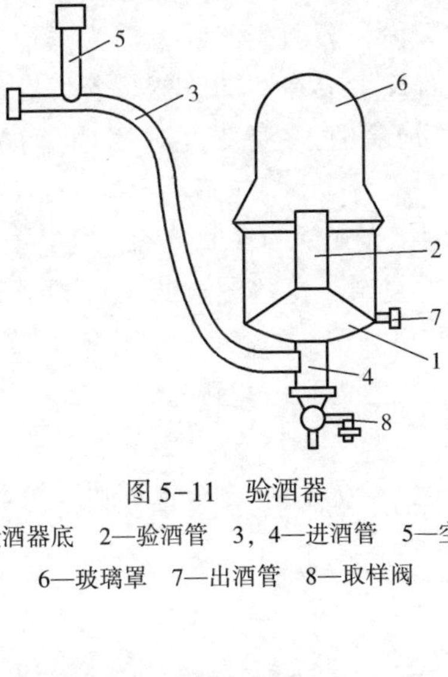

图 5-11　验酒器

1—验酒器底　2—验酒管　3，4—进酒管　5—空气管
6—玻璃罩　7—出酒管　8—取样阀

验酒器的底部装有管 2，其中放有酒精含量表和温度表。酒精经过管道 3 和 4 进入验酒器的管 2 中，由管 2 溢出，经管 7 流入酒精承受器。管 3 上装有空气管 5，为了排除在蒸馏过程中形成的二氧化碳气体或其他低沸点的化合物。阀门 8 是供取样用的。以玻璃罩 6 封闭验酒器。

第三节　科涅克酒蒸馏装置的改进及相关系统

科涅克酒的蒸馏系统，即壶式蒸馏锅及相关设备构成，也在逐步地改进和演变。法国科涅克的 R. 普罗尔诺和 S. A. 普罗尔诺（R. Prulho 和 S. A. Prulho）对这个过程做了系统的介绍，并对该过程的水冷却系统、蒸馏的能耗系统、热能的传导过程、蒸馏排出物及其处理、科涅克酒蒸馏的自动控制系统等，做了综述。

一、科涅克酒的蒸馏系统

科涅克酒的蒸馏系统是由壶式蒸馏锅及其周围的辅助设备构成的。蒸馏锅又称为蒸馏壶，或者称为蒸馏釜，多年来虽有改进，但它并没有发生根本性的改变。若说有改变，主要是根据要求酿制白兰地特性的演变，对蒸馏釜的形状做相应的调整。

近几年来，围绕壶式锅的辅助设备，发生了不小的改进，它们的结构日益变得复杂。这些改进，不仅要考虑一些传统的概念，还要考虑一些更为重要的概念，如生产的效率和设备使用的机动性。同时还应该考虑到一些新的概念，如环境保护以及欧洲安全规范等。

科涅克酒的蒸馏系统是由 12 个绝对必需的主要单元组成的，如图 5-12 所示。

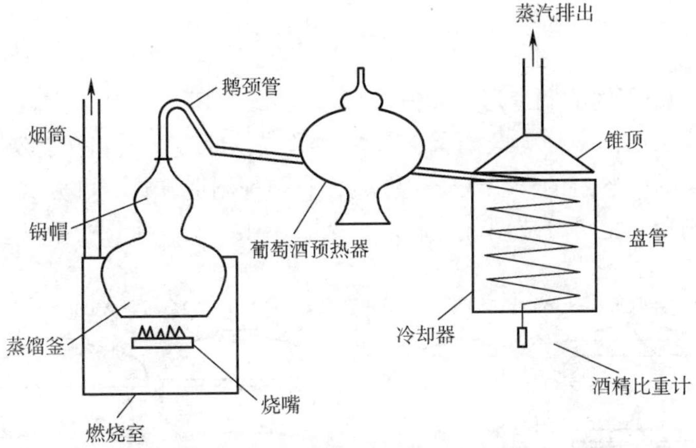

图 5-12　科涅克酒的蒸馏系统

二、科涅克蒸馏的排放物

对于那些始终沿着老路走的厂家来说，一套蒸馏装置看起来很简单，但事实上，一个蒸馏车间的操作过程是相当复杂的。

把这一物流过程概括起来看，如图 5-13 所示。

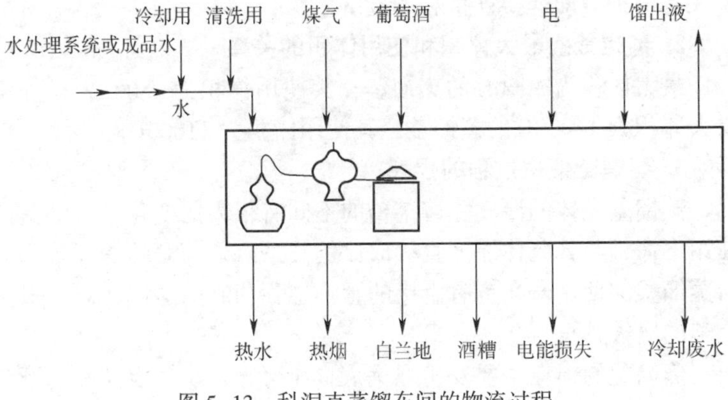

图 5-13　科涅克蒸馏车间的物流过程

三、壶式蒸馏锅

1. 不同的制造形式和方法

蒸馏锅又称为蒸馏釜，有两种形式，即直立式和洋葱头式。对 2500L 容量的洋葱头式蒸馏釜，有两种制造方式：可分成三部分制造，也可分成两部分制造，见图 5-14。

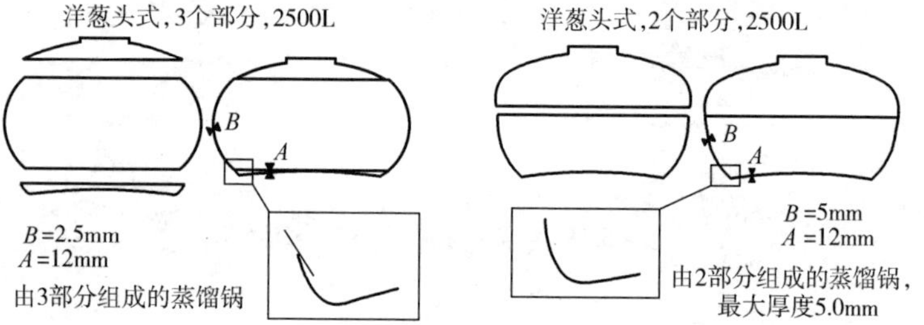

图 5-14　洋葱头式 2500L 大锅制造方式

对于 2500L 的蒸馏釜来说，釜底用 12mm 厚紫铜板，锅身周围是用 2. 5~5mm 的紫铜板。

无论是分成三部分制造，还是分成两部分制造，其组装连接方式有两种，即焊接连接和铆接。

2. 蒸馏釜的最大体积和使用体积的关系

最大体积为 3000L 的蒸馏釜，其使用体积为 2500L；全充满最大体积为 14000L 的蒸馏釜，其使用体积为 11000L。

3. 蒸馏釜使用过程的损耗

蒸馏釜壳体的厚度随着结构的不同有很大的变化。蒸馏釜的使用寿命，与其壳体厚度直接成比例关系。葡萄酒的酸度等因素对蒸馏釜的使用寿命也有直接的影响。葡萄酒的酸度越高，对蒸馏釜的腐蚀越重。

蒸馏釜的损耗主要发生在锅底向上 40cm 处，接触火焰的范围区内（A 区）。整个这一环形表面，是首先发生损耗的区域。

B 区对应于火道的入口，也是最敏感的区域，见图 5-15。

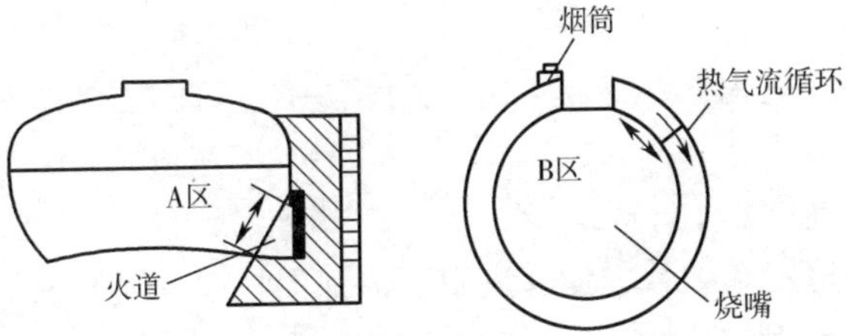

图 5-15　蒸馏釜灼热的 A 区和 B 区

近几年对蒸馏釜厚度所做的调查统计表明，每年进行 5 个月操作的蒸馏釜，平均每年损耗 0. 1mm。调查统计表明，铜的硬度对蒸馏釜的使用寿命没有任何影响。

传统的蒸馏观念认为，蒸馏釜釜底的厚度越大，这台蒸馏釜就越好。其实，这种说法是不正确的。因为蒸馏釜的底不是损耗最严重的部分，它最重要的作用，是在烧嘴与葡萄酒之间，起能源的调节器和储蓄器作用。

四、蒸馏釜的锅帽

锅帽又称为球形分馏器，它的作用是使低度酒回流到大锅，含酒精分高的酒气，通过鹅颈管，进入冷却器，被蒸馏出来。锅帽的形状有所不同，一般常见的锅帽有三种形式如图 5-16 所示。

图 5-16　三种常见锅帽形式

传统上，一般将锅帽的形状看成是蒸馏锅的特殊属性。事实上这种传统看法是不确切的。蒸馏锅的属性，是锅帽 3 个参数之间关系的变量：

——表面积；

——容积；

——高度。

仅有这三个参数，能够决定蒸馏锅的特性，锅帽的形状并不能决定蒸馏锅的特性。

锅帽有两种制造方法：手工冲压和机器冲压。

对于体积为 2500L 的蒸馏釜而言，锅帽的体积通常为 280~380L，高度为 900~1150mm。制造锅帽的紫铜板，根据锅帽的形式以及制造的质量要求，其厚度为 1.5~4.5mm。

锅帽的损耗要比蒸馏釜部分缓慢一些。锅帽的使用寿命通常为蒸馏釜的 2 倍（对于通常酸度值的葡萄酒而言）。

五、鹅 颈 管

鹅颈管的形状大致是相同的，只是终止角度和曲率半径有变化，如图 5-17 所示。

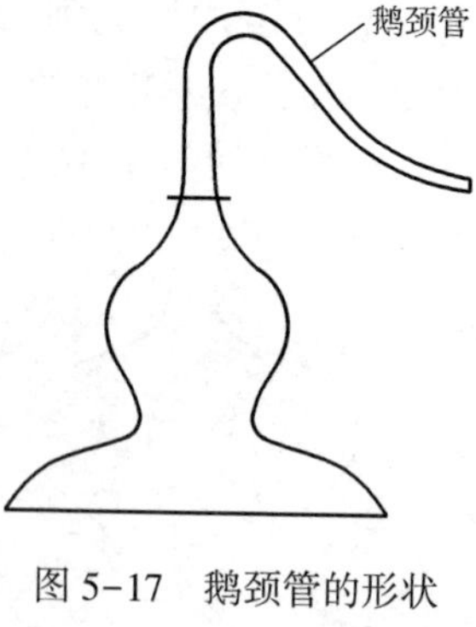

图 5-17　鹅颈管的形状

鹅颈管有两种制造方式：

——滚压和弯管；

——将弯头和锥形的直管组装而成。

在蒸馏过程中，鹅颈管对蒸馏操作的影响主要与鹅颈管的高度有关。

一台体积为 2500L 的蒸馏釜，鹅颈管的平均高度为 1.0m。

六、冷却盘管

冷却盘管的制造方法是将长管子切断，使其长度都是6m。然后将每根管子滚压弯曲，用焊接的方法把弯管连接起来，使之成为一个横断直径连续的单元，冷却盘管如图5-18所示。

对于2500L容量的蒸馏釜来说，对冷却盘管要求的尺寸如下：

——缠绕直径1300mm；

——盘管长度72~78m；

——管子直径从40mm逐渐变小为35mm；

——管壁厚度在1.6~2.5mm之间。

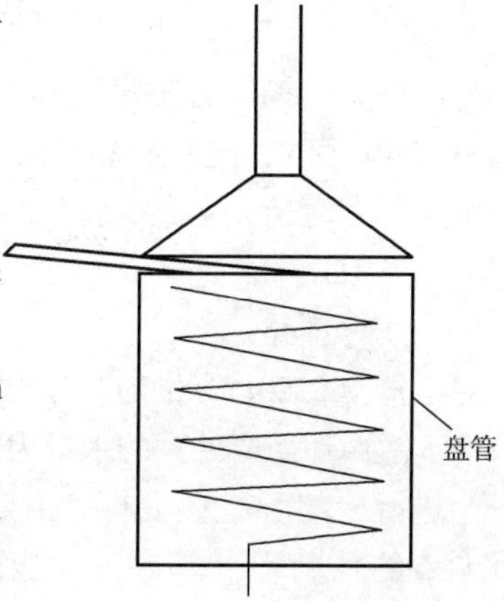

图5-18　冷却盘管

冷却盘管在最初的五六次运转中，会发生磨损，特别是在气-液态转变时期，磨损较为厉害。

冷却盘管过长没有任何好处。它使冷却系统的惰性增大，使得馏出液温度的自动控制更为困难。

在冷却盘管中可以使用保护衬里。这种衬里的保护效果很好，但要求每年至少认真地进行一次维修。经验表明，如果能对这种保护衬里注意监护，冷却盘管的使用寿命通常可达8~12年，甚至更长。

七、冷却器

冷却器实际上只是一个简单的水桶。冷却器的合适尺寸能使热水层和温水层得以很好地分开。这种分层作用以及使它保持平衡，对于保证冷却效果是非常重要的。

冷却器可以用铜板制作，也可以用不锈钢板制作，制作方法是滚压和焊接。

与一台 2500L 蒸馏釜配套的冷却器，容积为 6800L，通常它的直径为 2m，高度也是 2m。

八、水冷却系统

夏朗德式蒸馏装置的第一套冷却系统，是在 40 年前建成的。在过去的 40 年间，这种冷却水技术有相当迅速的发展。

水冷却系统所安装的回路有两种：

——开放回路；

——闭合回路。

对于每套 2500L 容量的蒸馏设备，如果蒸馏车间有几套设备，每一个蒸馏循环需要处理的水量为：(3.75~6.25) n (m^3)。

为进行冷却所需水量与馏出液流失的温度调节成比例关系。温度调节的精确程度越高，越能节约冷却用水。精确调节的好处是：

——蒸发量小；

——水的消耗量低；

——生产成本低；

——冷却器排出水的温度高（80~85℃）。

目前在法国与欧洲的许多厂家，应用的水冷却系统，如图 5-19 所示。

九、能 耗 系 统

科涅克酒蒸馏装置的能耗，始终是企业营利性的一个决定因素。科涅克酒蒸馏的能耗系统如图 5-20 所示。

有关蒸馏釜、烧嘴和燃烧室之间的热能传导，至今为止，仍处于不够理想的认识状态。

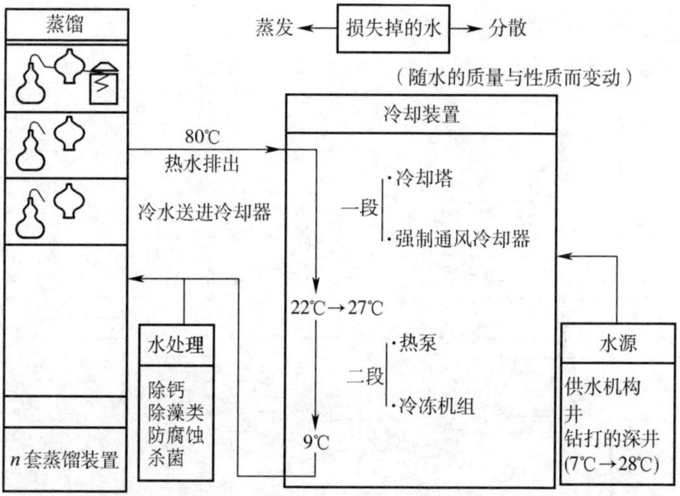

图 5-19　科涅克蒸馏系统的水冷却系统

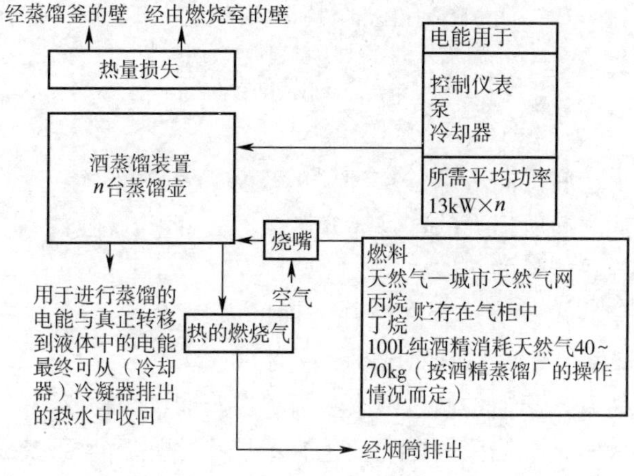

图 5-20　科涅克酒蒸馏的能耗系统

蒸馏釜的底部带有一层衬里，它能使热能的吸收更好，特别是通过辐射传导的热能。

蒸馏釜的热能传导过程如图 5-21 所示。

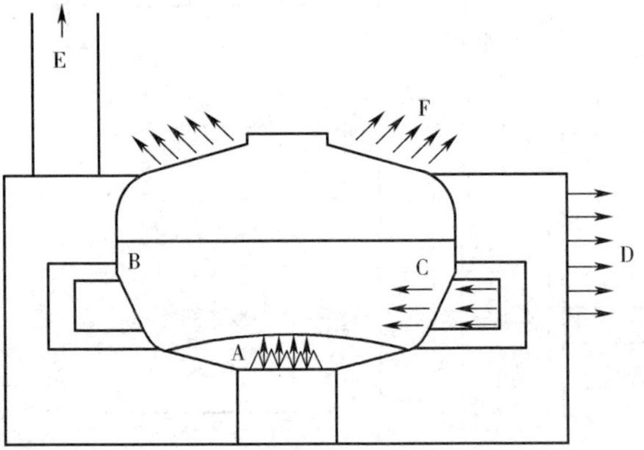

图 5-21　蒸馏釜的热能传导过程

A—对蒸馏釜底部的对流　B—向火道的对流

C—从火道底部向铜壁的辐射　D—燃烧室的热量损失

E—燃烧热气体排向烟筒而造成的热量损失

F—从铜锅的穹形顶损失的热量

从火道底部向蒸馏釜壁辐射的现象，在 1988 年已经得到证明。在此之前所损失的这一部分热量，一直未被注意，它占葡萄酒所传导总能量的 25%。

夏朗德式蒸馏过程在能耗方面的费用相当高。按平均数计算，燃烧室、烧嘴系统的热效率仅为 60%。

夏朗德式蒸馏是通过两次蒸馏实现蒸馏过程的。第一次蒸馏原料葡萄酒，有掐头去尾的，也有不掐头去尾，得到 28%～30% vol 的粗馏原白兰地。粗馏原白兰地经过第二次蒸馏，掐去酒头，截去酒尾，取中馏分，即为原白兰地。原白兰地经过橡木桶的长期贮藏，就成为最终酿成的白兰地。

原料葡萄酒、粗馏原白兰地及酒头、酒尾等副产物，二次蒸馏的过程如图 5-22 所示。

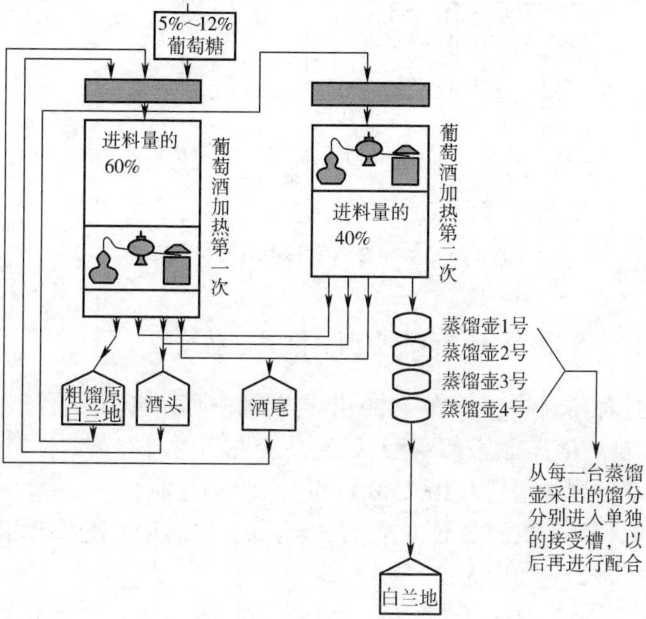

图 5-22　原料葡萄酒、粗馏原白兰地及酒头、酒尾的两次蒸馏过程

原料葡萄酒大都贮存在以下材质的贮酒槽中：水泥池、玻璃纤维贮罐、涂料的碳钢贮酒罐。用不锈钢罐贮存的葡萄酒是近十几年才出现的。

第二次蒸馏时，从每一台蒸馏釜所得到的原白兰地，先分别进入容量为 1000L 的橡木桶或不锈钢槽里，检验合格后，集中到一个大不锈钢罐里混合，然后再分散到小橡木桶里贮藏陈酿。

科涅克酒蒸馏过程，要向自然界排放废水、废气和蒸馏残液。应该对排放物进行处理，以满足保护环境的要求。科涅克蒸馏排出物及处理要求如图 5-23 所示。

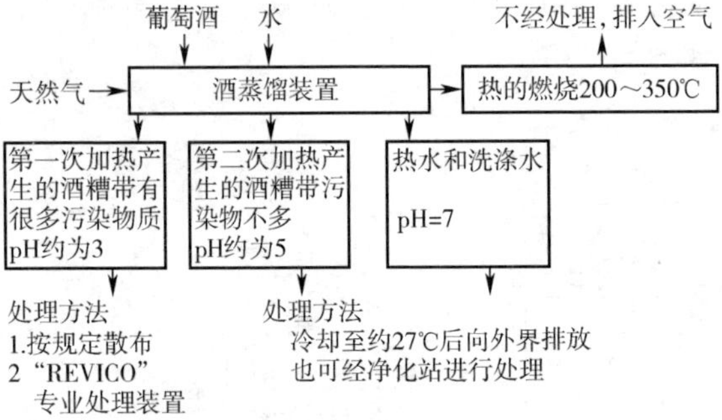

图 5-23　科涅克酒蒸馏排出物及其处理

十、科涅克酒蒸馏的自动控制

这种控制技术是在 1980 年实现的。那一年第一台试验性 100%自动化蒸馏壶投入运行。这一套在当时具有革命性意义的自动化控制技术是由 Richard Prulho 开发创造的。

根据科涅克酒蒸馏装置的功能分布，自动化控制系统可以分成 7 个部分，如图 5-24 所示。

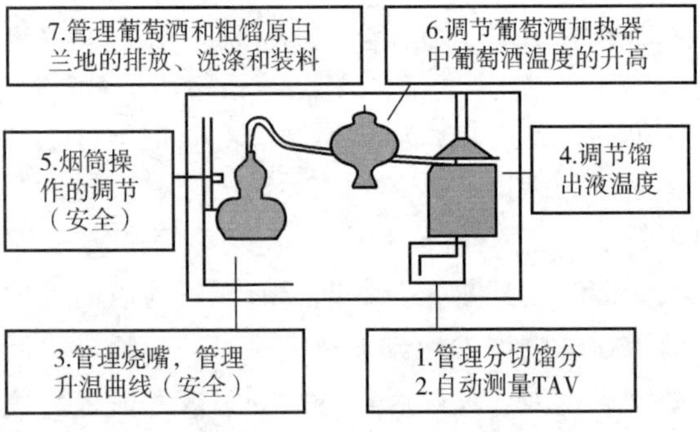

图 5-24　科涅克酒蒸馏的自动化控制

有三种主要的技术可应用于蒸馏釜操作自动化。在这三种技术中究竟选择哪一种，这取决于用户的兴趣，同时也取决于开发这一项技术公司的工艺和技术能力。

1. 简单电磁系统

简单电磁系统可应用于下列各种条件：

——安装设备的数量不多；

——系统的维护容易；

——系统开发的费用较低；

——生产成本较低；

——该系统的生产能力，不大可能再进一步扩大。

2. 自动程序系统（PLC）

自动程序系统可应用于下列各种条件：

——安装设备的数量不多；

——系统的维护不容易；

——系统的开发费用适中；

——产品的产量增大时，生产成本不会下降，反而会增加；

——该系统的生产能力不会再扩大。

3. 特种电子卡式系统

该系统可应用于下列各种条件：

——安装设备的数量很多；

——系统的维护容易，只需按标准方式更换电子卡；

——系统的开发费用非常高；

——生产成本低，甚至非常低，并可以很灵敏地使售价减低；

——系统能力扩大的可能性很大，而且扩大能力不需要很高的费用。

所有以上三种系统，在夏朗德式蒸馏厂家都有应用。

当前研究的方向，是开发一种逻辑上可行的复杂曲线，它可以自行适合各种蒸馏参数。特别是可以管理酒精比重计插口处馏出液的排出温度；可以管理烟筒操作的调节以及与蒸馏釜外部参数相联系的安全数据。在生产过程中，能不间断地对这些参数进行测量和分析。

在所有的情况下，应用这样的逻辑时，蒸馏厂家可自主选择适用的蒸馏参数。

十一、蒸馏釜的清洗

蒸馏釜的清洗，对于酿制优质白兰地是一个非常重要的因素。

在拥有很多台蒸馏釜的厂家，都备有专用于清洗蒸馏釜的泵组。

蒸馏釜的清洗系统如图 5-25 所示。

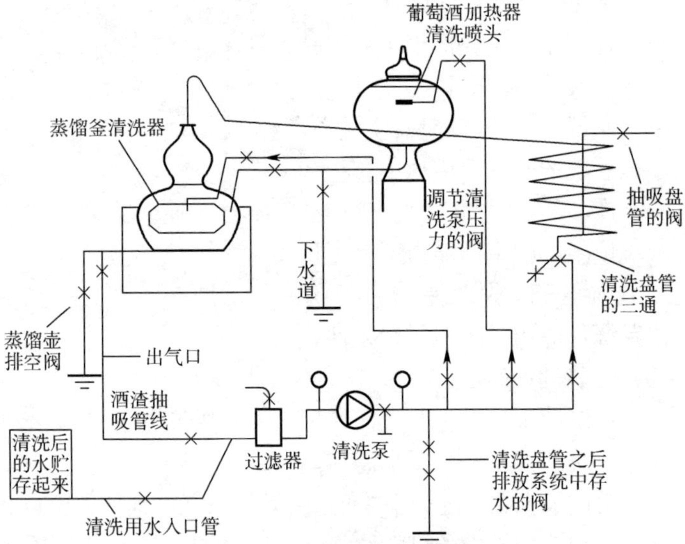

图 5-25　蒸馏釜的清洗系统

十二、科涅克酒蒸馏装置的展望

科涅克酒蒸馏装置及其周围设备的演变越来越迅速。

欧洲势力的不断增强，新的通信和交通手段、各种新技术，对于酒蒸馏装置及其周围设备的迅速演变，产生巨大的影响力。

未来的酒蒸馏装置肯定应该把生产优质白兰地的目标放在首位，同时也要考虑相关的基础参数，如年操作时间、投入费用、生产成本、技术人员和技工的培训、蒸馏法规和安全法规等。

第四节　科涅克白兰地蒸馏设备的铜材应用

P. 韦尔（P. Verre）和俄罗斯食品工业学院 S. 阿伐基杨茨（S. Avakiants）教授，对科涅克蒸馏设备中的铜材应用，做了系统的介绍。并用试验证明，铜材蒸馏设备由于铜的催化剂作用，对白兰地质量的影响。

在科涅克酒蒸馏设备中，铜是一种不可缺少的加工材料。从构成整套设备系统的心脏部分蒸馏釜开始，经过锅帽、鹅颈管、预热器、冷却器等，所有这些部位都是铜制成的。

选用铜的理由是很多的，最主要的有以下几点：

（1）铜和铜的化合物，在与葡萄原料酒和酒精接触时，能起到化学催化剂的作用，使产品酒的酒质变得丰满细腻，这是白兰地酒质的一个重要构成因素。

（2）铜的导热性能非常好，无论是在蒸馏锅阶段，还是在盘管里冷却阶段，传导热的情况特别好。

（3）铜的延展性很好，加工容易。

（4）铜在多种介质中，都有非常好的抗腐蚀性能。

在制作铜设备的最终阶段，用一定量的氧气对设备进行处理，使在其表面形成一层氧化亚铜（Cu_2O）。

这一层氧化亚铜的优点是，氧气与铜中的杂质，化合成不易溶解的物质，有助于提高导热性能和导电性能。氧化铜也有缺点，就是在还原性环境下，氧会与氢结合生成水蒸气，造成金属剥离，形成不可逆的脆变现象。

延展性能好是铜的诸多优点之一，这种性质与铜的晶体排列有关系。铜的晶体排列，能使铜在环境温度条件下，有很高的机械性延伸率，而且在弹性极限和断裂强度两者间有较大的差数。这样的性质，使铜具有较大的冷态变形。经过冷锻的铜，只需在300~500℃进行热处理，就能恢复它最初的特性。

铜的抗腐蚀性能极好，理由至少有以下两点：

（1）在通常温度下，铜的表面有一层很薄的氧化物或氢氧化物。只要这层氧化物或氢氧化物不受化学作用或机械作用的破坏，它就能保护铜不受腐蚀。

（2）在电化学方面，铜也是一种较贵重的金属。它与其他金属中的大多数相比，是属于阴极性质的。

铜能很好地耐受软水、海水、醇类和各种有机化合物，但不能与乙炔接触（铜与乙炔接触，生成乙炔铜，有爆炸危险）。

世界卫生组织并没有将铜归类为有毒物质，或对健康有危害的物质。

几十年前在俄罗斯、亚美尼亚和盖奥尔奇的试验室和蒸馏酒厂中，曾对科涅克和阿尔马涅克的蒸馏釜及连续式蒸馏塔的主要特性进行了研究。证明铜在蒸馏过程中，能起到一种催化剂的作用。

试验者将葡萄酒放在一个球形玻璃罐中煮9h（对比组）；在葡萄酒中放置铜片，其比表面值与夏朗德式蒸馏釜相同（试验1）。按每1L葡萄酒加4g铜催化剂（试验2），试验结果可以看出，铜催化剂对葡萄酒中挥发性成分的影响如表5-1所示。

试验证明，改变蒸馏方式，如设备中采用新的元件，在操作过程中使用铜催化剂等，可以调整葡萄烧酒（即白兰地）的组成部分。使用铜催化剂进行的工业规模的试验表明，铜催化剂可使原白兰地中各种有利组分加速转化生成，如表5-2所示。

表 5-1　　铜催化剂对葡萄酒中挥发组分的影响

组分含量/（mg/L）	加热之前的葡萄酒	沸腾之后的葡萄酒		
		对照组	试验 1	试验 2
高级醇	300	297	296	292
高级醇的酯	0.7	2.9	3.8	7.3
萜烯醇	0.66	0.62	0.41	—
萜烯醇的酯	0.88	0.90	1.0	1.7
C_6～C_{14} 脂肪酸的酯	2.3	2.6	3.4	5.2
二乙基琥珀酸酯	20.2	20.3	20.4	22.6
乳酸乙酯	30.2	30.0	33.8	34.2
糠醛	—	0.5	4.0	4.4

表 5-2　使用或不使用铜催化剂对原白兰地成分的影响

组分	对照组（不用催化剂）	试验组（使用催化剂）
乙酸乙酯含量/（mg/L）	390	420
乙醛含量/（mg/L）	130	145
糠醛含量/（mg/100mL 纯乙醇）	3.0	3.0
邻甲氧苯基醇含量/（mg/L）	2.5	2.5
琥珀酸乙酯含量/（mg/L）	6.3	7.3
高级醇含量/（mg/100mL 纯乙醇）	280	271
乙缩醛含量/（mg/100mL 纯乙醇）	2.4	2.6
乙酸含量/（mg/100mL 纯乙醇）	102	92
C_5～C_{14} 脂肪酸的酯类含量/（mg/L）	42	60
高级醇的酯类含量/（mg/L）	88	155
萜烯醇的酯类含量/（mg/L）	22	30
275nm 光密度	1.0	1.8
感官指数	7.1	7.5

以上的试验研究表明，通过控制白兰地原料葡萄酒的蒸馏条件和蒸馏过程，可以改变或调整原白兰地的组成成分。

第五节　阿尔马涅克白兰地的连续蒸馏设备

法国阿尔马涅克国家行业局 M. C. 赛古尔（M. C. Segur）和波尔多第二大学葡萄酒学院 A. 贝尔特朗德（Alain Bertrand），对阿尔马涅克白兰地的连续蒸馏设备及操作要点做了综合介绍。

阿尔马涅克白兰地生产区分为三部分：上阿尔马涅克、下阿尔马涅克和德纳雷斯（Te-nareze）。下阿尔马涅克是最大的产区，土壤为酸性沙壤土，其白兰地优雅并带李子干香气。

用于蒸馏阿尔马涅克白兰地的原料葡萄酒是按传统方式酿造的。葡萄机械化采收、连续压榨、极少控制发酵温度，并且不经过任何处理，不加 SO_2，也不调整糖度。原酒酒精含量变化很大，为 8%~11.5%，酸度中等，为 4~6.5g/L（乙酸）。苹果酸-乳酸发酵常常在酒精发酵结束后立即自然进行。

1990 年阿尔马涅克白兰地的产量特别高，用 56700t 白兰地原料葡萄酒，蒸馏得阿尔马涅克白兰地 6092.2t（以纯酒精计算）。该地区阿尔马涅克白兰地的平均年产量折纯酒精 4000t 左右。

阿尔马涅克产区有两种蒸馏方式，即连续蒸馏和两次蒸馏，连续蒸馏占主导。在该产区 154 套蒸馏设备中，有 132 套为连续蒸馏设备，有 22 套是两次蒸馏设备，两次蒸馏设备生产的白兰地占不到总产量的 10%。也就是说该区生产的白兰地，90%以上是连续蒸馏生产的。

但是，不管采用何种方式，与其他法国 AOC 白兰地一样，蒸馏的最低酒精含量为 72%vol，白色白兰地的最低酒精含量为 52%vol。

阿尔马涅克每年的蒸馏时间，必须控制在从采收结束到次年

3 月 31 日之间。

阿尔马涅克的连续蒸馏设备，如图 5-26 所示，是形成阿尔马涅克白兰地典型的重要因素。在该蒸馏设备中，主要部分有蒸馏锅、蒸馏塔、预热器、冷却器。

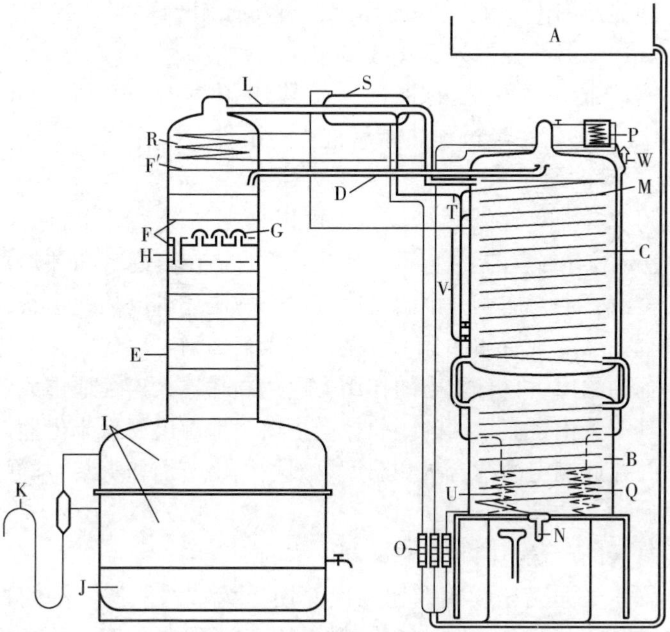

图 5-26　阿尔马涅克连续蒸馏设备

主要部件：A—加料槽　B—冷却器　C—葡萄酒预加热器　D—葡萄酒传送管
E—蒸馏塔　F—蒸馏塔板　G—泡罩　H—溢流管　I—蒸馏釜　J—燃烧室
K—酒糟排出管　L—气相物输送管　M—盘管　N—产品出口管及酒精度计
附属部件　F′—干塔板　O—流量计　P—头馏分冷凝器　Q—头馏分冷却器
R—蒸馏柱柱头冷却器　S—尾馏分冷却器　T—尾馏分采出管与循环管
U—头馏分冷却器　V—热葡萄酒循环　W—气体脱除器

蒸馏锅的容积为 500～3500L，被分割板分为 2～3 部分。蒸馏锅的容积至少应当与冷却系统（包括预热器和冷凝器）的容积相等。

蒸馏塔也称为蒸馏柱，有5~15层，近几年的为12层左右。蒸馏塔安装在蒸馏釜之上。借助于“泡罩G”使蒸汽在葡萄酒中鼓泡。蒸馏釜的燃烧室用天然气或木材作燃料。

预热器内由于蛇形管的作用，可将原料葡萄酒预热到70~85℃。预热器的容积为500~1500L。

冷却器在预热器的下部，通常比预热器小，体积300~1000L。蛇形管在经过预热器后进入冷凝器，以保证酒蒸气的冷却和完全冷凝。

阿尔马涅克连续蒸馏设备，可以根据情况，附加酒头冷凝器，它定位于预热器的上部。但更经常的是在蒸馏塔和预热器之间的蒸汽管上，加上一个酒尾冷凝器。酒尾还可以从蛇形管的前几圈上抽取冷凝后的部分，可循环进入葡萄酒。

葡萄酒由于自身重力的作用，通过预热器，连续地进入蒸馏釜，其流量由带流量计的阀门控制。白兰地由出酒口流出蒸馏设备，并在此测定酒精含量和温度。残酒则由蒸馏釜上装置的虹吸管排出。

每天的产量不能超过总冷却体积的1.5倍。

阿尔马涅克连续蒸馏比两次蒸馏更为节约能源。蒸馏持续14天左右就关闭蒸馏釜进行清洗。因为沉积在隔板上的酒脚等残留物，会影响铜固定挥发性脂肪酸和硫化物的作用。如果清洗不干净，不仅会带来怪味，还会带来烧焦的肉油味。

阿尔马涅克连续蒸馏设备的工作顺序如下：首先用水充满蒸馏釜，预热器和冷却器中充满葡萄酒。然后点火，当水开始蒸发时，打开葡萄酒阀。当达到需要酒精含量（例如60%vol），则开始接收白兰地。

在蒸馏过程中，根据挥发性物质的极性不同，其中一部分完整地进入馏出液，如高级醇等。另一部分则发生了变化（如苯-2-乙醇、乳酸乙酯、2，3-丁二醇等酒尾成分）。加热还使酵母释放出脂肪酸乙酯和大分子脂肪酸。

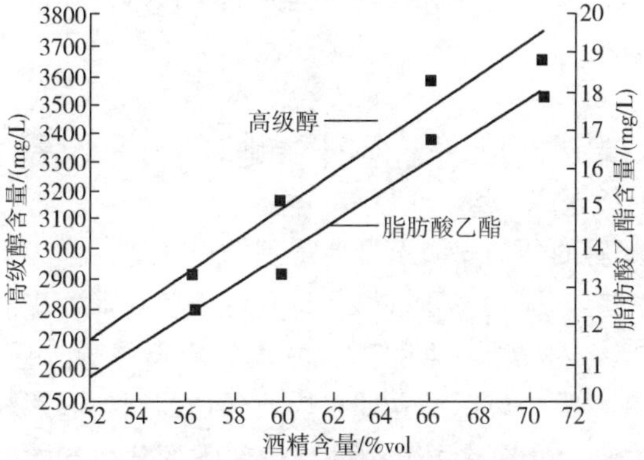

图 5-27　高级醇及脂肪酸乙酯与酒精含量的关系

白兰地成分的控制主要依靠对葡萄酒流量和加热的控制。例如，可以通过提高葡萄酒的流量或降低加热强度，以降低蒸馏塔上部的温度，来提高馏出液的酒精含量，这样高级醇和酯类物质的含量，就会随酒精含量的升高而提高，如图 5-27 所示。

而在传统的阿尔马涅克白兰地中含量过高的“酒尾物质”，则会随着酒精含量的升高而呈逐渐下降趋势，如图 5-28 所示。

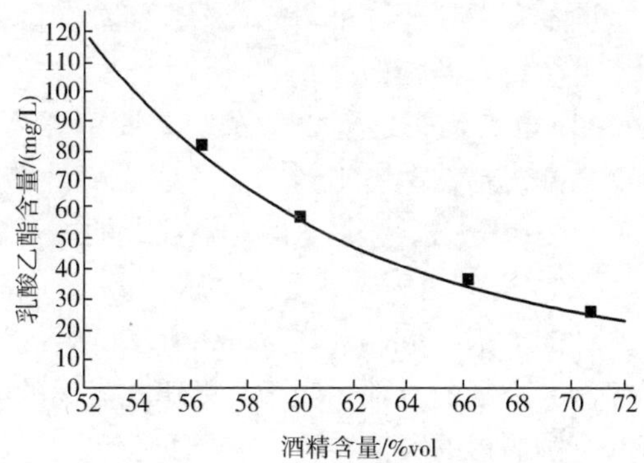

图 5-28　乳酸乙酯与酒精含量的关系

如果需要较长期的陈酿，由于其酒味特征，酒尾物质是有利的。但如果需要很快消费，则应提高酒精含量，降低这类物质的含量。

第六节　皮渣白兰地的蒸馏设备

用发酵后的葡萄皮渣蒸馏所得到的白兰地，称为葡萄皮渣白兰地。皮渣白兰地的典型特征，是具有浓郁的葡萄皮渣香气。现在，有些国家越来越多地生产一种“葡萄果香型白兰地”，这种白兰地是在发酵结束后，立即将皮渣和葡萄酒一起蒸馏。在前南斯拉夫，这种白兰地是用芳香品种玫瑰香葡萄生产的。其芳香物质——萜烯类化合物，在加热过程中被释放出来。

早在1617年，法国的教会农学家就已经描述了葡萄皮渣蒸馏。最早的蒸馏工厂是1779年在意大利北部委内蒂（Vmetie）建立的。随着技术的进步，葡萄皮渣的蒸馏设备也不断地改进和提高。现在，法国和意大利等葡萄酒生产国大多使用连续的葡萄皮渣蒸馏设备。比较普遍的做法是，把许多葡萄酒厂的皮渣集中到一个地方——葡萄皮渣蒸馏处理中心，进行统一的蒸馏和综合利用处理，既提高了生产效率，又有利于环境保护。

目前，我国葡萄酒厂普遍采用的葡萄皮渣蒸馏设备是间断式的皮渣蒸馏，整个设备系统如图5-29所示。

从图5-29可以看出，这种设备系统主要由三个部分构成，即大锅、分馏盘和冷却器。一般说来，一套葡萄皮渣蒸馏设备，是由三口大锅、一组分馏盘和一个冷却器组成的。每口锅的容量为1t左右。这种大锅，因为是用于蒸馏固体葡萄皮渣的，所以它的构造与蒸汁的大锅不同，如图5-30所示。蒸皮渣大锅是用直接蒸汽加热的，大锅的上部相当于夏朗德式大锅的球形分馏器的位置，有一个圆筒形的分馏器，它一方面能起到低度酒的分馏作用；另一方面，它的内部有一铜网，可网住沸腾的皮渣，不至

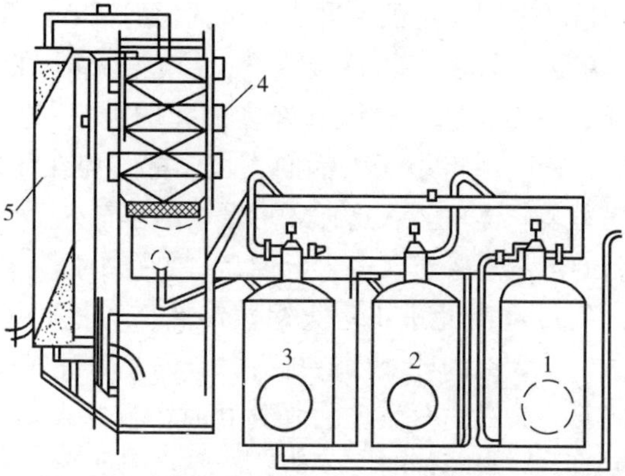

图 5-29　葡萄皮渣蒸馏设备

1，2，3—蒸馏锅　4—分馏盘　5—冷却器

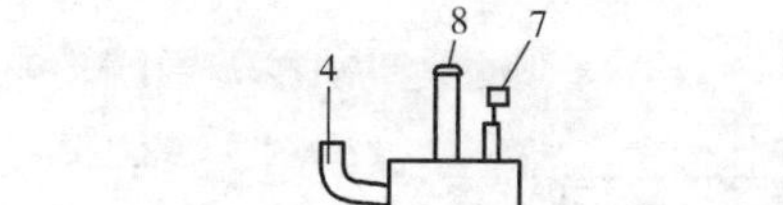

图 5-30　葡萄皮渣蒸馏锅

1—人孔　2—排渣孔　3—进气管　4—出气管

5—回流管　6—排水管　7—压力表　8—安全阀

于把蒸馏管道堵塞。大锅的底部有一个圆形的铜管，铜管上钻了许多小孔，由进气管3来的直接蒸汽，经过这些小孔进入锅里。在环形铜管的上方，是三块钻有许多筛孔的铜板拼成的圆形箅子。箅子的直径应当略小于大锅的直径。把它盖在环形铜管上，而后往大锅里装固体皮渣，这样环形管上的小气孔不会被葡萄皮渣堵住。酒的蒸汽从管道4进入分馏盘。人孔1是装料用的，需要修理时，人员也由此进出。大锅蒸馏操作时，此孔即由盖封闭。蒸馏结束，大锅的残液残渣排放时，先关闭进气阀门，再打开排气阀门。待大锅内蒸汽压力降到0时，打开人孔1，由排渣口2排除废渣。装料蒸馏时，排渣孔2要封闭严密。从分馏盘向大锅回流的液体，经管接头5，流进大锅，接头8为大锅的安全阀。

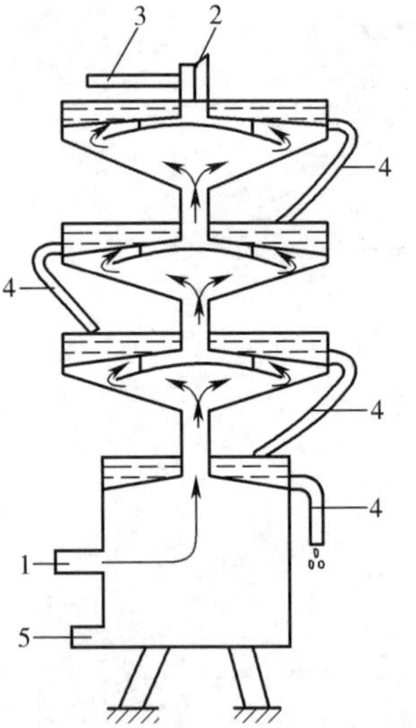

图5-31　分馏器

1—进气管　2—出气管　3—进水管

4—出水管　5—回流管

蒸皮机组的分馏盘，不是安在大锅的上部，而是单独的，如图5-31所示。分馏盘的结构和作用与前面所述完全相同。这种设备系统的分馏盘，一般串在一起成为一组。在分馏盘的下部有一个气包，气包上部是三个碟形分馏盘，可以盛水，能起到分馏的作用。

从大锅来的酒蒸气，由管1进入分馏盘的气包，含酒精分高的蒸气，逐个经过分馏盘上升，由管2进入冷却器。含酒精分低的蒸气冷凝后，从分馏盘回流到气包里，经管5回流到大锅里。管3为冷却水的进水管，管4为冷却水的出水管。

蒸皮机组的冷却器与前面所述的几种冷却器作用相同。冷却器的结构有蛇管式的，也有采用列管式的。冷却管的面积要计算好，一定要与大锅的蒸馏能力相适应。

第七节　塔式蒸馏设备

在法国及其他一些国家都有采用连续蒸馏设备得到原白兰地的工厂。

塔式蒸馏设备在酒精生产中已被广泛使用，这种蒸馏设备几经改进，可以蒸得纯度很高的精馏酒精。但白兰地的生产有所不同，原白兰地不要蒸得极高的纯度，为了形成白兰地特有的芳香和口味，原白兰地蒸馏时，必须把一些有芳香的物质如高级醇类、酯类、芳香醛类等，一起蒸到原白兰地中。因此白兰地的蒸馏塔，不像酒精塔那样要求极高的提纯度，白兰地的蒸馏一般采用单塔蒸馏就能满足工艺要求。

烟台张裕葡萄酿酒公司，长期使用25层塔板的单塔蒸馏原白兰地。这种塔下面16层为单泡盖式，起粗馏作用；上面9层为筛孔式，起精馏作用。原料葡萄酒经过这种塔蒸馏，一次就可以蒸得原白兰地。原白兰地的酒精含量一般为75%~78%vol。在蒸馏的过程中，不需排除杂醇油。用这种设备蒸得的原白兰地，质量稳定，能满足白兰地生产的需要。

使用塔式蒸馏设备蒸馏原白兰地，可以使生产过程连续化，提高了生产效率，只要塔设计得合理，蒸馏操作得当，产品质量可以得到保证。

在苏联，有的白兰地工厂使用这种连续作用的塔式设备，蒸得的原白兰地符合质量要求，提高了经济效益。在美国，有的葡萄酒工厂使用塔式蒸馏设备蒸得原白兰地，蒸馏后得到酒精含量为90%~96.5%vol的原白兰地，第一次调到酒精含量为82.5%~

85%vol，第二次调到酒精含量为55%~62.5%vol，在木桶中贮藏2年，最后调到酒精含量为40%vol装瓶出厂。

除了上面指出的设备以外，还有真空蒸馏设备。用真空蒸馏设备得到的酒精，口味柔软，没有辣口的感觉。但是不能用这种酒精做白兰地，因为这种酒精中芳香性混合物的含量特别低，在贮藏的情况下，白兰地所特有的口味和香味很难形成。

第八节　白兰地蒸馏设备的自动化控制

在长期的生产实践中，随着人们对蒸馏工艺机理的深入了解及材料、制造工艺、控制技术的不断提高，不同结构形式和采用各种控制技术的蒸馏设备相继出现。但是，国内外白兰地、威士忌的主要产区，生产高档白兰地和威士忌一直使用几种传统的蒸馏设备。

目前，常用的白兰地蒸馏设备仍然是欧洲传统的“夏朗德式蒸馏器”“阿尔马涅克蒸馏器”、带有盘式分馏器的“固态醪蒸馏器”及少数经塔节改良后的“塔式蒸馏器”等。

近年来，随着白兰地产品在国内消费者中的普及和生产企业的快速发展，国内新建的白兰地生产企业大多采用以上几种传统的蒸馏设备。这些蒸馏设备很好地满足了白兰地产品对酒液中复杂成分和芳香物质分离提取的工艺要求，但是，传统设备因受时代技术发展状态的局限，多采用手动阀门调控整个蒸馏生产过程。这种结构的蒸馏设备在安全性、产品质量的稳定性及操作便捷性等方面普遍存在明显的缺陷。这些缺陷的存在，已很难适应现代产业的生产需求。其主要问题反映在以下几点：

（1）设备缺乏安全防护所需的保护机构和制约程序。如操作不当，会直接造成设备的损坏和人身伤害。

（2）因传统的蒸馏设备均采用简单的手工操作方式，对系统运行状态、工艺参数等方面，缺乏科学精准的在线监测和调控手段。需要掌握专业技能的熟练技工，才能基本保证蒸馏过程对各工艺参数的精准把握，稍有不慎，将影响产品质量的稳定性。

(3) 因设备结构尺寸庞大，各回路阀门较多、位置相距较远、较高（如一套“阿尔马涅克蒸馏器”各类大小阀门共计35个，最高处距地面4.5米)，操作事故风险高，操作过程繁杂不便。

在生产实践中，由于各种物料发酵醪的组分不同，对蒸馏要求的工艺参数差别很大。而蒸馏过程中对各个阀门的精准操控及对蒸发、分馏参数的调控，会直接影响最终产品中风味物质、口感等指标的构成。因而，怎样克服传统蒸馏设备所存在的上述缺陷，成为人们不断创新完善的目标。现代技术的在线监测和自动化控制技术的出现，为人们实现这一目标提供了便捷、可靠的方法。

在传统蒸馏设备自动化监控技术的应用中，人们一直在不断地求索，也经历了逐步提高完善的演进过程。

1. 自力式元器件在蒸馏控制系统中的应用（图5-32)

自力式调节装置，适用于蒸馏设备运行过程中自动调控介质流量、压力、温度、液位等工艺参数。根据控制系统中预先设置的控制信号，自动调节阀门的开度，从而实现介质流量、压力、温度和液位的调节。

当自力控制元器件出现时，人们便首先将这一新技术应用到蒸馏系统冷却水和蒸汽加热蒸发量的自动控制中。这一新技术的应用，显著提高了冷却和蒸馏系统工艺参数的准确率，避免了人为操作失误带来的风险，减轻了操作强度。

该系统虽具有线性控制的特性，但系统只能独立运行，缺乏其他信息采集、传输及与总体系统的互动功能。所以，仍难以满足蒸馏系统对安全保障及工艺功能的全部要求。

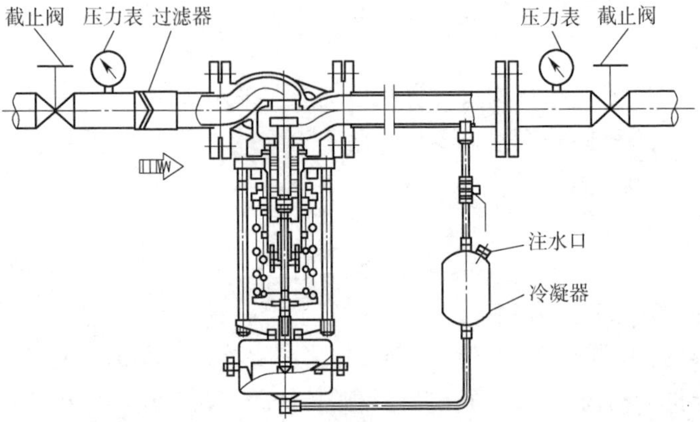

图 5-32　自力式元器件在蒸馏控制系统中的应用

2. 气动技术在蒸馏控制系统中的应用（图 5-33、图 5-34、图 5-35）

气动控制技术因其元器件所具有的阻燃防爆特性和逻辑功能，得以在蒸馏系统控制中被广泛使用。人们在蒸馏系统的控制实践应用中，通过元器件之间气路管道的串联、并联接驳，利用元器件的“或”“与”“是”“非”门功能十分便捷地组成逻辑控制回路。可编制实现控制系统的零位、零压及安全互锁程序，从而有效防止了人为误操作所造成的系统负压或超压事故。同时可实现远程操控，避免操作人员攀爬操作可能发生的高空坠落风险。

气动控制技术因受元器件功能所限，在蒸馏系统控制中无法实现模拟量控制功能，只能进行开关量操作。对关键的蒸发、分馏等参数，无法实现工艺过程对介质流量、压力、温度和液位的线性调控。

3. 可编程控制器（PLC）在蒸馏控制系统中的应用（图 5-36）

可编程逻辑控制器是采用一类可编程的存储器，用于其内部

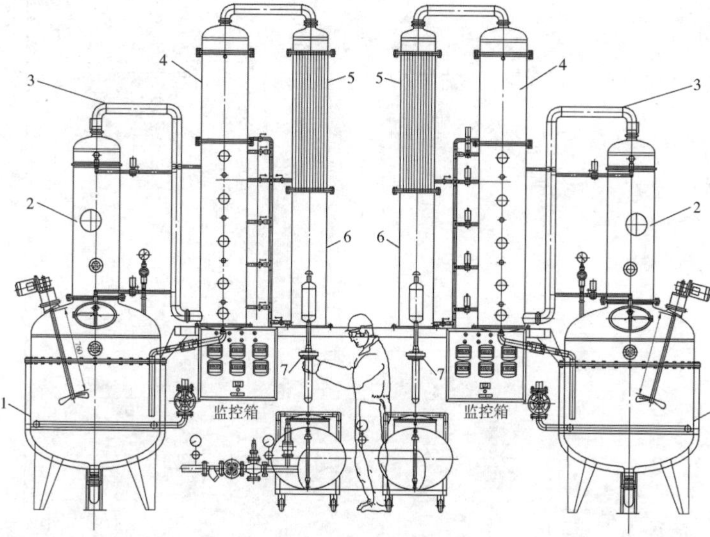

图 5-33　阿尔玛涅克蒸馏机组-双机组

1—蒸馏釜　2—一级分馏塔　3—酒气管　4—二级分馏塔
5—一级冷凝器　6—二级冷凝器　7—出酒验酒器

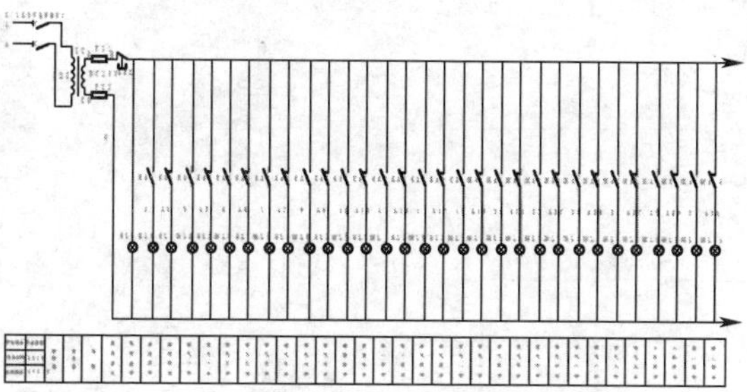

图 5-34　阿尔玛涅克蒸馏机组-电器原理图

存储程序，并执行逻辑运算、顺序控制、定时、计数与算术操作等面向用户的指令，并通过数字或模拟式输入/输出控制各种类型的执行机构的运行过程。

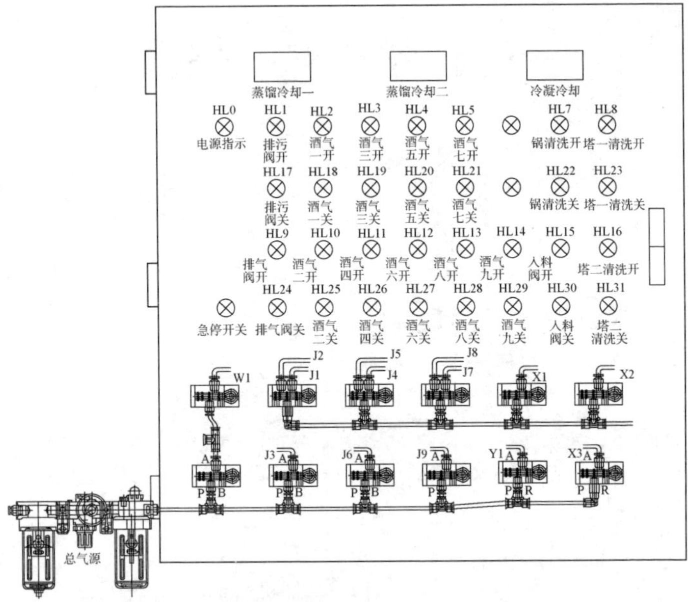

图 5-35　阿尔玛涅克蒸馏机组-气动控制图

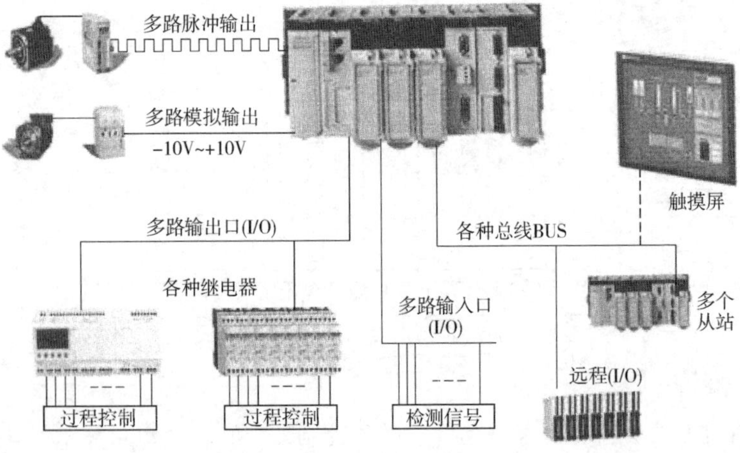

图 5-36　可编程控制器（PLC）在蒸馏控制系统中的应用

可编程逻辑控制器具有以下鲜明的特点：

(1) 使用方便，编程简单　只需采用简明的梯形图、逻辑图或语句表等编程语言，而无需专业的计算机知识，因此系统设计开发周期短，现场调试容易。另外，还可通过远程通信接口，在线修改程序，改变控制方案而无需拆动硬件。

(2) 功能强，性价比高　一台小型 PLC 内有成百上千个可供用户使用的编程元件，具有很强的功能，可以实现非常复杂的控制功能。它与相同功能的继电器系统相比，具有很高的性能价格比。PLC 可以通过通信联网，实现分散控制，集中管理。

(3) 硬件配套齐全，用户使用方便，适应性强　经过多年的发展完善，PLC 产品已经标准化、系列化、模块化。配备有品种齐全的各种硬件装置可供选用，能灵活方便地进行系统配置，组成不同功能、不同规模的系统。PLC 的安装接线也很方便，一般用接线端子连接外部接线。PLC 有较强的带负载能力，可以直接驱动一般的电磁阀和小型交流接触器。

硬件配置确定后，可以通过修改用户程序，方便快速地适应工艺条件的变化。

(4) 可靠性高，抗干扰能力强　PLC 用软件代替大量的中间继电器和时间继电器，仅剩下与输入和输出有关的少量硬件元件，接线可减少到继电器控制系统的 1/100~1/10，从而有效避免了传统的继电器控制系统因触点接触不良造成的故障。

PLC 采取了一系列硬件和软件抗干扰措施，具有很强的抗干扰能力，平均无故障时间达到数万小时以上，可以直接用于有强烈干扰的工业生产现场。

(5) 系统的设计、安装、调试工作量少　PLC 用软件功能取代了继电器控制系统中大量的中间继电器、时间继电器、计数器等器件，使控制柜的设计、安装、接线工作量大大减少。

PLC 的梯形图程序一般采用顺序控制设计法来设计。这种编程方法很有规律，很容易掌握。对于复杂的控制系统，设计梯形图的时间比设计相同功能的继电器系统电路图的时间要少得多。

PLC 的用户程序可以在实验室模拟调试，输入信号用小开关来模拟，通过 PLC 上的发光二极管可观察输出信号的状态。完成了系统的安装和接线后，在现场的统调过程中发现的问题一般通过修改程序就可以解决，系统的调试时间比继电器系统少得多。

（6）维修工作量小，维修方便　PLC 的故障率很低，且有完善的自诊断和显示功能。PLC 或外部的输入装置和执行机构发生故障时，可以根据 PLC 上的发光二极管或编程器提供的信息迅速地查明故障的原因，用更换模块的方法可以迅速地排除故障。

由于可编程逻辑控制器所具有的优良特性，在白兰地蒸馏设备的检控系统中被广泛应用。

白兰地生产企业可根据自身的产品工艺特点，通过触控屏方便快捷地输入或更改蒸馏过程的工艺参数。这样既避免企业工艺参数的泄露，又能保障所取得的产品保持鲜明的个性化特征。同时结合气动技术的特长，将二者有机结合，形成蒸馏设备合理完善的在线监测、控制技术（图 5-37、图 5-38）。

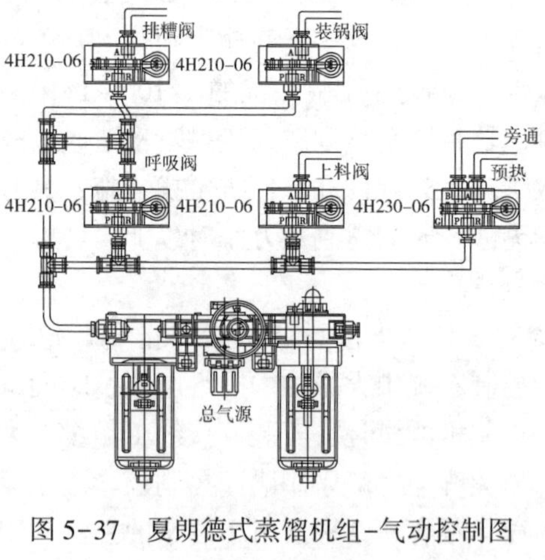

图 5-37　夏朗德式蒸馏机组-气动控制图

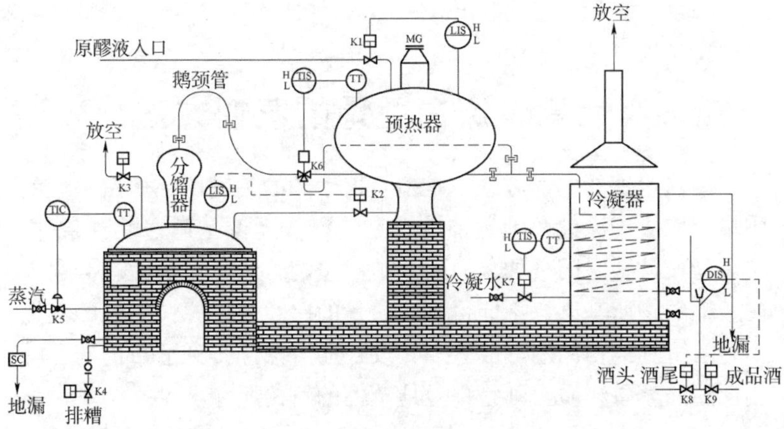

图 5-38　夏朗德式蒸馏机组热工原理图

近年来，随着核心算法的突破、计算能力的迅速提高以及海量互联网数据的支撑，人工智能已迎来质的飞跃，也成为全球瞩目的科技焦点。人工智能已经从科幻逐步走入现实。

人工智能的发展，对蒸馏设备的智能化升级，也是一个历史性的新机遇。不一定需要蒸馏设备像人一样思考才能获得智能，但是，让机器能够解决人脑所能解决的问题，让机器学习人的思考方式和行为，将能进一步提升蒸馏设备的安全性能，突出人性化特点，充分保持各种酒类的独特风味特色。使白兰地生产这一古老的传统工艺设备紧跟时代，满足行业发展的需求。

第六章　原白兰地的蒸馏方法

原白兰地的蒸馏方法，是白兰地生产的关键所在。白兰地的质量，取决于原白兰地蒸馏的顺利进行。无论是遵守贮藏条件，还是延长贮藏时间，如果原白兰地的蒸馏方法不正确，就会丧失白兰地的物质基础，不能得到高质量的白兰地。原白兰地的蒸馏不力求得到纯粹的乙醇成分。相反，通过蒸馏得到适量的与乙醇相伴随的芳香物质，则是白兰地蒸馏的目的所在。

第一节　蒸馏原白兰地的工艺流程

在目前白兰地生产中，夏朗德式蒸馏设备被广泛采用。采用这种蒸馏设备，需要进行两次蒸馏。首先蒸馏白兰地原料酒，得到粗馏原白兰地。然后将粗馏原白兰地进行重复蒸馏，掐去酒头和酒尾，取中馏分，即为原白兰地。

也有采用带分馏盘的大锅设备，一次蒸馏白兰地原料酒，可直接得到头馏分、中馏分和尾馏分，单独接收的中馏分，即为一次蒸馏所得到的原白兰地。

无论是两次蒸馏还是一次蒸馏得到原白兰地，头馏分和尾馏分应该如何截取？截取后应该如何利用和处理？这些问题有赖于原白兰地蒸馏的合理工艺流程解决。

两次蒸馏得到原白兰地的工艺流程如图 6-1 和图 6-2 所示。

从图 6-1 可以看出来，由于第一次蒸馏，从酒精含量为 7%～12%vol 的白兰地原料酒中，得到的馏出液——粗馏原白兰地的酒精含量为 22%～35%vol，粗馏原白兰地的体积约占被蒸馏的白兰地原料酒的 25%～35%vol。这次蒸馏，通常不分酒头和酒尾，把白兰地原料酒直接蒸成粗馏原白兰地。蒸馏后期，截取酒精含量为20%~0%的馏分，呈轻微的乳浊状，具有愉快的芳香，为芳香水。将芳香水在橡木桶里经过贮存后，可用来勾兑普通的芳香型白兰地。蒸馏结束留存在大锅里的酒糟水，可搞废物利用，提取酒石酸钾钠。

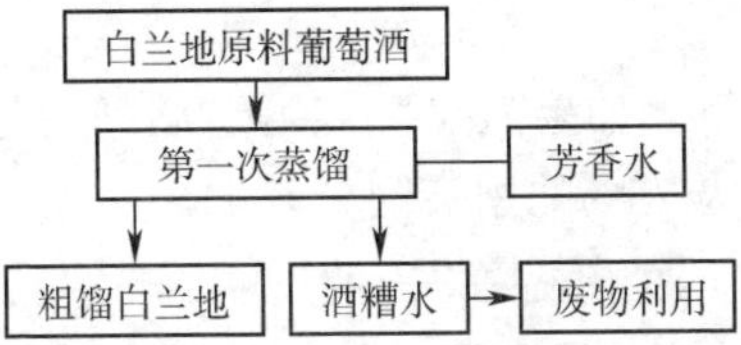

图 6-1　白兰地原料葡萄酒蒸馏流程图

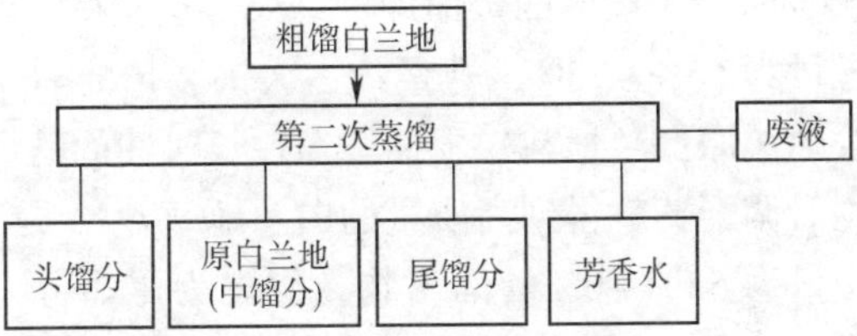

图 6-2　粗馏原白兰地蒸馏流程图

粗馏原白兰地含有不同的挥发性物质，它们主要是在蒸馏过程中由原料酒转移而来，也有一些成分是在蒸馏过程形成的。

从图 6-2 可以看出来，第二次蒸馏粗馏原白兰地时，中馏分即为一级品原白兰地。55%~0%的馏分为尾馏分，可用于蒸馏二级品原白兰地。也可把 20%~0% 的尾馏分单独收存贮藏做芳香水。无用的残液由下水道放走。

酒头馏分中含有相当数量的醛、酯和高级醇，具有尖锐的气味和不愉快的口味，这个馏分的选择应该在开始馏酒的时候。截取的数量应占粗馏原白兰地总酒精含量的 1%~2%。例如，如果大锅里装被蒸馏的粗馏原白兰地为 1000L，酒精含量为 25%，则总酒精含量为：

$$1000 \times 25\% = 250L$$

如果截取1%的酒头馏分，则为

$$250 \times 1\% = 2.5L$$

如果酒头馏分的平均酒精含量为75%，应截取酒头的升数为：

$$2.5 \div 75\% = 3.3L$$

在这种情况下，如果需要截取占总酒精含量2%的酒头，则应截取酒精含量为75%的酒头馏分6.7L。

掐去酒头后，馏出液变得澄清透明，酯、醛和杂醇油的尖锐气味减少了，口味变得平和而愉快。从这个时刻开始，截取中馏分。随着蒸馏时间的推移，酒精含量逐渐降低，当馏出物的酒精含量降到55%时，中馏分的蒸馏即告结束。这样得到的原白兰地平均酒精含量为65%~70%，数量约占大锅装量的30%，即为一级品原白兰地。原白兰地在橡木桶里经过长时间的贮藏陈酿，再经精心勾兑、调配，就得到高质量的白兰地。

酒精含量为55%~0%的馏出物，称之为尾馏分，占粗馏原白兰地体积的20%，留在大锅里的废液，占最初体积的50%以下。

将第二次蒸馏的头馏分和尾馏分混合起来，按照图6-3的流程进行蒸馏，即得到二级品原白兰地，占被蒸馏体积的20%~25%。二次酒头和二次酒尾混合起来，用于提取工业用的乙醇。

二级品原白兰地比一级品原白兰地酒精含量稍低一些，质量稍差一些，但同样在橡木桶里长期贮藏，然后用它生产普通白兰地。

使用带两个分馏盘的蒸馏设备进行蒸馏，可以从白兰地原料酒经过一次蒸馏，直接得到原白兰地。通常一次蒸馏设备多用来蒸馏普通的原白兰地，这种设备如操作得好，也可用于做高档白兰地，其工艺流程如图6-4所示。

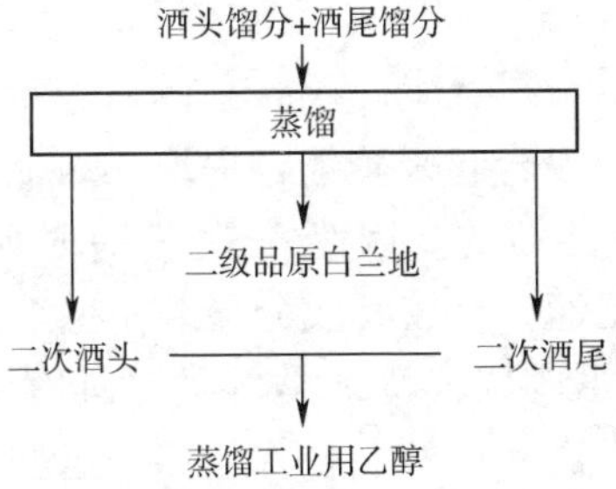

图 6-3　酒头和酒尾混合物的蒸馏流程

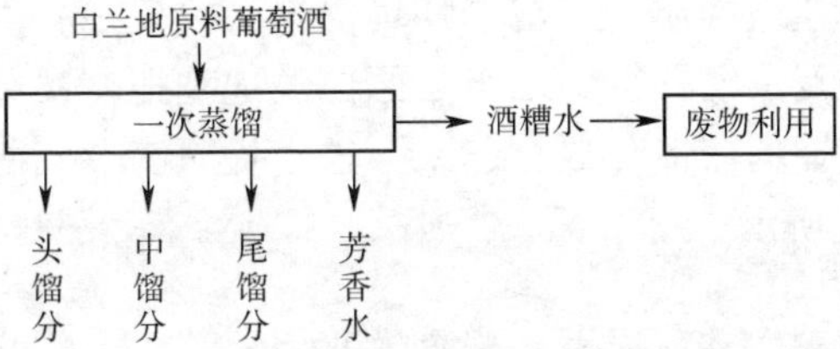

图 6-4　白兰地原料酒一次蒸馏的工艺流程图

一次蒸馏得到的各种馏分，与最初装量比较，头馏分占0.7%~1%，中馏分占10%~14%，尾馏分占11%~15%，其余为残液糟水。

中馏分中原白兰地的酒精含量一般为65%~70%vol。这个酒精含量取决于被蒸馏的白兰地原料酒的酒精含量、截取的中馏分和尾馏分的数量、蒸馏的速度及分馏冷凝的方法等。

上述一次蒸馏的头馏分与尾馏分混合起来，再进行第二次蒸馏。截取头馏分的量占1%~1.5%，中馏分占8%~12%，尾馏分占13%~17%，其余为残留液。这次截取的中馏分为二级品原白兰地。

得到的一级原白兰地和二级原白兰地，需要分别进行木桶贮存。一级原白兰地用于做高级白兰地；二级原白兰地用于做普通白兰地。第二次蒸馏得到的头馏分和尾馏分，混合起来送去蒸馏提取工业乙醇。

苏联富尔特玛（Г. И. Фертман）的研究指出，把一次蒸馏的头馏分和尾馏分混合起来蒸馏，提取二级品原白兰地，这种利用方法不是最合理的。因为一次蒸馏时所得到的两个馏分——头馏分和尾馏分，按其成分显著不同。低沸点的混合物在头馏分中占主要地位，特别是醇类，具有尖锐的气味和口味。尾馏分中含有高沸点的混合物较多，这些高沸点的混合物主要是酯类和高级醇，在贮藏的情况下能发生很好的变化，对提高白兰地的口味有重要意义。为了不使一次蒸馏的头馏分污染二级品白兰地的质量，富尔特玛提出，仅仅把一次蒸馏的尾馏分进行重复蒸馏，得到二级品原白兰地。把一次蒸馏的头馏分和重复蒸馏的尾馏分混合起来，送去提取工业乙醇用，其流程如图 6-5 所示。

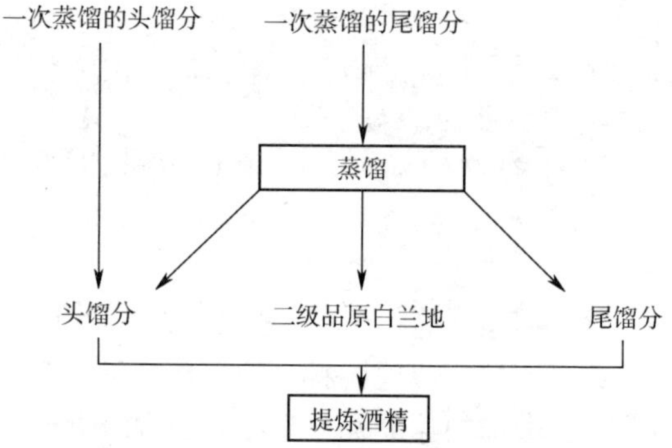

图 6-5　一次蒸馏的尾馏分单独蒸馏

有的白兰地工厂不单独蒸馏二级品原白兰地，而是把一次蒸馏的头馏分，积存起来去蒸馏提炼工业乙醇；把一次蒸馏的尾馏分混入白兰地原料酒中进行蒸馏。实践证明，这种方法对制造中上档白兰地的工厂是可以接受的。

保加利亚努西威（И. Нушевый）按图 6-6 所示的流程图，研究了添加尾馏分对原白兰地质量的影响。

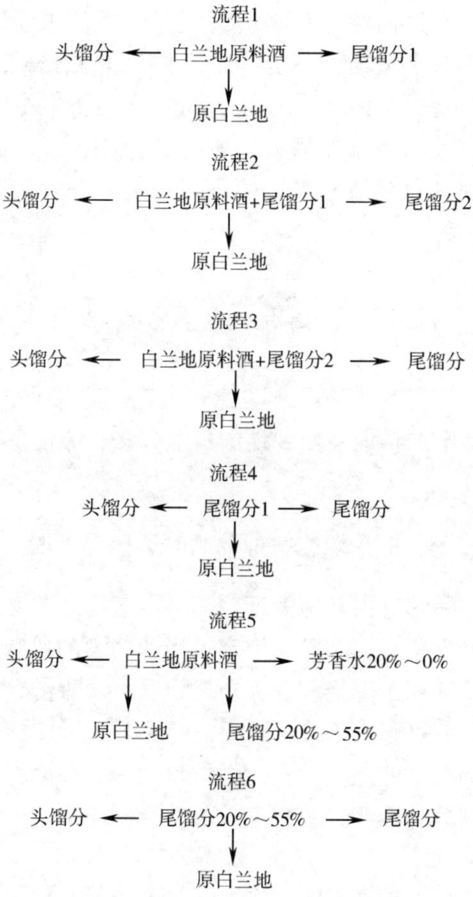

图 6-6　说明尾馏分对原白兰地质量影响的几种流程图

大量的试验和品尝结果指出，第 2 个方案得到的原白兰地即白兰地原料酒加一次蒸馏的尾馏分，混合蒸馏所得到的原白兰地，与按第一种方案蒸馏所得到的原白兰地相比，质量是相同的，都属于优等品原白兰地，说明第5个方案也是可取的。

第3、第4和第6方案得到的原白兰地，具有一种明显的蒸馏后味，这些原白兰地对制造高质量白兰地来说，是不适合的。馏分的第3次蒸馏，不能得到高质量的原白兰地。把这样的馏分与白兰地原料酒混合蒸馏，同样产生不能令人满意的结果。所以，在往原酒添加馏分的所有试验中，只有将第一次蒸馏的尾馏分加到白兰地原料葡萄酒里尚可。除此之外，都没有好的效果。

第二节　用直接火加热蒸馏原白兰地的方法

法国科涅克白兰地是用夏朗德式大锅，直接火加热蒸馏的。严格地执行传统的科涅克白兰地的蒸馏方法，方能奠定科涅克酒的物质基础。

一、白兰地原料葡萄酒的选择与管理

用于蒸馏科涅克白兰地的葡萄酒，在蒸馏之前必须经过严格的选择，选择方法主要靠品尝评定。当葡萄酒的风味不正常、不爽口时，就不能用于蒸馏科涅克白兰地。有异香的葡萄做成的原酒，或者是腐烂的葡萄做成的原酒，使原酒有异味或霉味，这样的原酒只能提取工业酒精，不能做饮料酒用。如果不能把少量有恶味的葡萄酒单独蒸馏，单独存放，就会因小失大，使大量的好酒受到污染。

被蒸馏的白兰地原料酒中含有适量的酒泥，对于增加白兰地的香气是有益处的。可是，当酒泥的数量过多时，蒸馏酒的香气就要受到损害。酸败的酒泥更不能混入白兰地原料酒去蒸馏。

如果白兰地工厂存有大量的白兰地原料酒，而蒸馏锅的数量又是有限的，那么蒸馏工作就不得不拖到下一年的五六月份结

束。在这种情况下，必须在次年的 3 月份以前，把尚未蒸馏的白兰地原料酒全部倒桶倒池，把葡萄酒与酒泥分开。白兰地原料酒长期与酒泥接触，大量的酵母自溶物对葡萄酒的质量有不好的影响。而且酒泥中含有的杂菌冬天温度低不活动，等到春天品温升高后，开始活动，可能引起葡萄酒的再发酵作用，使酒质变坏，所以及时地使白兰地原料酒与酒泥分开，这项工作是不可缺少的。

另外，待蒸馏的白兰地原料酒，一定要满桶贮藏，防止过度氧化。

二、蒸馏锅的清洗与装锅放锅

每年采收葡萄的季节来临的时候，在开始蒸馏白兰地之前，都需要对长期不用的夏朗德式大锅进行彻底清洗。

通常的清洗方法是，大锅里放入清水，燃火烧开。为了使冷却蛇管得到充分清洗，需要把冷却器里的水放空，避免过来的水蒸气发生冷凝作用。当水蒸气大量外冒达 1h 之后，蒸馏锅和冷却蛇管的冲洗即告结束。

在蒸馏期间，经常地清洗蒸馏锅也是不可忽视的。根据法国科涅克地区传统蒸馏经验，使用的夏朗德式大锅，每隔十几天就要彻底清洗一次。蒸馏原料酒得到粗馏原白兰地，15 天清洗一次。每当原料葡萄酒蒸完之后，在粗馏原白兰地装锅蒸馏之前，都要把蒸馏锅卸装，用有柄的刷子，趁热擦刷。等到酒渣和废液排泄完毕，再用冷水清洗。

装锅时要打开锅上的排气阀、液位计阀，关闭排糟阀及旁通阀。再打开进料管路阀门，将物料泵入预热器，继而流入蒸馏锅至适当液位。再将预热器泵满，预热后用于下锅蒸馏。然后关进料管阀门和蒸馏锅上的排气阀。检查无误，可点火蒸馏。

蒸馏分一次蒸馏和二次蒸馏。一次蒸馏又称为粗馏原白兰地的蒸馏方法，二次蒸馏也称为原白兰地的蒸馏方法，其操作方法在后面详述。

操作壶式锅的注意事项是：

（1）装锅时必须打开排气阀，以防骤冷形成负压，损坏锅体或锅帽脱落；

（2）蒸馏过程锅上压力表不得超过 11.8kPa；

（3）预热器内预热温度不得高于 70℃，否则酒气走旁通阀；

（4）预热器内无料时，不能有酒气通过，以免出现焦煳味；

（5）卸锅时必须停火，打开排气阀，防止形成真空，致锅体变形，并防止烧焦残液或烧漏锅底；

（6）整个操作过程要做好原始记录并保存好。

三、粗馏原白兰地的蒸馏方法

粗馏原白兰地的蒸馏方法，在法国又称为开锅酒的蒸馏方法。它是指将白兰地原料葡萄酒装入夏朗德式大锅里，通过直接蒸馏，得到酒精含量为百分之二十几或百分之三十的粗馏原白兰地。

当白兰地原料酒口味很正常、很爽口，其酒精含量又是中等度数时，对这样的原料酒采用不同的蒸馏操作方法，在事实上对白兰地酒的质量不产生很大的影响。用次等葡萄酒为原料时，情况就不同了。因此对不同质量和不同酒精含量的白兰地原料酒，应视其情况采用不同的蒸馏操作方法。

目前，我国烟台张裕葡萄酿酒公司及北京东郊葡萄酒厂等单位，粗馏原白兰地的蒸馏方法大都采用苏联的蒸馏方法，如图 6-1 所示，不掐酒头和酒尾，把白兰地原料酒的馏出液自头至尾混在一起，为粗馏原白兰地。大锅里残留酒糟水，或者用于搞综合利用，提取酒石，或者从下水道放走。这种方法操作简便，对口味正常的白兰地原料酒也可以收到较好的效果。

按法国科涅克的蒸馏工艺，强调蒸馏粗馏原白兰地时，切去小量酒头，而将其重新回入白兰地原料酒中，再蒸入下一次的粗馏原白兰地中。提倡这种做法是因为酒头曾经洗过蛇管，并将前次蒸馏时残存在蛇管内的酒尾也洗了出来。另外，酒头重新回入白兰地原料酒中，通过第二轮的加热，成分会发生变化，质量会得到改善。

在蒸馏粗馏原白兰地末期，流出的液体称为酒尾。这种酒尾含有较多的高沸点化合物。如果不把酒尾分出去，就会对白兰地的品质产生有害的影响。因此，科涅克酒的蒸馏工艺要求切取粗馏原白兰地的酒尾，并将其回入白兰地原料酒中，蒸入下一锅的粗馏原白兰地中。这种重新回酒蒸馏能起到一种纯化作用，因为酒尾中不挥发的成分，要流失一大部分在酒糟中。

什么时候开始切取酒尾，要根据白兰地原料酒的酒精含量而定。如果白兰地原料酒的酒精含量为7%，就从馏出液酒精含量为7%时开始切取酒尾；酒精含量为9%的白兰地原料酒从酒精含量为4%开始切酒尾；当原料葡萄酒酒精含量为11%时，则应等到馏出液的酒精含量为2%时才切酒尾。

粗馏原白兰地的酒精含量，与所使用的原料葡萄酒的酒精含量密切相关。如果原料葡萄酒酒精含量高，那么粗馏原白兰地的酒精含量也必然高：一般来说，粗馏原白兰地的酒精含量在26%~29%时，通过蒸馏可以得到高质量的科涅克原白兰地。越是酒精含量高的白兰地原料酒，切取酒尾的酒精含量越低；而酒精含量低的原料葡萄酒，切取酒尾的酒精含量要高。这样操作，可使粗馏原白兰地的酒精含量大致在26%~29%。如果粗馏原白兰地的酒精含量在30%以上，那么蒸馏时就应该添加适量的雨水或软化水，把酒精含量降到29%以下。

白兰地原料酒在投入大锅蒸馏之前，要先经过预热器预热。预热的温度不宜过高（70℃左右即可）。一般在蒸馏的后期转动三通，让大锅出来的蒸汽不通过预热器。当预热器卸空时，一定不能让蒸汽通过：否则，沉积在加热管外壁上的酒泥就有煮熟烤焦的危险，使原白兰地酒污染“熟酒泥”的口味。

粗馏原白兰地馏出液的酒精含量与蒸馏时间的函数关系如图6-7所示。

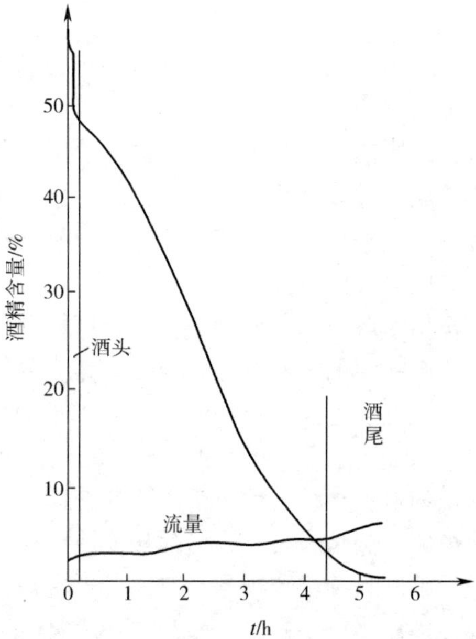

图6-7 粗馏原白兰地馏出液的酒精含量与蒸馏时间的函数关系

四、原白兰地的蒸馏方法

把粗馏原白兰地投入夏朗德式大锅，用文火蒸馏，掐去酒头，切去酒尾，取中馏分（又称为酒心），即为原白兰地。从粗馏原白兰地蒸馏原白兰地的方法，法国称为文火酒的蒸馏方法。

截取酒头的数量，要根据原料葡萄酒的质量来确定。对较好的白兰地原料酒来说，截取酒头的数量占大锅装量的0.5%～1%即可；对有缺陷的或平凡的白兰地原料酒，就要多去酒头，可按大锅容量的2%截取。也有按纯酒精计算，截取酒头的，截取纯酒精的0.5%~1.5%为酒头馏分，即可达到要求。

截取酒头的数量也不是越多越好。如果截取的酒头过多，也会使构成白兰地的芳香成分受到损失，从而影响成品白兰地的质量。

蒸馏原白兰地的酒头馏分，不应该把它回锅蒸馏作白兰地用，这种酒头馏分只适用于提取工业乙醇。

把原白兰地与蒸馏二级酒的尾馏分分开的时刻，法国称为“切酒”。有经验的蒸馏师傅，凭看酒花，尝口味，定切酒。现在的蒸馏人员，常利用酒精含量表测量酒精含量，决定切酒。同时也参考看酒花和尝口味。

根据法国生产科涅克的经验，一般从酒精含量为58%vol切酒为宜。当然，具体的情况要具体对待。如果从酒精含量为61%vol或60%vol开始出现二级酒的口味，就要提前切酒。最低限度不能从酒精含量为57%vol以下切酒。否则就有可能使全部白兰地污染二级酒的口味。

理想的原白兰地应该具有70%vol左右的酒精含量。为了蒸得酒精含量为70%vol的原白兰地，应该切酒的酒精含量如表6-1所示。

表6-1　　为了蒸得70%原白兰地的切酒酒精含量　　单位:%

粗馏原白兰地平均酒精含量	原白兰地头馏分酒精含量	应该切酒的酒精含量
32	78	54
31	77.5	55
30	77	56
29	76.5	57
28	76	58
27	75.5	59

续表

粗馏原白兰地平均酒精含量	原白兰地头馏分酒精含量	应该切酒的酒精含量
26	75	60
25	74.5	61
24	74	62

从表6-1中可以看出来，酒精含量为54%~56%vol切酒，会使原白兰地带有二级酒的口味，是我们所不希望的。为了避免这种情况，可在粗馏原白兰地中，加雨水或软化水冲淡，使粗馏原白兰地的平均酒精含量降到29%即可。

蒸馏原白兰地时掐去的头馏分和切取的酒精含量为58%vol以下的尾馏分，在苏联，按图6-3的流程蒸馏二级品原白兰地；在法国，有人把酒头和酒尾混合起来，均配到粗馏原白兰地中，再进行蒸馏；如果是来自好的原料葡萄酒，这样操作可以蒸得优良的白兰地；法国也有人主张，将蒸馏原白兰地时切取的酒精含量为58%vol以下的酒尾，重新回到原料葡萄酒中。据说这种做法可以获得罕见的白兰地酒质，但这一操作显著地增加了蒸馏的工作量。

在法国，所以把夏朗德式大锅二次蒸馏的产物称为“文火酒”，顾名思义，原白兰地的蒸馏，一定要文火缓慢地加热，均匀地蒸馏，尽量不要耙动炉堂煤火，可通过调整烟道抽风、控制火力的大小等方法。特别是在切酒前的片刻，尤其要减小抽风，减弱火力。

蒸馏原白兰地时，馏出液的酒精含量与蒸馏时间函数关系如图6-8所示。

五、原白兰地的几种厌恶口味及其由来

蒸馏完毕以后，有时所得原白兰地带有一种令人厌恶的口

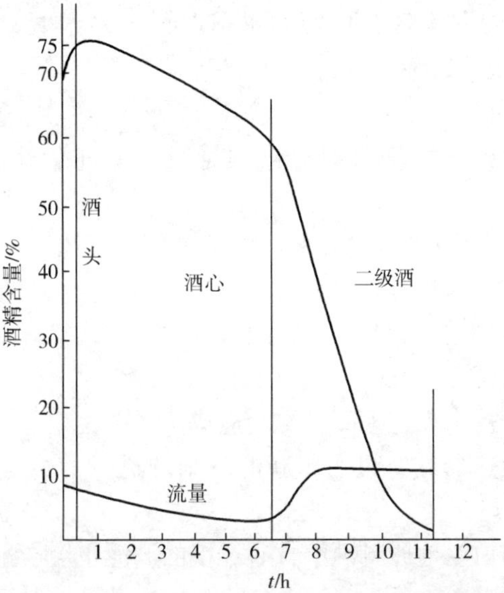

图 6-8　原白兰地馏出液酒精含量与蒸馏时间的函数关系

味，这主要是由于蒸馏操作或设备、原料等问题所造成的。常遇到的厌恶口味及其原因，有以下几种。

1. 青铜味

有时新蒸的原白兰地有一种不愉快的青铜味，查其原因，有以下几方面：

（1）做大锅的铜材质量不好。夏朗德式大锅要求用紫铜板制成，铜材质量要好一些。

（2）冷却蛇管没有冲洗干净，在蛇管内部结成的铜绿随着馏出液跑到原白兰地中。

（3）用金属刷子刷锅，擦得太厉害，在锅的内表面形成纹路，蒸出的酒也会有青铜味。

（4）酒头掐得不到数，没能把前次蒸馏残存在蛇管里的酒尾排除彻底。

青铜味主要来自没清洗好的蒸馏设备，经常做好大锅的擦洗就可以避免这种口味。

2. 蒸煮味

新蒸的原白兰地带有一种蒸煮味，是由以下几种原因造成的。

（1）蒸馏锅底铜板太薄，尤其是经过使用，锅底下凹，卸锅时糟水排放不彻底。

（2）当经过一段时间的停止蒸馏后，重新开始蒸馏工作，没能彻底清洗蒸馏锅。

（3）炉灶内火道太高，也会造成蒸煮味。

（4）预热器卸空以后，新的酒未加进以前，就引入大锅出来的蒸汽加热。

（5）当白兰地原料酒中含有过多的酒泥也会产生此味。

3. 焦火味

焦火味又称为烟火味，或称为烟熏味。

白兰地原料酒中酒泥太多；锅身在冷锻加工时粗糙，有缺点；大锅清洗不彻底，附着锅壁上的酒泥长期洗不去；火烘的位置太高，卸料管在炉膛里的部分保护不够，受到直接火煅烧等。

在上述缺陷存在的情况下如果炉膛里的火力太强，就会产生焦火味。

焦火味影响很坏，而且会长期存在，不容易校正。当蒸馏锅里出现了焦火污点时，应该在清洗大锅的时候，及时地把污点刮去。否则焦火点的面积会由小到大，几厘米的焦火点斑，就会影响整个原白兰地的质量。

4. 硫化氢味

某些白兰地原料酒，可能会有硫黄成分。这主要是葡萄植株在晚期管理中，涂布石灰-硫黄合剂，沾污到葡萄粒上，随着葡萄的加工，而转入白兰地原料酒中。硫黄受到还原作用变成了硫化氢。如果把硫化氢蒸入原白兰地中，就会使原白兰地具有非常讨厌的臭鸡蛋味。

如果发现粗馏原白兰地中已经带有臭鸡蛋味，要立即设法除去。可在粗馏原白兰地中，加入一把铜刨花，使其与硫化氢反应，生成黑色的硫化铜沉淀。如果在蒸馏之前发现白兰地原料酒中有硫化氢味，最好的处理方法是把原料葡萄酒与酒泥分开，然后把空气强烈地通入白兰地原料酒中。除去硫化氢以后的原料葡萄酒和粗馏原白兰地，可依法蒸馏原白兰地。

六、嗅尝蒸馏法和重复蒸馏法

依靠鼻子闻、口腔尝来控制蒸馏的方法，称为嗅尝蒸馏法。在法国，这是传统的蒸馏技术。即使在科学发达的今天，有经验的蒸馏师傅，仍然结合此法，进行蒸馏操作。

白兰地原料葡萄酒的蒸馏，虽然也要掐取少量酒头（也有不去酒头的）；蒸馏末期，依据酒精含量表所指示的酒精含量，切取少量酒尾，以便获得酒精含量为 26%～29% vol 的粗馏原白兰地。

原白兰地的蒸馏，一定要结合闻香和尝味，决定掐酒头和切酒尾。特别是切酒尾，蒸馏人员要对酒精含量为 63%～58% 的馏出液，连续、多次进行品尝，待馏出液中出现了二级酒的口味，当机立断地进行切酒，这样才能获得高质量的原白兰地。

当蒸得的原白兰地本身没有明显的恶味，只是平平淡淡，缺乏清爽的口味。遇到这种情况时，提倡采用重复蒸馏法。这样做，虽有少量损失，但可以获得爽口的白兰地。酒精含量为 60%～70% vol 的原白兰地重复蒸馏时，以蒸馏水或雨水将其酒精含量冲淡到普通粗馏原白兰地的酒精含量（26%～29% vol），然后依法蒸馏，靠闻香和尝味，做好切酒。这样可使白兰地的质量，得到明显改善。

第三节　科涅克白兰地的不同蒸馏方法

不少的专著和杂志都详细地描述了科涅克白兰地的蒸馏过程。这个蒸馏过程可以简述如下：首先将白兰地原料葡萄酒蒸馏成为酒精含量为28%vol左右的粗馏原白兰地。将粗馏原白兰地进行再次蒸馏，除去酒头、次尾和酒尾，从而获得酒精含量为70%vol左右的原白兰地。如何区分次尾和酒尾？将粗馏原白兰地进行重复蒸馏时，一般从酒精含量为57%vol左右开始出现二级酒的口味，这时进行“切酒”。在此以前的馏出液称为“酒心”，也就是我们所要得到的原白兰地。从酒精含量为57%vol切酒至酒精含量为20%vol的酒，这段馏出液为次尾，次尾的平均酒精含量在30%左右，可用来蒸馏普通白兰地。酒精含量为0%~20%的馏出物称为酒尾。酒尾也称为芳香水。

在法国，科涅克酒的两种主要蒸馏方法如图6-9所示。

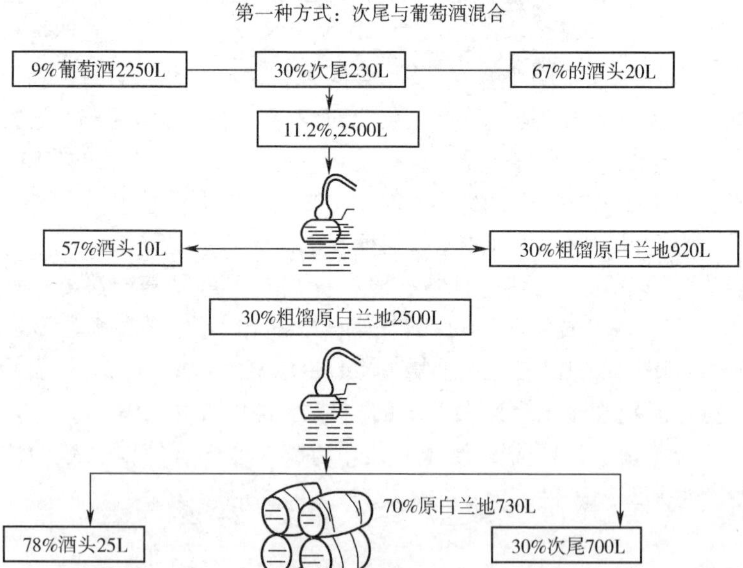

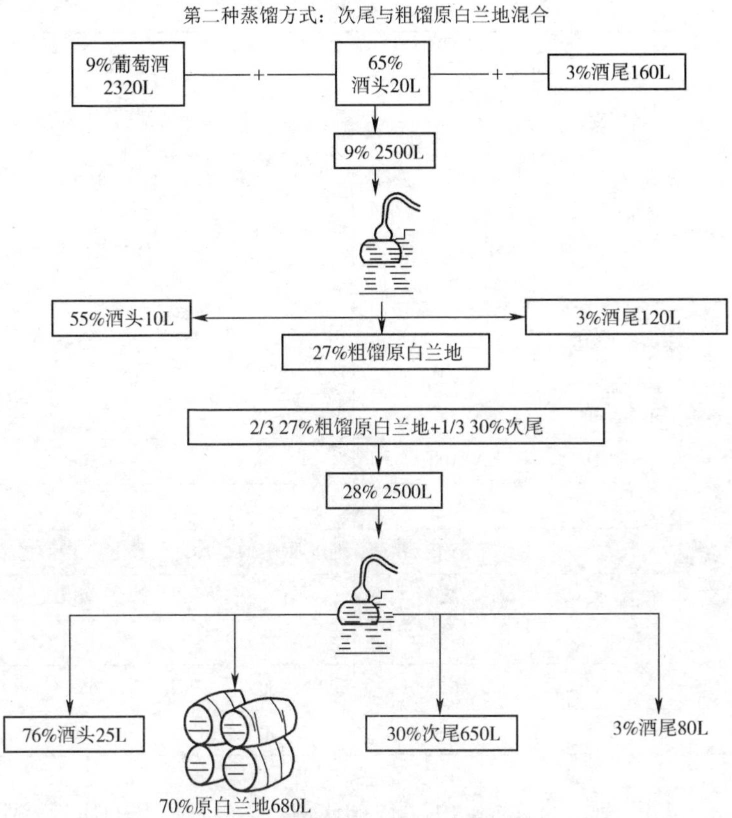

图 6-9　两种主要夏朗德式蒸馏法

第二次蒸馏比第一次蒸馏更为精细，而且要在蒸馏过程中，将不同的馏分准确分开。不同的白兰地生产厂家，在长期的生产实践中，形成自己一套独特的蒸馏方法，因而所生产的白兰地，有自己的独特之处。

众所周知，法国的轩尼诗（Hennessy）、马爹利（Martell）和雷米-马丁（Remy-Martin）是世界闻名的科涅克白兰地生产公司。这三个公司的蒸馏方法就有所不同，如表 6-2 所示。

表 6-2　　科涅克蒸馏举例（Cantagrel 等 1991）　　单位：L

公司名称		轩尼诗（Hennessy）	马爹利（Martell）	雷米-马丁（Remy-Martin）
原酒处理		去除重酒脚；次尾（30%）与低度酒混合；酒头、酒尾与葡萄原酒混合	去除重酒脚；次尾（25%）与原酒混合；轻取酒头不取酒尾	与酒脚一起蒸馏；次尾循环进入低度酒；酒头、酒尾与原酒一起蒸馏
蒸馏操作	第一次蒸馏			
	酒头	10	1~2	10
	粗馏原白兰地	750	900	700
	酒尾	100	0	100
	残酒	1640	1600	1690
	第二次蒸馏低度原酒 2500			
	酒头	25	37~50	25
	原白兰地	680	720	700
	次尾	650	600	650
	酒尾	100	0	130

与葡萄酒一起蒸馏的细酒脚的比例对白兰地产品的质量有明显的影响：酒脚的存在可以提高芳香酯的含量，从而使白兰地具有更浓郁的花香。酒脚对酯含量的影响如表 6-3 所示。

表 6-3　　酒脚对酯含量的影响（Cantagrel 等 1991）　　单位：mg/L

成分（70%白兰地）	蒸馏	
	少量酒脚	与酒脚一起
己酸乙酯	6.76	8.3
辛酸乙酯	8.95	23.6

续表

成分（70%白兰地）	蒸　　馏	
	少量酒脚	与酒脚一起
癸酸乙酯	13.8	63.0
月桂酸乙酯	12.45	36.2
豆蔻酸乙酯	5.4	9.8
棕榈酸乙酯	9.77	13.2
棕榈油酸乙酯	1.44	1.8
硬脂酸乙酯	0.59	0.61
油酸乙酯	1.19	1.22
亚油酸乙酯	7.69	9.52
亚麻酸乙酯	1.86	2.58
辛酸异戊酯	0.42	2.48
癸酸异戊酯	1.67	5.76
月桂酸异戊酯	0.78	1.83
辛酸苯-2-乙酯	痕迹	1.20
癸酸苯-2-乙酯	0.25	1.55
总芳香酯	73.02	186.65

（+150%）

要把酒脚对到白兰地原料酒里进行蒸馏，首先必须严格检查酒脚的质量。因为劣质酒脚会给白兰地带来严重的缺陷。

在蒸馏过程中，葡萄酒的芳香物质蒸发的速度各不相同。在白兰地中，存在着数量很大的各类化学物质，如醇、醛、酮、酯、含氧杂环化合物、含氮杂环化合物等。

科涅克的主要特征是由酯引起的果香和花香，这类酯的含量较高，是因为葡萄原酒与其酒脚一起蒸馏。在较长的陈酿过程里，就会形成很受欢迎的典型的科涅克浓郁芳香。

第四节 阿尔马涅克白兰地的蒸馏方法

本书的第五章图 5-26，是阿尔马涅克白兰地的连续蒸馏设备。这套设备的操作如下，白兰地原料葡萄酒从位于蒸馏装置上方的加料槽 A 中，借助重力的作用，连续地进入蒸馏设备的预热器中。被加热的葡萄酒连续地进入蒸馏柱，或者称为蒸馏塔。产生的蒸汽升到蒸馏塔的顶部，从这里再通过酒气输送管 L，进入冷却盘管 M，被冷凝成原白兰地流出蒸馏塔。

每天生产阿尔马涅克原白兰地的能力，折合纯酒精的量，从 500~2000L，随蒸馏釜的尺寸不同而不同。

头馏分是从葡萄酒加热器的顶部提取的。当葡萄酒已经被加热到 80℃左右，但还没有沸腾时，将热葡萄酒上方最初挥发出来的酒气收集起来，这些酒气，经过外部盘管 P 或内部盘管 Q 的冷却，即成为头馏分被分离出来。

尾馏分从两个地方被分离出来，第一个尾馏分的管口，是在盘管 T 的第一圈处；第二个在鹅颈管（即气相物输送管）的最高处。借助于冷凝器 S 的作用，将尾馏分分离出来。

塔板 F 位于葡萄酒的入口处；冷的或经预热的葡萄酒从蒸馏塔顶盘管 R 进入蒸馏塔。

表 6-4 是 80 种阿尔马涅克白兰地试样的平均组成。它们是从 77 台阿尔马涅克蒸馏釜中蒸馏出来的。高级醇、醋酸乙酯和高级醇的醋酸酯等成分，都用作对以上试样的研究。

表 6-4　　阿尔马涅克 80 种白兰地试样的平均组成　　单位：mg/L

成　分	含量	成　分	含量
乙醇/%vol	59.7	乙基己酸酯	2.57
高级醇	—	乙基辛酸酯	5.01

续表

成　分	含量	成　分	含量
丙醇-1	161	乙基癸酸酯	6. 43
甲基-2-丙醇-1	377	乳酸乙酯	248
甲基-2-丁醇-1	285	醋酸乙酯	207
甲基-3-丁醇-1	1220	高级醇的醋酸酯	—
甲醇	194	醋酸异戊酯	10. 9
苯-2-乙醇	31. 4	醋酸己酯	0. 65
脂肪酸乙酯	—	醋酸苯乙酯	1. 18
挥发酸	—	辛酸	20. 02
异丁酸	1. 56	癸酸	6. 01
异戊酸	0. 92	乙酸	152
长链脂肪酸	—	丁二醇	14. 9
己酸	4. 08		

葡萄酒中尚会存在一些酵母菌，酵母被加热时，会有较多的脂肪酸乙酯释放出来，脂肪酸乙酯的分子质量越高，释放的量就越大。

阿尔马涅克的蒸馏程度是蒸馏操作的主要参数。如规定最大蒸馏程度是72%vol，则最小的蒸馏程度是52%vol。蒸馏葡萄酒时，使蒸馏程度的偏差保持在5%之内。阿尔马涅克蒸馏过程中，挥发物含量与蒸馏程度的关系如图6-10所示。

从图6-10可以看出，高级醇在蒸馏过程中保持恒定不变。尾产物随着蒸馏程度的提高而降低，尽管化学性质不同，但曲线的形状仍是相同的。

尾馏分的提取是从冷凝器盘管的第一圈开始，提取的酒精含量在12%~35%vol。

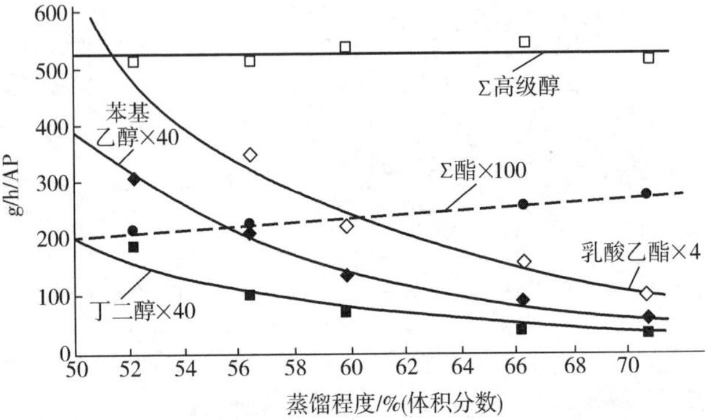

图 6-10　阿尔马涅克蒸馏过程中，挥发物含量与蒸馏程度的关系图

葡萄酒加热器上部的温度，对头馏分的成分有重要的影响。图 6-11 表示在头馏分中最主要的挥发性物质的量随着加热温度的升高，进入馏分的量也增加。

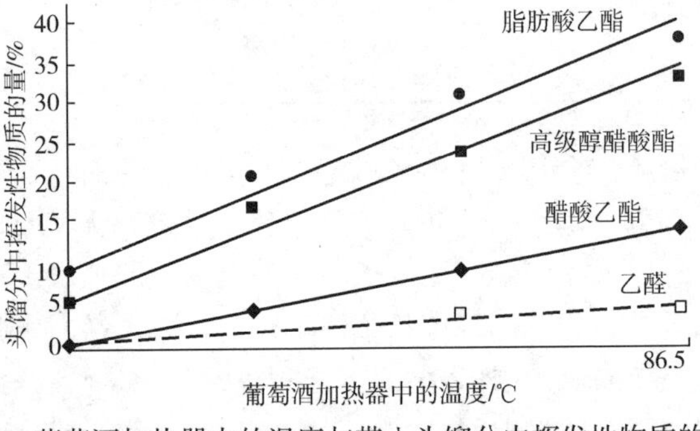

图 6-11　葡萄酒加热器中的温度与带入头馏分中挥发性物质的关系图

第五节　用间接蒸汽加热蒸馏原白兰地的方法（苏联白兰地的蒸馏方法）

在苏联，蒸馏白兰地大量采用间接蒸汽加热的大锅设备，可

分为二次蒸馏的大锅设备和一次蒸馏的大锅设备。正确的蒸馏操作、严密的设备系统，不仅对改善原白兰地的质量，而且对合理地利用设备及降低酒精损耗，都具有重要的意义。为了达到这个目的，必须在蒸馏以前对设备系统进行彻底的检修。蒸馏以前需要对蒸馏大锅、预热器、冷却器、酒精含量检验器等进行检修；对所有连接的法兰，查其是否严密；对所有阀门，查其是否活动灵活。如果发现有冒气或滴漏现象，需要换垫把紧或研磨维修。不能用的法兰和阀门要提前更换，不能凑合。为了试验大锅的严密性，可以从高压塔经过预热器，把大锅和设备系统充满水，停留 3~4h。而后对设备的各部分进行精细检查。发现渗漏的地方，把它用粉笔划出来，等把水放掉后立即修补。

除了上面指出的检修形式，还应该通过 2~3 次白兰地原料酒的实物蒸馏，按正常生产的条件进行操作，看设备各部分的工作是否正常。

在进行实物蒸馏试验时，要严格地计算大锅的蒸馏损失。为此，准确地测定装锅的原料葡萄酒和馏出液的体积和酒精含量，而后换算成蒸馏前和蒸馏后的纯酒精进行对比。如果酒精的损失超过了规定的标准，那就说明了设备系统的严密性有问题。这样的检查、对照、维修一直继续到酒精的损失等于或小于规定的标准。

一、蒸馏设备的正确操作

蒸馏大锅的结构虽然简单，但使用大锅时不能正确地操作，就会降低生产效率，并使原白兰地的质量受到影响。为了保证蒸馏设备能正常运转，顺利工作，必须对大锅的装量、加热的调节、冷却的控制和放锅操作等有严格的操作要求。

1. 大锅的装量

实践证明，大锅的有效装量只能占整个容积的 2/3。如果大锅的容积分别为 1000L、1300L、1500L，那么相对应的每个锅最适合的装量，分别为 650L、850L 和 1000L。

大锅装载后，留有一定的空间，是正常的蒸馏所必需的。当大锅加热蒸馏时，特别是在蒸馏白兰地原料酒的情况下，透过视镜，能看到锅里起泡沫，或者大锅的液面在明显地跳动。如果大锅装得太满，其空间留得太小，这种跳动就会特别强烈。在这种情况下，稍一不慎，大锅里蒸馏的醪液，就会窜进冷却器的蛇管里。这时，即使降低加热强度，也很难控制不让醪液窜出。

试验指出，不同的大锅有效装载也有所不同。用直接火加热蒸馏新的白兰地原料酒时（原料葡萄酒的酒龄 1~2 个月），大锅的装载不能超过其总容积的 65%；在蒸汽加热的情况下，装量可达到 70%。当把白兰地原料酒投入大锅蒸馏时，如果锅内沸腾的液面比较平静，不起泡沫，大锅的装载就可相对增加，可达到锅容量的 75%~80%。用带分馏盘的大锅设备蒸馏原料葡萄酒时，由于分馏盘很强的冷凝作用，所以有相当量的冷凝液回流进大锅，加强了锅里的泡沫和液面跳动。用这种设备蒸馏白兰地原料酒时，大锅的装量不能超过其总容积的 65%。

2. 蒸馏的监督和调节

蒸馏的速度与加热的强度有直接关系。在加热强烈的情况下，蒸馏的时间缩短了，但被蒸馏的液体有可能窜入馏出液中。缓慢加热，就延长了蒸馏时间，降低了设备的利用率。因此蒸馏过程的加热强度，不是任意或不变的，而是要不断地调节，使其与蒸馏的时间和速度相协调。为此，需要通过反复实践，建立起最理想的蒸馏图，如图 6-12 所示，按图操作，即可得到最好的效果。

图 6-12 的横坐标轴表示时间；纵坐标轴表示验酒器里酒精含量表所示的酒精含量。得到的蒸馏曲线是控制和调节蒸馏速度的依据，也指明了由一个馏分段转入另一个馏分段的分界点。

上述蒸馏图的建立过程，首先根据多次蒸馏的实践，提出一个假设的蒸馏图。然后按假设的蒸馏图进行蒸馏，对得到的原白

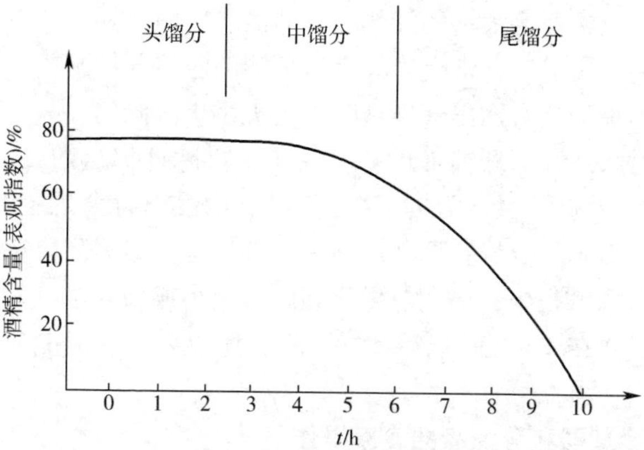

图 6-12　大锅设备的蒸馏图

兰地进行分析化验，测定它们的酒精含量、挥发酸、醛、酯、高级醇等的含量。如果挥发性混合物的含量达到标准或接近标准，感官鉴定白兰地的质量也比较好，那么以后各批的蒸馏即按此图进行。如果有偏差，那么需要修正第一次提出来的假设图，再通过蒸馏实践来检验。

在蒸馏的过程里，要不断观察一定的蒸馏时间里馏出液的酒精含量，与图上的乙醇曲线是否吻合。例如，经过某段时间的蒸馏，图上的酒精含量应该是 65%，而实际上这时酒精含量指示为 60%，那么就需要减小供汽，放慢蒸馏。反之如果这时酒精含量是 70%，则要增大加热管的供汽，加快蒸馏。

在生产上，要有 6~8 幅这样的图式，对不同成分的白兰地原料酒或粗馏原白兰地，可根据情况采用不同的图式。

苏联齐拉斯普里斯基（Тираспольский）和凯西聂伏斯基（Кишиневский）白兰地工厂，多年的蒸馏试验指出，按此图进行蒸馏，能得到成分和质量相似的原白兰地。

锅炉房供给蒸馏车间的蒸汽，压力要稳定，维持在 304~

355kPa。压力忽高忽低，会影响蒸馏操作。

控制供给蒸馏大锅的加热盘管的蒸汽阀门，要安装在操作方便的验酒器附近。通常，当大锅里蒸馏的液体开始沸腾，酒精含量检验器里开始有馏出液出现时，要关小进汽阀门，减弱加热强度。这时将从验酒器前面的空气管里，排除低沸点的二氧化碳、醛等有害的气体。缓慢加热，可使酒头的馏出符合规定的流速，这样能更准确、更恰当地截取酒头，有利于提高蒸馏质量。

在蒸馏过程中，当调节供汽阀门，减小或增加进汽时，馏出液的流量要在4~5min以后才能平稳，所以要尽量避免来回转动供汽阀门。

3. 冷却器和分馏盘的冷凝操作

馏出液的温度通过冷却器的水流量来控制。检查冷却器的温度，用手摸即可。通常控制冷却器的上部是炽热的，中部是温和的，下部是很凉的：这样的冷却方法，使蒸汽逐渐冷凝，能够得到口味平和的原白兰地。

蒸馏时，馏出液冷却的程度不仅对原白兰地的质量有重要影响，而且对酒精的损耗也具有重要的意义。从表6-5可以看出，馏出液的温度越高，酒精的损失就越大。

表6-5　　蒸馏时酒精损失与冷却程度的关系

验酒器里馏出液的温度/℃	酒精损失/%	平均损失/%
18	1.40	—
18	1.33	1.36
25	1.62	—
25	1.56	1.59
32	2.08	—
32	1.92	2.0

实践证明，馏出液的温度以16~18℃比较合适。为了随时检查馏出液的温度，需要在验酒器里装上温度计。预热器里的温度可通过遥控温度计来观察。

分馏盘的冷却程度更为重要，它不仅与原白兰地的成分和质量有关，而且也与单位产量的蒸汽消耗相联系。当开大自来水门，加强分馏盘的冷却时，就增加了低度酒的回流量，提高了馏出液的酒精含量，可达70%以上。但挥发性芳香成分的含量降低了，使馏出液有一种炖熟的味道。分馏盘冷却过甚，会严重影响产量，消耗大量的蒸汽，蒸出少量的酒，在经济上也是很不合适的。因此，供给分馏盘的水流应该平稳，供水流量是通过离开分馏盘的水温来控制的，一般掌握离开分馏盘的水温65~70℃为适宜。

4. 放锅与装锅

当酒精含量检验器里的酒精含量表指到0，表明馏出液里无酒精分时，就停止向大锅里的加热盘管里供汽。过5~6min以后，关闭进入冷却器和分馏盘的自来水门。放锅之前，一定要先打开大锅上的空气阀门，把锅内的压力放掉，然后再打开大锅下面的排糟阀门，排除糟水和废液。

大锅内的蒸馏残液要排除干净。放锅以后，立即将预热器里已经预热好了的白兰地原料酒或粗馏原白兰地装入大锅，进行蒸馏。开始蒸馏时，使从大锅出来的酒气，不经过预热器，直接进入冷却器。在蒸馏结束前2~3h，转动预热器前面的三通，使大锅出来的蒸汽，经过预热器以后再进入冷却器。预热的温度控制在65~70℃即可。勿使原酒在预热器里沸腾，以免造成损失，影响质量。

二、两次蒸馏获得原白兰地的操作

使用间接蒸汽加热的大锅设备，对白兰地原料酒进行第一次蒸馏，得到粗馏原白兰地；对粗馏原白兰地进行第二次蒸馏，得到原白兰地。两次蒸馏相应的设备系统见图 6-13 和图 6-14。

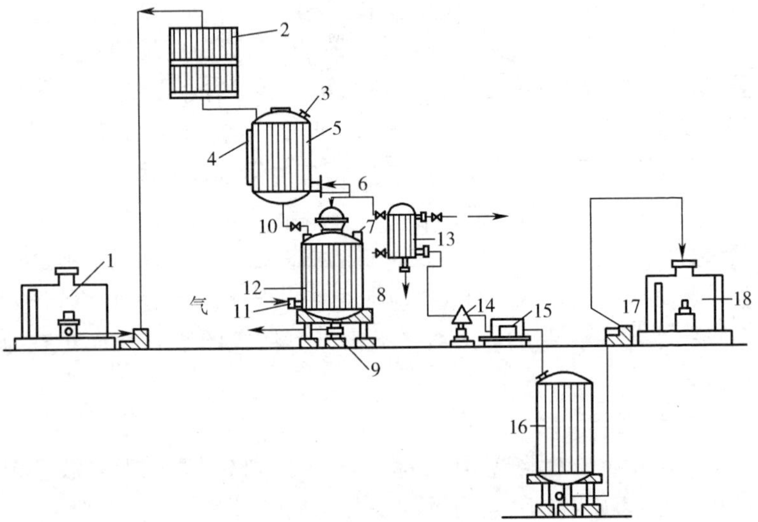

图 6-13　提取粗馏白兰地的大锅蒸馏设备系统

1—贮酒槽　2—压力桶　3—空气阀　4—玻璃液位管　5—预热器　6—三通　7—空气阀　8—支架　9—糟液排出阀　10—装锅阀　11—蒸汽加热阀　12—蒸馏大锅　13—冷却器　14—酒精含量检验器　15—量酒仪表　16—酒精承受器　17—输酒泵　18—粗馏原白兰地

在法国和苏联的一些葡萄酒酿造地区，白兰地的生产往往采取分散发酵、集中蒸馏的做法。即在葡萄产区就地进行白兰地原料酒的发酵，也可就地蒸馏成粗馏原白兰地。然后将白兰地原料酒或粗馏原白兰地集中到白兰地工厂进行蒸馏，得到一级原白兰地和二级原白兰地。实践证明，蒸馏设备的这种分布，从经济上说是合理的，使运输量减少一半以上。

白兰地原料酒或粗馏原白兰地装桶运进工厂，要分别计量体积。从进厂的各批原料酒中取平均样，进行感官评定，化验酒精

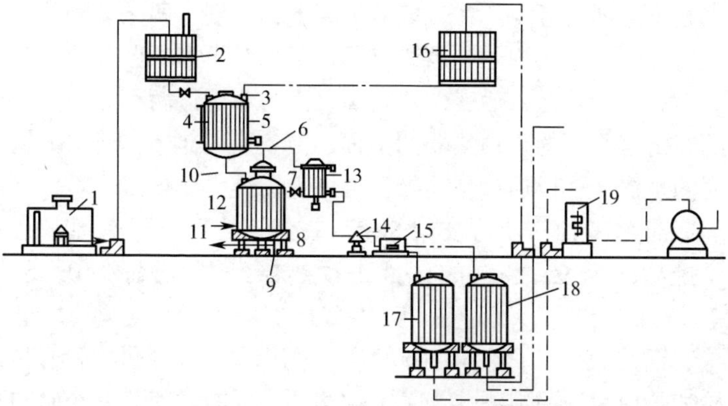

图 6-14　大锅蒸馏得到原白兰地的设备流程图

1--贮酒槽　2—压力桶　3—阀门　4—玻璃标管　5—预热器　6—三通
7—空气阀　8—支架　9—放糟阀门　10—连接管　11—供汽阀　12—蒸馏锅
13—冷却器　14—验酒器　15—计量仪表　16—头尾馏分压力桶
17—原白兰地集中桶　18—头尾馏分集中桶　19—计量桶

含量、滴定酸和挥发酸的含量。对不同品种、不同质量的原料葡萄酒或粗馏原白兰地，要分别存放。有的用于蒸馏高档白兰地，有的用于做普通白兰地。对有异味、有毛病的原酒要单独存放，用于提取工业乙醇。

1. 蒸馏白兰地原料酒做粗馏原白兰地

不同品种、不同质量的白兰地原料酒，通过品尝和分析化验，进行分类。把质量相同的原料葡萄酒混合起来，进行蒸馏。

蒸馏白兰地原料酒做粗馏原白兰地的流程如图 6-13 所示。原料葡萄酒由贮油槽 1，用泵泵入压力桶 2。在这之前要先关闭压力桶通向预热器的阀门。每一次压力桶输料，要维持同一水平，以便计数。

泵满压力桶 2 以后，打开空气阀门 3，使原酒流进预热器 5。

在装预热器之前，打开预热器的玻璃液位管 4 的阀门，由液位管可以看出进料的程度。在玻璃液位管上，可划出两条装酒线，一条是对白兰地原料酒的装酒线，另一条是对粗馏原白兰地的装酒线。前者位置较低，后者位置较高。因为蒸馏这两种原料时，大锅的装量是不同的。预热器的前面，要安装三通 6，使从大锅里出来的蒸汽，可以通过预热器，也可直接进入冷却器。

蒸馏大锅 12 安装在支架 8 上。在装锅之前打开空气阀门 7，关紧排糟阀门 9，装锅的汁液由预热器经过装锅阀 10，装进大锅。

装锅结束，关闭阀门 10 及空气阀门 7，打开供汽阀门 11，开始加热白兰地原料酒。为了节约达到沸腾的时间，有经验的蒸馏师傅，开始加热很急，甚至不等装锅结束就开始加热。冷却器 13 内部要先充满自来水。等到开始出酒时，开启进入冷却器的自来水门。

供大锅加热的蒸汽，维持压力 0.3~0.34MPa。白兰地原料酒第一次装锅时，由于未经过预热，装锅后用蒸汽加热，需要 25~40min 能开起来；如用直接火加热，需要 40~80min 才能沸腾。如果经过预热器预热，原料酒装进大锅后，沸腾要快些。当大锅里的原料酒开始沸腾，酒精含量检验器里开始出酒时，这时要稍关进汽阀门 11，避免沸腾的液体直接窜进冷却器里。

在出酒以前和开始出酒的时候，由酒精含量检验器前面的排气管里会排出一些有时能看得见、用手也试得出的气体。测定认为，这些气体的成分主要是 CO_2。当被蒸馏的原料酒温度达到 80~85℃，尚未沸腾以前，排出的气体比较集中。

蒸馏酒开始，酒精含量检验器 14 里出现浑浊的、发乳光的液体，这时酒精含量表所示的酒精含量较低。随着蒸馏的进行，验酒器里的酒精含量逐渐升高，可达到 70%vol 以上，馏出液也变得澄清透明。而后，馏出液酒精含量逐渐降低，蒸馏结束后，酒精含量表应指到 0。

整个蒸馏的过程，应该这样进行：使馏出液很平稳地从验酒器里流出来，当酒精含量降低到20%~15%vol时，要稍提高加热温度。当酒精含量降低到3%~2%vol时，要减弱加热强度。一锅酒的蒸馏时间以7h左右为宜。蒸馏时间过长，不但不能改善白兰地的质量，反而增加了酒精损失，影响了工作效率。同样也不能加大供汽量，加紧蒸馏，用4h左右的时间结束蒸馏。因为这样操作，设备的分馏效率低，得到的粗馏原白兰地酒精含量低，此外，还会发生大锅里蒸馏的原料酒直接窜进馏出液的现象。

随着蒸馏的进行，大锅里被蒸馏的液体中，酒精含量越来越低，因而沸点的温度也不断升高。由于排出蒸汽的温度升高，冷却水的温度也提高了。为了避免造成的损失，应随之增加供水，使从冷却器流出来的冷却水，维持温度在14~16℃。

在蒸馏结束前2.5~3h，转动三通阀门6，使大锅蒸汽先经预热器的盘管，然后进入冷却器，把下批蒸馏的白兰地原料酒，预热到65~70℃。预热的温度可以用遥控温度表严格控制。

当蒸馏结束时，关闭进汽。不等大锅冷却，先打开空气阀门7，放掉锅内的压力。然后打开阀门9，放掉糟液。空出大锅，重新装上已预热好的待蒸馏的原料酒，一切操作如上所述。蒸得的粗馏原白兰地从酒精含量检验器14，经过计量表15，进入粗馏白兰地集中桶17。然后根据质量的优劣，分别转入不同的桶里，待进行二次蒸馏。

2. 蒸馏粗馏原白兰地做一级原白兰地

粗馏原白兰地中所含有的挥发性物质，浓度较原料葡萄酒中高。但是当某种挥发性成分过量地进入粗馏原白兰地中，就降低了它的质量。理论和实践都证明，通过第二次蒸馏，不能使白兰地具有恶味的成分，从酒头或酒尾馏分中分离出去。例如，甲醇，它在蒸馏的过程中进入所有的馏分，通过掐头去尾，不可能把它除去。

粗馏原白兰地应该具备下列条件：

（1）酒精含量　应该在25%~32%vol。

（2）颜色　应该是无色的，具有轻微的乳光。

（3）香气　要纯净，没有不相干的气味。

（4）口味　要正，无不相干的后味，具有轻微的皂香和杂醇香，不爆辣。

如果粗馏原白兰地具有霉味、煤油味或其他不相干的气味，这样的粗馏原白兰地只能用于提取工业乙醇。

蒸馏粗馏原白兰地做一级原白兰地，这是一个复杂的过程，需要精心地操作，需要很高的技巧。采用的设备系统见图6-14。

装料和加热的进行，与蒸馏白兰地原料酒一样。当被蒸馏的粗馏原白兰地在大锅里开始沸腾，要立即调整进汽阀门，减少进汽，使验酒器里流出来的酒流细而平稳，这一点是非常重要的。这样的蒸馏操作，能比较准确地截取酒头。当验酒器里开始流酒时，开启冷却器的水门，控制馏出液的温度在16~18℃的范围。

开始出酒，酒流乳浊，酒液具有尖锐的、不愉快的气味。主要是由于含有较多的高级醇、酯、醛等。这时馏出液的酒精含量是较低的，因为被前次蒸馏残存在冷却蛇管和验酒器里的酒尾所冲稀。馏出2~3L以后，酒精含量开始迅速升高，经过4~5min，酒精含量可达到75%~80%vol，酒液也变得澄清透明，这时准备掐酒头。根据经验，头馏分的体积占大锅装量的1%~2%，占无水酒精的0.5%~1.5%，对杂交品种的原料来说，掐去的酒头还要多些。蒸馏头馏分的时间为20min左右，速度0.3~0.4L/min。头馏分经过计量仪表15，进入头尾馏分集中桶18。

一级原白兰地的蒸馏进行得稍快些。通常它的蒸馏速度不超过0.8L/min。蒸馏的前半部分时间，酒精含量变化得很慢，后半部分时间，酒精含量降得很快。当验酒器里的酒精含量表指到46%~43%，馏出液略带酒稍味，转而蒸馏尾馏分。一级原白兰地经过计量仪表15进入集中桶17，满桶后转入计量桶19，而后转到贮酒车间贮藏。

尾馏分的蒸馏要经过3~3.5h，速度为0.7~0.9L/min。当验酒器里的酒精含量表指到零时，停止蒸馏。为了防止把过多的水分蒸到尾馏分，当馏出液的酒精含量降到5%~4%vol时，调节进汽阀门，减少加热供汽，放慢蒸馏的速度，这样可相对提高馏出液的酒精含量。尾馏分同样经过计量仪表15，进入头尾馏分集中桶18。大锅里的蒸馏残液，由阀门9放入下水道里。头、尾馏分集中桶18装满后，用泵打入高压桶16，蒸馏二级品原白兰地，单独贮存做普通白兰地用。

粗馏原白兰地蒸馏一级品原白兰地的时间，每锅需10~14h。在一昼夜之间，每组锅可以蒸两次。

当头尾馏分的混合液积累到足够量，就单独蒸馏它们做二级品原白兰地。这种蒸馏，头馏分的选择占大锅装量的0.8%~1%，或者占无水酒精的1.5%~2%。为了得到62%vol的酒精含量，当酒精含量表指到55%~50%vol时，停止蒸馏中馏分，转而蒸馏尾馏分。整个蒸馏时间，应不超过7~8h。蒸得的二级品原白兰地，交车间单独贮藏。这次蒸馏得到的头尾馏分，用于提取工业乙醇。

三、一次蒸馏蒸得原白兰地的操作

一次蒸馏获得原白兰地的设备是在蒸馏大锅上面增加了两个碟形的分馏盘。分馏盘的作用能增加低度酒的回流，从而使馏出液体得到浓缩，提高了白兰地的浓度。采用这种蒸馏方法，为了得到合乎质量标准的原白兰地，要特别注意调整分馏盘的冷凝程度。

蒸馏前的准备工作像两次蒸馏的准备工作一样。原酒经预热器装锅，打开供汽阀门进行加热。开始蒸馏加热较急，当大锅里被蒸馏的液体接近沸腾，大锅上面的分馏盘变得较炽热时，要减缓加热，把进汽阀门调到该设备的正常工作位置。这时打开通到分馏盘和冷却器的自来水，观察验酒器里酒精的流速。

在蒸馏过程里，通向分馏盘的自来水流量一定要控制好。冷却不足，会降低馏出液的酒精含量；冷却过重，将使所得原白兰地缺乏应有的挥发成分，在口味方面有炖煮的味道。

蒸馏头馏分要非常缓慢地进行，时间20~25min，速度0.2~0.3L/min。截取酒头的体积，要根据被蒸馏的白兰地原料酒的质量而确定。一般截取酒头占装锅体积的0.5%~1%，由杂交品种葡萄做成的白兰地原料酒，截取酒头体积可占1.5%~2%。

蒸馏中馏分的时间为4~4.5h，速度为0.3~0.4L/min。当蒸馏锅的体积较大时（1200~1500L），蒸馏中馏分的时间不变，蒸馏的速度可增加到0.6L/min。在蒸馏中馏分的过程中，为了维持蒸馏的速度保持在一个水平上，要逐渐增加进入加热盘管里的蒸汽，并相应增加冷却器的供水。当酒精含量表指到45%~42%时，转而蒸馏尾馏分。

蒸馏尾馏分的时间为2~2.5h，当酒精含量表指到0时，停止蒸馏。在每一次蒸馏结束以前2~3h，以新的原酒装满预热器，并把它预热达到65~70℃。

蒸馏结束，关闭供汽阀门，停止冷却器和分馏盘的供水。打开大锅上的空气阀门，排出大锅里的糟液。

单独存放的头、尾馏分，用纯净的、未加过氯气的水把它们稀释到酒精含量26%~29%，重新蒸馏做二级品原白兰地。

白兰地生产的实践证明，只要严格遵守蒸馏的操作方法，使用这种带分馏盘的一次蒸馏的大锅设备，也可获得高质量的原白兰地，其成分和质量接近两次蒸馏的原白兰地。在苏联的格鲁吉亚，有人用这种蒸馏设备制造了有名的白兰地“耶尼谢里”（Енисели）。这种设备的缺点是，它的容积比较小（1000~1200L），蒸馏过程操作比较难调节。在排除了这些缺点之后，它将广泛地应用于白兰地生产。

第六节　对原白兰地成分的要求

原白兰地经过橡木桶的多年贮藏，它的最终产品是白兰地。显而易见，原白兰地的成分是奠定未来白兰地的物质基础。白兰地生产的多年实践指出，如果将有缺陷的原白兰地进行贮藏，它们最终也必将成为废品而被剔除。

原白兰地的最适成分现在还没有确定。但许多研究者制定了一个接近的标准，对新蒸的原白兰地提出了以下的要求。

新蒸的原白兰地应该是无色透明的，没有任何掺杂物；在香气方面，应该具有纯净的酒香和葡萄品种香，而没有明显的醛、酯、杂醇油的香味，没有其他不相干的气味；口味要纯净，不尖锐辣口，没有不相干的后味。下列指标是原白兰地所特有的：

酒精含量：% vol	62~70
挥发酸：mg/100mL 无水乙醇	40~100
醛：mg/100mL 无水乙醇	10~50
酯：mg/100mL 无水乙醇	75~250
高级醇：mg/100mL 无水乙醇	150~550
糠醛：mg/100mL 无水乙醇	不大于 3
甲醇：mg/100mL 无水乙醇	不大于 30
亚硫酸（总量）：mg/L	不大于 10
铜：mg/L	不大于 5
锡：mg/L	不大于 4
铅：mg/L	无
铁：mg/L	不大于 1

当铁的含量在 1mg/L 以上，铜的含量在 5mg/L 以上，为了避免酒精带蓝色色调和褐色色调，必须经过精确计算，加入不过量的黄血盐进行去除。

除了上面指出的挥发性混合物以外，还有其他一些物质，对形成白兰地的质量，同样具有重要的意义。但是，关于这些物质的性质和数量关系还有待进一步的研究。这些问题的解决，能够进一步完善原白兰地的蒸馏过程，并统一对原白兰地成分的要求。

第七节　蒸馏车间的计量管理和安全生产

一、蒸馏车间的计量管理

白兰地生产中的计算是一个比较复杂的问题。从白兰地原料酒到白兰地，随着生产的进行，不断地由一种形式转变成另一种形式，由一种酒精含量转变成另一种酒精含量。为了便于管理白兰地工厂，一般采用按折算成一定酒精含量的体积，计量白兰地原料葡萄酒、粗馏原白兰地和原白兰地。在苏联一般折算成无水酒精计量。在我国有的工厂，如张裕葡萄酿酒公司，根据多年生产白兰地的经验，采用折算成酒精含量为50%vol的酒精计量白兰地的体积。

在白兰地工厂里，为了原白兰地的计量买卖，或为了原白兰地的生产交接或计量考核，经常需要对不同体积和不同酒精含量的白兰地进行换算。为了工作方便和准确计算，请参考本书的附录一：酒精标准折算表。

为了准确地测定酒精含量，首先必须正确取样。原酒取样要从每一个桶里，按体积大小的比例，取其一定的量，加到器皿里混合均匀。然后由器皿里转入两个500mL的瓶里，一个瓶测定酒精含量用，另一个瓶塞紧瓶盖备用。粗馏原白兰地、原白兰地和头、尾馏分，如果它们是贮藏在大型的容器里，那么样品要分层取样。因为酒精溶液在贮藏期间，要发生分层现象，上层的酒精含量总要比下层的高。

酒精含量的表示方法，是以体积分数表示。指出的度数，是在 20℃时，100 份水和酒精的混合溶液中，无水酒精的体积分数。在白兰地工厂，粗馏原白兰地和原白兰地的酒精含量，是用玻璃酒精含量表直接测定的，误差是 0.1%，可以满足生产的需要。对科学研究需要有很高的精确度，一般采用密度天平，先测定 20℃时酒精－水溶液的相对密度，然后再查表换算成酒精含量。

原白兰地的体积应以品温 20℃时的体积计算，单位为 L。

二、蒸馏车间安全生产的基本要求

为了预防烧伤、烫伤、失火、爆炸等不幸事故的发生，蒸馏车间的安全生产是极为重要的。

蒸馏锅上要装有压力表和安全阀，并要定期检查和校对压力表和安全阀的灵敏度。

装锅后，开始通入蒸汽加热以前，先要检查蒸汽的管路与阀门是否畅通。

由预热器放出的酒至蒸馏锅，或者由蒸馏锅放掉废糟液，必须先打开预热器或蒸馏锅上的空气阀门。使用蒸皮锅蒸馏葡萄皮渣时，放锅操作更要慎重。一定要先打开空气阀门，待压力表指到 0，空气阀门不再往外排气时，再打开装锅门和排渣门。有的操作人员不等大锅里的压力降到零就去开装锅门，常被炽热的蒸汽烫伤，这种教训一定要吸取。

必须仔细检查设备附件的严密性。附件不严密，能使设备漏出的酒精蒸气至空气中，不仅造成损失浪费，还有导致失火和爆炸的危险。

不允许炽热的酒精进入验酒器里，以防止炸破玻璃罩或造成酒精挥发损失。

蒸馏车间不允许见直接火，不许吸烟，不能在此做钳工或锻工活，更不能在此烧电焊、气焊。

蒸馏车间的照明要采用防爆灯。整个车间的电灯都要有附属罩。做携带光源所用的长线灯必须用低压电源。

当蒸馏设备和承受酒精的容器必须进行修理时，要采取果断的措施停止蒸馏。从蒸馏大锅和酒精承受器里充分地排除酒精蒸汽，反复地用水冲洗，待容器里没有酒味时，才能着手修理。

蒸馏车间应该在一定的地方设置灭火器、盛沙的铁桶和麻袋。此外，还应备有消防皮带等。应该按照安全生产、防火防爆的要求，对车间所有操作人员，进行系统的、群众性的训练和指导。

第七章　白兰地生产的综合利用

第一节　芳香水的制备及其应用

用夏朗德式大锅进行第二次蒸馏时，即将粗馏原白兰地蒸馏成一级品原白兰地，不管是直接用火蒸馏，还是用间接蒸汽加热蒸馏，对酒精含量为20%~0%vol的尾馏分单独接收，这就是所说的芳香水。如使用带两个分馏盘的大锅设备，白兰地原料酒经过一次分馏蒸馏，就直接得到原白兰地。而这种蒸馏截取的酒精含量为20%~0%vol的尾馏分也同样是芳香水。

在蒸馏的后期，一些高沸点的物质，如相对分子质量较大的酯类、高级醇类、有机酸类等，被蒸入酒精含量为20%vol以下的尾馏分中，有些成分在低度酒里不能很好地溶解，使芳香水呈轻微的乳浊状。这些成分大都具有愉快而持久的芳香，因而使这一馏分成为芳香水。

芳香水在橡木桶里经过一段时间的贮藏后，可当作香料，用来勾兑普通的、芳香型的白兰地。在苏联的白兰地工艺中，介绍了这种芳香水的制备和应用。保加利亚人努西威（ИНушевый）通过试验，同样证明芳香水被利用的可能性。

第二节　康酿克油的提取与应用

康酿克油，或者译作“科涅克油”“白兰地油”，是调配白兰地的重要香料。

它是酵母菌在葡萄发酵过程中的产物。法国、苏联等国家，早就在葡萄酒的酵母沉淀物中提取康酿克油。我国以前需要的康酿克油主要靠从国外进口。1967 年，烟台张裕葡萄酿酒公司在轻工业部上海香料研究所的协助下，从葡萄酒的下脚物中成功地提取了康酿克油。1969 年，又把它用于白兰地生产，收到了很好的效果。

在苏联的一些葡萄酒酿造企业，像马萨德拉葡萄酒联合企业、敖德萨香槟酒厂、敖德萨白兰地工厂等，都进行了提取康酿克油的工作，并研究了它的应用。

一、康酿克油的化学成分

康酿克油是酵母生命活动的产物之一。根据苏联 B. M. 尼洛夫和 И. M. 斯库里欣的资料（见《Виноделие и ВиноградствоСССР》1962. 2），月桂酸乙酯是康酿克油的主要成分。在康酿克油中，还发现少量的癸酸乙酯、壬酸乙酯、辛酸乙酯、己酸乙酯。根据西聂捷尔的意见（Schnegder J. Mitt Klostemdurg. Bd A8 1958 №. 4 S786），康酿克油的主要成分是辛酸乙酯、癸酸乙酯和月桂酸乙酯，少量的还有软脂酸乙酯、硬脂酸乙酯、己酸乙酯、丁酸乙酯等。

捷奥和别里耶认为（Dehaur E. Belien H. Reichstoffeund Aramen Bd9 1959 No. 4 397），康酿克油的主要成分是癸酸乙酯，以及月桂酸乙酯、壬酸乙酯，少量的发现有辛酸乙酯、肉豆蔻酸乙酯。

高格察西维里（E. A. Гогичйшвили）在研究了它的化学成分之后，证实是癸酸乙酯、辛酸乙酯、月桂酸乙酯的量很明显。除此之外，还发现了肉豆蔻酸乙酯、软脂酸乙酯和硬脂酸乙酯。

非常明显，康酿克油的化学成分，随着酵母的品种和生长条件而变化。

二、在酒精中的溶解度

康酿克油是配制高级酒的重要香料，研究它在不同度数的酒精里的溶解度，对指导生产有重要意义。

根据笔者进行的试验，在酒精含量为90%vol和90%vol以上的高度酒精里，康酿克油可以与酒精任意比例溶解。在酒精含量为90%以下的酒精里，随着酒精含量的降低，康酿克油的溶解度也越小。在酒精含量为40%vol以下的水酒里，基本上是不溶解。在酒精含量为40%~60%vol的酒精里，溶解度极微小。以酒精含量为70%~90%vol，每隔5%vol的酒精里，康酿克油的溶解度情况见表7-1。

表7-1　在酒精含量为70%~90%vol的酒精里康酿克油的溶解度

酒精含量	溶解度
70	0.5
75	2
80	5.5
85	12.5
90	8

把上表做成曲线，则得图7-1。

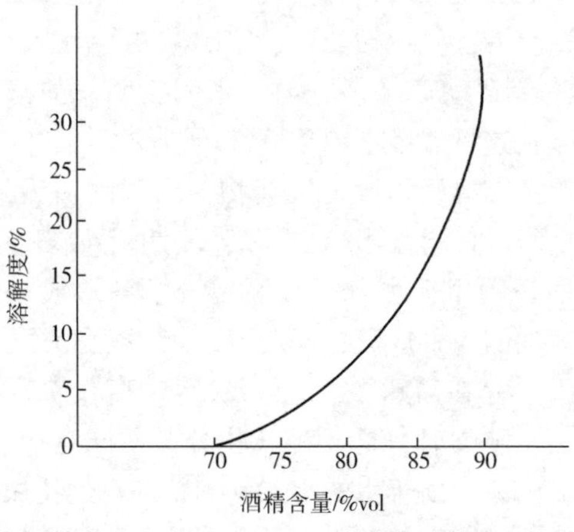

图7-1　在酒精含量为70%~90%vol的酒精里康酿克油的溶解曲线

把精制康酿克油时冷冻过滤出来的蜡质加入酒精含量为75%以上的酒精里，立即形成白色絮状沉淀。在酒精含量为75%的酒精里，沉淀的颗粒较细。在酒精含量为95%的酒精里，沉淀成雪片状。这说明蜡质是不溶解于高度酒精的。康酿克油加入高度酒精中，有时有沉淀析出，证明精油去蜡不彻底，这是检验精油是否有蜡质的简便方法。

以上试验说明，用康酿克油配制高级酒，必须先用酒精含量为85%以上的酒精将康酿克油溶解，然后再调配成所需要的酒精含量。如果直接把康酿克油往低度酒里加，加进以后，油浮在液面上，无论如何搅拌也不溶解，这是劳而无效的。

三、蒸馏的理论与设备要求

康酿克油是许多种挥发性大分子成分的混合物，其中大多数成分的沸点，都在150℃左右。但我们蒸馏康酿克油时，温度控制在100~110℃，为什么这样的温度能把沸点在150℃以上的成分蒸出来呢？

康酿克油难溶于低度酒，挥发性很强，与低度酒形成两相液体。盛在密闭容器里的两相挥发性液体，在其液面上的密闭空间里，都形成一定的蒸气压力。在一定的温度下，当这两相液体的气化分子都达到“动态平衡”时，密闭空间总的蒸气压力等于其中两种成分在这种温度下单独蒸气压力的和。

用蒸馏锅蒸馏葡萄酒酵母沉淀物，当蒸汽加热到一定程度，康酿克油便由酵母体里溢出，在蒸馏大锅里形成多相溶液。在大锅内液面上的空间里，水分子和酒精分子各形成一定的蒸气压力，而康酿克油的各种成分也都形成一定的蒸气压力。在任何温度下，只要锅内存在着康酿克油，就始终存在着这种压力。所以，当锅加热至沸腾时，这几种气化分子便同时从锅内跑出来，经过冷凝变成液体。由于水的沸点和酒精沸点远比康酿克油各种成分的沸点低，所以气化的水分子和酒精分子数远比气化的精油分子数多，因而冷凝后的水和酒是大量的，而康酿克油的数量是少量的。

随着蒸馏的温度升高，蒸馏锅内总的蒸气压力也升高，锅内各种成分的蒸气压力也都相应升高。由于锅内原来的水和酒精的蒸气压力就比较高，所以随着蒸馏温度的升高，它们的蒸气压力升高得很慢，而康酿克油的各种成分随着蒸馏温度升高，蒸气压力相对升高得快。这种变化情形可以用水气蒸馏香茅醛的情况为例来说明，见表 7-2。

表 7-2　用水气蒸馏香茅醛时温度与压力的变化关系

温度/℃	总压力/kPa	蒸气压力/kPa	
		水	香茅醛
60	20.3	19.9	0.4
70	31.8	31.2	0.6
80	35.2	34.1	1.1
90	72.0	70.1	1.9
100	104.3	101.3	3.0
110	147.8	143.3	4.5

从表 7-2 可以看出，当蒸馏的温度从 60℃升高到 110℃，水的蒸气压力从 19.9kPa 升高到 143kPa，增加 6 倍。而同样情况下，香茅醛的蒸气压力从 0.4kPa 升高到 4.5kPa，增加了近 12 倍。蒸馏康酿克油的情况也是如此，在不超过蒸馏锅负荷的前提下，用较高的温度蒸馏可以提高得油率，而且还能节约时间和能源。

提取康酿克油的设备可分为三部分，即蒸馏锅、冷却器和油水分离器。蒸馏锅和冷却器是葡萄酒厂蒸馏葡萄皮渣和酒脚的通用设备。油水分离器的种类很多，可以根据需要和条件自己制造。没有油水分离器，最简单的方法，是直接从承受馏出液的容器里，把浮在上面的油集中起来，用一个分液漏斗，就可以把油分出。

康酿克油的沸点很高，因而容易冷却回流。为了防止在锅的上部或通往冷却器的管路里冷却回流，蒸馏锅和通往冷却器的管路要采取最好的保温设施，管路尽量要短。蒸皮锅的配套设备有分馏盘，供蒸馏酒精时回流用。如果用于提取康酿克油，需要将通往分馏盘的三通关闭，让锅里出来的蒸气直接进入冷却器，以免康酿克油回流进大锅里。当然，用蒸馏锅的配套设备，即经过分馏盘回流，也能提取，但这样得油率低，蒸馏时间长。

四、蒸馏条件的控制

控制合理的蒸馏条件是提高康酿克油得率的重要措施。

首先要控制大锅的装量。容量 1000L 左右的蒸皮锅，发酵后的葡萄皮渣每次可装 500kg 左右。酒脚（即葡萄酒的酵母沉淀）也装 500kg 左右。装量太小，浪费蒸汽和时间；装量太多，往往未等蒸透乏水就满了锅，无法继续蒸馏，造成原料的浪费。装酒脚时，如果酒脚太稠厚，需要用水冲稀后进行蒸馏。冲稀的程度，一般以离心泵能打动为限。

正确控制蒸馏的压力和温度，是提高得油率的关键所在。因为康酿克油是蒸酒的副产物，因而可以把蒸馏过程分为蒸酒和蒸油两个阶段。第一阶段以蒸高度酒为主，这时锅里的温度和压力不宜过高，温度控制在 95~100℃，压力 19.6kPa 以下比较合适。这样蒸出来的高度酒里，不可避免地也要溶解着一部分精油，但把温度和压力尽量地控制得低一点，就可以减小这部分损耗。蒸馏的第二阶段，以提取康酿克油为主。当酒精含量在 40%vol 以下时，便有康酿克油浮在水酒的液面上，通过油水分离器，就可以把它收集起来，这时要适当地提高蒸馏的温度和压力，一般控制温度在 105~110℃，压力在 29.4~49kPa。

第一阶段蒸高度酒时，把冷凝水门开大一点，也可减小酒的损耗。第二阶段以蒸油为主时，可把冷凝水门适当关小一点，控制馏出液的温度在30~40℃。这时水酒的温度稍高一点，可以防止康酿克油在冷凝器内凝聚成滴，附着在冷却管路的内壁上而不流出来。随着蒸馏时间的延长，馏出液的酒精含量越来越低，一般酒精含量在10%~5%，水酒之间出油最多。酒精含量在5%以下的水酒含油仍比较多。再延长蒸馏时间，出油就越来越少了。

当水酒里含油甚微，再蒸馏就得不偿失时，即可停止蒸馏。在停止蒸馏之前，可把通往冷却器的水门关得更小，使炽热的馏出液及蒸汽把附着在冷却管路内壁上的康酿克油完全冲出来。

根据以往经验，蒸馏一组锅用12h左右的时间就可以了。关于得油率问题，情况比较复杂，很难确定准确数据。大约70kg左右发酵后的葡萄皮渣，可蒸1g康酿克油。蒸馏酒脚得油率较多，一般在0.007%~0.025%，与酒脚稀稠程度有关系。

五、提取康酿克油的设备与操作

提取康酿克油的方法很多。可以使馏出液通过装有活性炭的吸附器，当吸附到一定程度时，用乙醚把吸附在活性炭上的康酿克油洗脱下来，然后将溶有康酿克油的乙醚，在45~50℃的水浴中将乙醚蒸发掉，即可得到康酿克油。更简单的提取方法是，用两个500mL或1000mL圆锥形的玻璃分液漏斗，见图7-2。

高度酒蒸完以后，在低度酒的液面上有康酿克油的油珠漂浮时，把馏出液承接在100L左右的不锈钢盆或桶里。当达到80L左右时，用一段小皮管，插到盆底或桶底，靠虹吸作用，把底部不含油的馏出液随之吸走，维持承受器里的液面在一个水平上，这样康酿克油的大量油珠漂浮在承受器的液面，用烧杯把漂浮的油珠收集起来，倒入玻璃分液漏斗里，当油层和水酒分层后，把水酒从底部放走。这样反复进行，就可以把康酿克油提出来。

1972年的冬季，烟台张裕葡萄酿酒公司派出技术人员和老

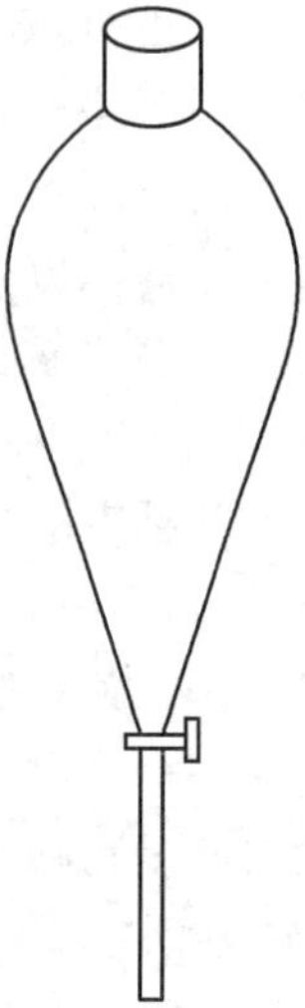

图 7-2　玻璃分液漏斗

师傅，用这种简单方法，在黄河古道的郑州葡萄酒厂、兰考葡萄酒厂、民权葡萄酒厂、砀山葡萄酒厂、肖县葡萄酒厂、宿迁葡萄酒厂等单位，提取康酿克油 6L 左右，价值 1 万多元。

苏联 В. И. 尼洛夫和 И. М. 斯库里欣，介绍的自动提取康酿克油的设备和方法，到目前为止，还是先进的、科学的。实践证明，是行之有效的，见图 7-3。它是由不锈钢外壳 1，导筒 2，导入管 4，导出管 9 和玻璃集油管 7 等几个部分组成的。

在蒸馏时，使酒精含量在 30%vol 以下的馏出液经过油水分离器，这时的馏出液里，有明显的悬浮油珠。

首先关闭底部的阀门 10，打开顶部的空气阀门 8，蒸馏液经导入管 4 进入油水分离器。达到玻璃集油器的中间时，关闭空气阀门 8，这样继续进入的馏出液，经油水分离以后被迫从导出管 9 流走。为了防止未经分开的康酿克油从导出管 9 流走，由导入管 4 进入的蒸馏液，在导筒 2 内，经过遮盖 3 的阻挡，迫使馏出液从遮盖的下部两侧流出。这样可以减小导入液的冲动，保持油层的平静。由遮盖下进入的馏出液中，含有康酿克油的油滴，沿导筒 2 上升，当馏出液从导筒 2 出来，由于空间体积的扩大，使康酿克油和水酒得到较充分的分离。康酿克油由于相对密度小，继续上升，集中在玻璃管中，越积越多。不含油滴的水液，被迫下降，由导出管 9 流走。油水分离器内所维持的液面高度，可由空气阀门 8 来调整，当打开空气阀门，放走空气，液面就升高。关闭空气阀门，由于玻璃管内空气的存在，液面就不能继续上升。

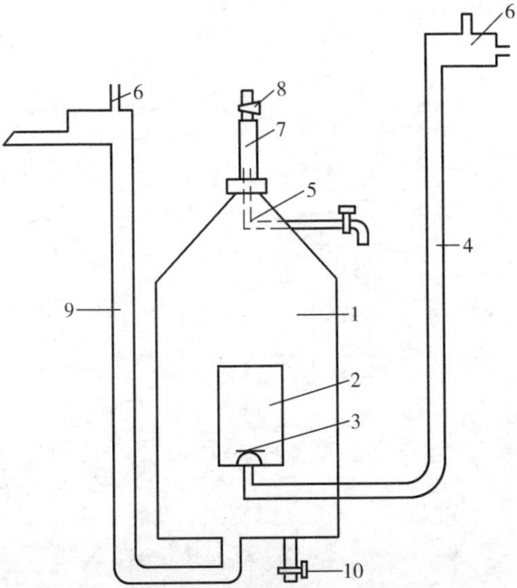

图 7-3　不锈钢油水分离器

1—不锈钢壳　2—导筒　3—遮盖　4—导入管　5—放油弯管
6—空气室　7—玻璃集油管　8—空气阀门　9—导出管　10—阀门

当玻璃管内的康酿克油积累到一定数量时，即可从弯管 5 放出来。放油的操作是，先调整玻璃管 7 内的液面高度，使油与水的界面在弯管 5 的上口处，停止馏出液往设备中流入，打开空气阀门 8 和弯管 5 前面的阀门，由于大气的压力，康酿克油就沿着弯管 5 流出来。

如果蒸馏结束，需要放空设备里的全部液体，打开空气阀门 8 和底部的阀门 10，液体就从设备的底部流走。

无论是导入管 4，还是导出管 9，在弯曲处都要有一个膨大的空气室 6，其上各有排气管。它的用途是排除在蒸馏时形成的蒸汽和气体。

这种提取康酿克油的设备，安装在冷却器之后，验酒器之前，如图 7-4 所示。

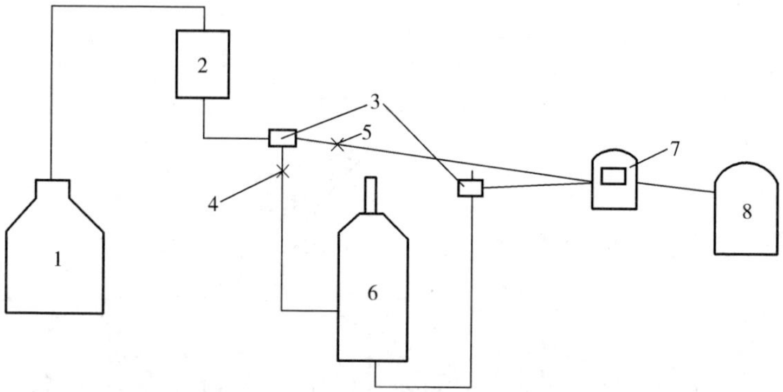

图 7-4　提取康酿克油的设备安装

1—蒸馏锅　2—冷却器　3—空气室　4，5—阀门

6—油水分离器　7—验酒器　8—酒精计量桶

由图 7-4 可以看出，在蒸馏的第一阶段，馏出酒精含量为 30%vol 以上的酒精时，关闭阀门 4，打开阀门 5，馏出液不经过油水分离器，直接经过验酒器进入酒精计量桶。酒精含量为 30%vol 以下的水酒里含有明显的康酿克油油珠，关闭阀门 5，打开阀门 4，使这样的馏出液经过油水分离器，即可提出康酿克油。

用这种方法提取康酿克油，非常方便，它不需要任何附加的消耗，就可以得到这种价值昂贵的副产物。

六、康酿克油的精制与贮藏

从油水分离器里放出来的康酿克油，含有很多的杂质、灰尘和水分，看上去黑乎乎的，不像油的样子。必须经过精制处理以后才能得到纯净的精油。精制的过程就是去掉杂质和水分的过程。首先用真空泵抽滤一遍，去掉杂质。澄清的滤液中，油水自然分开，用分液漏斗把水分掉。然后把去掉杂质和水分的康酿克油放进冰箱里冷冻至0℃，便会出现白色絮状的凝聚物，即为蜡质。再用真空泵在低温下抽滤一遍，把蜡质除去。去蜡后的康酿克油里，尽管用肉眼看不见，仍含有些水分。水分的存在是精油变坏的主要因素。因此，往除去蜡质的康酿克油里加入一定量的无水硫酸钠或者无水硫酸铜，然后静置，使油层澄清，加入的无水硫酸钠或者硫酸铜沉淀在瓶底，即可长期保存。

康酿克油应贮藏在严密的棕色玻璃瓶中，装盛宜满，应放在阴暗的地方贮藏，防止氧化。

七、康酿克油的来源

用发酵后的葡萄皮渣或者葡萄酒的酵母沉淀物，经过蒸馏，可以提取康酿克油。康酿克油是存在于葡萄皮之中，还是存在于葡萄酒的酵母体内？弄清这个问题，对于指导提取康酿克油的实践具有重大的意义。

烟台张裕葡萄酿酒公司在提取康酿克油的实践中，对上述问题进行了长期的试验研究。认为康酿克油存在于葡萄酒酵母的体内，它和存在于葡萄果皮中的葡萄香精油是两种东西，不能混为一谈。达到生理成熟的每一种葡萄，都具有其特殊的品种香。无论是浓香型的，还是弱香型的，其浆果中都含有丰富的香精油可以浸提出来。这种不经发酵的新鲜葡萄果皮中，浸提出来的香精油，可称为葡萄香精油，它是生理成熟的葡萄本身所含有的。

而发酵后的葡萄皮渣内，含有大量的酵母体沉淀，能蒸出康酿克油来，新鲜的未经发酵的葡萄皮是蒸不出康酿克油的。葡萄酒的酒脚沉淀物，90%以上是酵母体的沉淀，它蒸馏，也可以提取康酿克油。对红葡萄酒下胶所得的胶脚沉淀，主要是单宁、色素和胶质的沉淀，虽然其液体成分与酒脚相同，但因胶脚中几乎不含死酵母，所以把胶脚蒸馏就得不到康酿克油。

糖蜜或红糖发酵结束以后，在发酵池或发酵桶底部，沉淀很厚，一层死酵母，把它用水蒸气蒸馏，用上述方法也可以提取大量的精油，只是因酵母的品种及同化的物质不一样，所得精油的品质和风味与康酿克油不同。

为了更好地说明问题，烟台张裕葡萄酿酒公司曾把鲜啤酒酵母（镜检为100%的啤酒酵母）装入大锅里蒸馏，提取的结果也得到精油，但这种精油具有典型的啤酒风味。这就足以说明，这种精油确实是存在于酵母细胞的体内。它是酵母细胞新陈代谢的过程中产生的，由于这种精油具有复杂的分子结构，所以它不像二氧化碳和乙醇那样，随之由酵母体内排出，而是积聚在酵母细胞体内。当我们把大量的葡萄酒酵母的尸体煮沸蒸馏时，康酿克油便从酵母细胞体内释放出来。

康酿克油的品质与发酵时所用的酵母菌种有关，也与酵母所同化的葡萄原料有关。一般说来，用白葡萄酒的酵母沉淀蒸煮的康酿克油，质量较用红葡萄酒的酵母沉淀蒸得的好。

八、康酿克白油与康酿克绿油的区别

在提取康酿克油的实践中，有时得到白色或微黄色的康酿克油，有时得到绿色的康酿克油。从国外进口的康酿克油也分白油和绿油两种。

用同样的原料，同样的蒸馏设备，同样的工艺条件，为什么有时得到白色的康酿克油，有时得到绿色的康酿克油？它们之间有什么差别呢？

根据烟台张裕葡萄酿酒公司的实践经验和试验结果，认为康酿克白油和绿油的有效成分基本上是相同的，在生产上可以任意使用而达到相同的效果。它们的颜色所以不同，是因为白色康酿克油不含或很少含有铜离子，而绿色康酿克油，含有较多的铜离子，呈绿色。

烟台张裕葡萄酿酒公司每年葡萄季节刚开始的时候，用大锅蒸馏，可以得到绿色的康酿克油，是因为蒸馏设备的管路系统

(用紫铜材料做成的）长期不使用，难免长铜锈，所得康酿克油自然含铜离子多，所以得到绿色的康酿克油。葡萄季节中期以后，用同一设备蒸馏相同的原料，多得到白色的康酿克油。这是由于蒸馏连续使用，管路中铜锈越来越少，所以康酿克油的颜色逐渐变成白色或黄色。

九、康酿克油的应用

康酿克油是一种重要的天然香料，香气非常持久，有很大的扩散力，具有甜蜜的酒香和果香，还有迷人的类似鸢尾凝脂的香气和隐约的玫瑰精油的芳郁。

根据 B. И. 尼洛夫和 M. И. 斯库里欣的报道，康酿克油很早就在白兰地生产中应用，能改善白兰地的口味和香味。苏联熬德萨白兰地工厂把康酿克油加到白兰地里，包括名牌的白兰地，令人信服地改善了白兰地的质量指标。

用康酿克油调配白兰地时，康酿克油的用量应控制在 0.004%以下。即配 10000L 白兰地，康酿克油的用量不能超过 0.4L。康酿克油用过量，配成的白兰地香味重、口味恶，叫人难以接受。康酿克油的用量轻微，使白兰地具有一种隐约的、扑朔迷离的芳香，才恰到好处。

康酿克油能溶解于高度酒精，不溶于水，也不能直接溶解于酒精含量为 40%vol 的白兰地。因此将康酿克油调入白兰地中，要分成三个步骤：第一步将康酿克油溶解于 1∶10 的酒精含量为 95%vol 高纯度精馏酒精，充分摇匀，第二步把溶有康酿克油的高纯度精馏酒精，调入定量的酒精含量为 70%vol 的白兰地中，充分搅拌均匀，第三步将含康酿克油的酒精含量为 70%vol 原白兰地，勾兑成酒精含量为 40%vol 的配成白兰地，热处理后进入柞木桶贮藏。

康酿克油在食品工业和化妆品工业中也有广泛的应用，它与别的香料混合使用，微小的量就有显著的效果，具有画龙点睛的作用。

第三节　酒石酸钾钠和酒石酸的提取与应用

白兰地原料酒中，含有两种酒石酸盐，即酒石酸氢钾和酒石酸钙。白兰地原料酒在低温贮藏的条件下，这两种酒石酸盐，往往沉淀池底或桶底，结晶如石，所以称为酒石。用酒石作原料，可以提取酒石酸钾钠和酒石酸。

一、酒石酸钾钠的提取与应用

葡萄酒的酒脚中，特别是经过自然冷冻的原酒酒脚，含有大量的酵母沉淀和酒石沉淀。酒脚可以提取康酿克油，还可以进而提取酒石。

葡萄酒在贮藏过程中，酒石酸盐在低温作用下，常常结晶在桶壁或池壁上，它的晶体形状多为三棱，容器的上部结得多，下部结得少。倒桶以后需要用木棒将其敲下来，或用刮刀刮下来，在这种粗酒石中，含纯酒石酸 70%~80%。

用粗酒石作原料，提取酒石酸钾钠的化学反应式为：

$$KHC_4H_4O_6+NaOH \longrightarrow KNaC_4H_4O_6+H_2O$$

酒石酸氢钾+氢氧化钠⟶酒石酸钾钠+水

$$2KHC_4H_4O_6+Na_2CO_3 \longrightarrow 2KNaC_4H_4O_6+H_2O+CO_2$$

酒石酸氢钾+碳酸钠⟶酒石酸钾钠+水+二氧化碳

从粗酒石提取酒石酸钾钠的工艺流程可表示如下：

粗酒石 → 水洗 → 加碱加热 → 冷却 → 结晶 → 分离 → 粗酒石酸钾钠 →
（分离 → 母液 → 返回加碱加热）

加水溶解 → 加热 → 脱色 → 过滤 → 浓缩 → 结晶 → 分离 → 酒石酸钾钠 →
（分离 → 母液 → 返回浓缩）

干燥→检验→包装→成品（试剂酒石酸钾钠）

提取酒石酸钾钠，操作要求和注意事项可概括为以下几点：

（1）粗酒石中含有一部分可溶性物质，使用前应该用少量的水洗净除去杂质。因为粗酒石中的主要成分是酒石酸氢钾，它的特点是温度越高，溶解越多；温度越低，溶解越少。因此在冲洗粗酒石时，不要用水过多，水的温度要尽量低，以减少损失。

（2）称量粗酒石 100~120kg，加水 120~140kg，慢慢加入固体火碱（固体氢氧化钠）17~18kg。一边加碱，一边搅拌，加热到 80~90℃。用石蕊试纸检查，达到 pH7~8 为止。

（3）反应后调整浓度为 29~30°Bé。冷却结晶，约 48h 结晶完全，即得到粗酒石酸钾钠。母液留下等下一次加碱反应时加入。结晶时要注意温度，一般 5~10℃较适宜，不超过 15℃。如果温度过高，必须提高浓度，以免影响结晶。

（4）称取粗酒石酸钾钠，加入蒸馏水加热溶解，调整溶液浓度为 20°Bé。用活性炭 2%~4%进行脱色。脱色期间，加热至 80℃，不断搅拌 0.5h，静置约 8h。将上部清液抽出，用过滤机进行过滤。然后将滤液加热浓缩，使浓度达到 38~42°Bé，冷却静置结晶。

（5）结晶完全后进行分离，母液留作浓缩结晶用。晶体用离心机离干，即为工业品酒石酸钾钠。如果要制作酒石酸钾钠的三级试剂或二级试剂，需要把工业品酒石酸钾钠加蒸馏水第二次或第三次溶解，脱色，过滤，浓缩，结晶，自然风干后，经检验达到试剂级标准，即可包装。

（6）提取试剂级酒石酸钾钠时，使用的蒸馏水不能含有镁盐和氯离子。每次分离出来的母液，如果含杂质太多，可用布袋过滤，除去杂质。

酒石酸钾钠是无色无臭的结晶体。在化学分析中，酒石酸钾钠是一种重要的试剂，特别是糖的分析，它是不可缺少的。无线电工业用酒石酸钾钠作晶体用，医药工业上作缓泻剂。

二、酒石酸的提取与应用

白兰地原料葡萄酒经蒸馏以后，其体积要减少 30%左右，废液中酒石酸盐的浓度，就得到相应的提高。因此，从蒸馏白兰地以后的废液中提取酒石酸，是有利可图的。

蒸馏废液的数量都比较大，要处理这些废液需要在露天修建几个水泥贮池，每个池的容量能容纳几天蒸馏的废液。当第一个池里贮满了蒸馏废液，可往池中加入生石灰（最好加石灰水），并加入一定数量的氯化钙，废液中的酒石酸氢钾，即变成了酒石酸钙的沉淀，其反应式可概括为：

$$2KHC_4H_4O_6+Ca(OH)_2 \longrightarrow CaC_4H_4O_6\downarrow +K_2C_4H_4O_6+2H_2O$$

$$K_2C_4H_4O_6+CaCl_2 \longrightarrow CaC_4H_4O_6\downarrow +2KCl$$

用酒石酸钙作原料，提取酒石酸的化学反应可表示为：

$$CaC_4H_4O_6+H_2SO_4 \longrightarrow C_4H_6O_6+CaSO_4\downarrow$$

由酒石酸钙提取酒石酸的工艺流程可表示如下：

酒石酸钙→洗涤→干燥→纯酒石酸钙→加水搅拌→加硫酸酸化→静置→过滤→酒石酸液→活性炭脱色→过滤→浓缩→酒石酸结晶

↓

硫酸钙

由酒石酸钙提取酒石酸的操作要求是：

(1) 把粗酒石酸钙用 4 倍体积的水洗涤，搅拌，然后静置。待酒石酸钙沉淀以后，抽走上层清液，再加水洗涤，反复 4 次。最后将酒石酸钙盛在布袋中，将残水压出，迅速烘干备用。

(2) 取干燥后的酒石酸钙，按 1∶4 的比例加入水搅拌，并加入浓硫酸。加入浓硫酸的量，可按下式计算：

$$\text{加入相对密度为 1.84 硫酸的体积 (mL)}=\frac{98.10\times\text{酒石酸钙克数}}{188.10}\div 1.84$$

加入硫酸时必须注意，可按照计算出的数量先加入 4/5，其余的要慢慢加入。硫酸的加入量宁可稍少一些，也不要过量。溶液中加入硫酸后，即生成白色的硫酸钙，静置 2~3h 后，即进行过滤。

（3）在过滤的酒石酸清液中，加入 1%活性炭，在 80℃的温度下，脱色 0.5～1h，然后趁热过滤。

（4）滤液最好用真空减压蒸发器来浓缩，也可在常压下，用水浴或直接加热来浓缩。温度保持在 80℃，滤液浓缩到 60～70°Bé，即可冷却结晶。将这种结晶体用蒸馏水再溶解结晶 3～5 次，即可得到纯度很高的酒石酸。

酒石酸的用途更为广泛：染料工业上作媒染剂；食品工业用它调整酸度，增加风味，提高质量；医药工业可用它制造医治血吸虫病的酒石酸锑钾。有机合成、制革、电镀、照相、化纤工业、玻璃工业等也都需要酒石酸。

第八章　白兰地的贮藏陈酿

原白兰地需要在桶里经过多年的贮藏陈酿，才能达到成熟完美的程度。因此，木桶的质量、储藏过程中的管理及场所等，都是不容忽视的环节。

第一节　白兰地木桶的加工

一、做桶的树种与树龄

原白兰地在长期的贮藏过程中，不断地从木质中吸取一系列的芳香物质和色素物质，才能使白兰地的酒质臻于完善。因此，加工白兰地木桶的木材质量是至关重要的。

国内外制造白兰地木桶，最广泛最普遍采用的木材树种是橡树。其木材称作橡木，也称为柞木。

橡树为山毛榉科，栎属。橡树有很多品种：有柄橡，所结的橡子柄很长；无柄橡，所结橡子的柄极短；美洲红橡，木材上有红色的斑点；白橡，木板的颜色是白的；猩红橡，比红橡的颜色还要红等。

我国橡木的品种也很多，分布很广，如蒙古栎、辽东栎、青岗栎等。中国科学院植物研究所主编的《中国高等植物图鉴》第一册上记载：柞树，又称为槲树、橡树、青岗。分布于黑龙江至华中和西南。蒙古、日本也有。

法国利穆森地区所产的橡木，是世界上公认的做白兰地酒桶最好的橡木，经鉴定是欧洲种的橡木，国内无此种，只有比较接近的种，如蒙古栎比较接近利穆森的橡树。

如果橡树缺乏，可以用板栗树代替。板栗树也属于山毛榉科，为落叶乔木，树身高大，木质坚硬，富含单宁。

中国的橡木酒桶，产于吉林省长白山区。鸭绿江畔的临江林业局林产工业公司对外承做橡木酒桶业务。该公司具有60年的木材及木制品加工历史。长白山的特殊地貌和气候条件，孕育了优质的橡木树，为橡木酒桶生产提供了先决条件。这里与法国利穆森橡木产区，同在北纬45°左右。平均海拔611.5m，黑褐色土壤，北温带大陆性季风气候。年积温2000～3000℃，降雨量750～1000mm，无霜期140天左右。主要树种为针阔混交林，栎树占10%左右。长白山橡木的生长条件与法国橡木很相似。

中国的橡木酒桶采用长白山成熟橡木制作：长白山橡木材质细致、纹理直、力度大、弹性强，是橡木酒桶的理想板材。

法国C. 维利奥特（C. VIRIOT）等研究认为，长梗栎（*Querus robur*）和无梗花栎（*Quercus Petraea liebl*）是法国栎树中的主要树种。这两种栎树的枝干中具有含量很高的天然多酚，约占干木的10%。这些可萃取物主要是鞣花单宁。这种鞣花单宁决定了橡木的独特性质，特别是它的经久耐用的性质。

马耶乐（Mayer）及其合作者，在他们的研究工作中，查明了这些可萃取物的两种主要分子（1967年）。这两种分子，Castalagine和Vescalagine，是属于C—葡萄糖苷类的鞣花单宁。最近，已经能从同一种栎树中，提纯出其他种类的鞣花单宁，并弄清它们的化学结构，探明了它们在酒的陈化过程中的演变情况。

这些单宁，在将原白兰地置于橡木桶中陈化过程里，起着形成滋味和颜色的作用。橡木中的木质素，在原白兰地陈化过程中，也能部分地溶解于酒中。它们是多种芳香族酸和醛，诸如香兰素、丁香酸、香草酸和丁香酸等的来源。在原白兰地中存有这些成分，曾在大量的文献中报道过。

不论是何种栎树，不论其木质中所含可萃取多酚的性质如何，以下情况是一般都熟知的：即在距离树心越远的部位，以及树龄越小时，其多酚含量越低；而距离树心越近的部位，以及树龄越大时，其多酚含量越高。对栎树树干横断面上各个点的可溶性多酚、棓酸、鞣花酸和鞣花单宁进行定量测定（用加酸水解法测定所生成鞣花酸的量），见图 8-1。树龄 50 年的栎树，其棓酸和鞣花酸含量增加 1 倍，但其鞣花单宁含量经过这段时间，则会减少 25%左右。抽余液中鞣花单宁含量测定（将余液加酸水解，测定生成鞣酸的量）就能证明有一部分不溶性鞣花单宁存在，它相当于 50 年树龄栎木树心所含单宁总量的 1/4。如果树龄更长时，这一含量比例也相应增多。

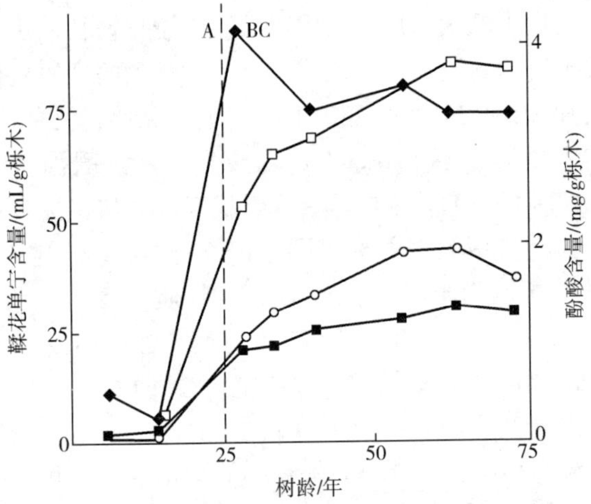

图 8-1　沿着无梗花栎树干半径所采集的边材和心材试样中可溶性和不可溶性多酚含量

○—棓酸　□—鞣花酸　◆—可溶性鞣花单宁

■—不溶性鞣花单宁　A—边材　BC—心材

看来在树心变老的过程中，单宁的演变一方面是发生水解（生成鞣花酸），同时又变得不能溶解。目前还不能肯定地说，这种不溶性与栎木的木质纤维素的壁膜与单宁两者间的共价键的组成有关。

从图 8-1 可以看出，用作橡木桶的栎树，必须具有 25 年以上的树龄，橡木中各种有益成分才足够丰富。

白兰地的口味和香味，在相当程度上与橡木板的质量有关系。木质疏松的木材，是不能用来制作木桶的，因为它具有太多的孔隙，会造成原白兰地的渗漏蒸发，损失太大；树龄少的橡木，木质软，年轮疏，用它做白兰地酒桶，不仅损失较大，对白兰地的口味也有不好的影响。橡木的树龄在 80 年左右，或 80 年以上，这样的橡木木质坚硬，年轮很密，并含有丰富的形成白兰地质量所必需的有益物质，是制作白兰地酒桶理想的木材。

二、白兰地捅板的加工方法

用做白兰地木桶的橡木板，有特殊的加工要求。制作大酒桶的板材只能锯成。制作小酒桶的木板，最好是劈成的。不管是锯成还是劈成，板面应该是沿着半径的方向径切。

对于一块圆木，应该先“十”字锯开，然后再沿着半径的方向径切，锯成板或劈成板，如图 8-2 所示。

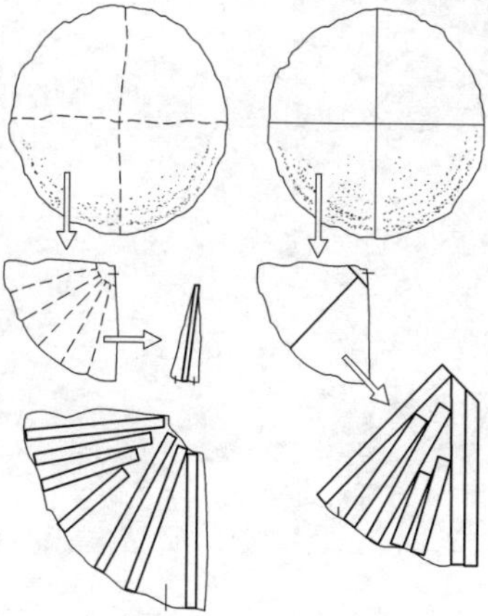

图 8-2　沿半径方向切锯成板或劈成板

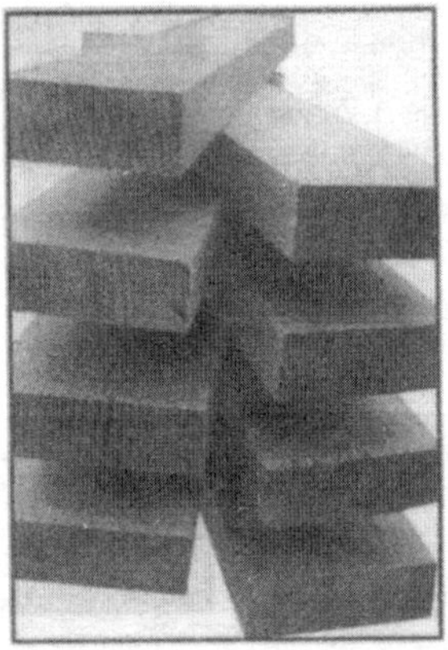

图 8-3　桶板端头的木纹方向

从桶板的端头看，树木年轮的木纹方向，应该与板面垂直，或者成小于 45°的夹角。如图 8-3 所示。

做桶的木板要经过严格的挑选。有疤节的、扭曲纹的、朽烂的、虫蛀的橡木板，不能用于做桶。

新鲜的橡木板，含有大量的水分，不能直接用来做桶。因此需要把新桶板整齐地垛起来，在露天或敞棚里，经过 2~3 年的时间，自然风干，见图 8-4。这样能保持木板的结构不变形。粗木板垛起来，空气要流通。木板内的水分随流通的空气跑掉，开始蒸发游离的水，然后蒸发木

图 8-4　正在进行自然风干的橡木板

板内聚集的水。风干时，经过木板端头纵向排出的水，比经过板面横向排出的水快 10~15 倍。经过 2~3 年的风干，橡木板内部的成分也发生相应的变化，苦味物质消失了，而芳香物质留在橡木中，将转入酒内。

正在进行自然风干的橡木板，最好是劈成的，如图 8-5 所示。劈成的桶板，木质部导管排列与桶板长方向平行，导管不能被切断。用这样的桶板制成的白兰地酒桶不会出现渗漏现象。

图 8-5　劈成桶板

对于预定用来制作白兰地酒桶的橡木板，传统的做法是将它自然风干。风干所需的时间，根据气候情况，可为 18~36 个月，橡木板的含水量从 50%左右，降至 15%左右。全世界所用的橡木酒桶，有 15%是在法国制造的，有 10%~14%是在美国制造的。

为了尽量减少生产过程中的材料、资金积压，并提高制桶的工作效率，许多制桶厂家（特别是美国）现在都采用在干燥竖窑里，烘干制桶木板的方法。竖窑里的温度和湿度是受控的。这样可使橡木先经过几个月的自然风干，然后在竖窑里进行短时间的干燥。也可将新切割出来的桶板，直接放进竖窑中，总共干燥28天，即可用于制桶。

J. S. 旺斯进行过的一些研究表明，桶板自然干燥或在竖窑中烘干，对于最终制成的白兰地质量没有很明显的影响，这种干燥工艺在生产上可以采用。

张裕葡萄酿酒公司多年来对制桶木板的加工方法是，先将圆木趁湿锯开，破成板材。经过严格的挑选，选中的板材，去皮，去心。然后用卧式锅蒸之。在98kPa的蒸汽压力下，蒸8h左右。开始从蒸锅下面流出来冷凝的水，颜色发黑，其中含有大量的单宁。随着蒸馏时间的延长，流出来的冷凝水逐渐变清。蒸过的桶板，交叉垛起来，在敞棚内自然风干。在风干的过程，1年要倒2次垛，春天1次，秋天1次。风干1年以上，即可用于做桶。

三、白兰地贮藏桶的形状和大小

不同的国家，贮藏白兰地桶的形状和大小有所不同。我国生产白兰地的工厂主要有烟台张裕葡萄酿酒公司、北京东郊葡萄酒厂等。

新中国成立前，张裕葡萄酿酒公司使用的白兰地贮藏桶主要是从意大利进口的，桶的形状为鼓形卧式桶，桶的容量一般为1~3t；新中国成立后加工制作了大量新桶，有鼓形卧式桶，更多的是梯形立式桶，桶的容量多半为4~5t。

容量大的木桶，加工容易，生产操作方便，但贮藏白兰地的效果不如小桶。小桶贮藏酒与木板的接触面积大，陈酿效果好，而且制作小木桶，木材利用率高。

苏联白兰地工厂通常采用300~500L的鼓形桶。为了制作相应容量的木桶，所需要的标准桶板的长、宽、厚见表8-1。

表 8-1　　　　白兰地贮藏桶的容量与规格

桶容量/L	侧面板的尺寸/mm			堵头底板的尺寸/mm		
	长	宽	厚	长	宽	厚
350	900	70~140	45~50	600	70~150	45~50
400	950	70~140	45~50	650	70~150	45~50
450	1000	70~140	45~50	700	70~150	45~50
550	1050	70~140	45~50	750	70~150	45~50

法国、西班牙等国家，贮藏桶容量更小些。多采用 250L、300L，范围在 225~350L。

桶板要精细地挑选搭配，里外都要很好地刨平，没有粗糙的地方。根据桶的容量大小，要有规定的箍数。500L 的桶要 10 个箍；400L 的桶要 8 个箍；300L 的桶要 6 个箍。桶箍的厚度应达 3mm，不少于 2. 5mm。

四、酒桶制作技术对白兰地质量的影响

法国科涅克行业国家局葡萄栽培和葡萄酒酿造站 R. 康达格雷尔（R. Cantagrel）等人，研究了酒桶制作技术对白兰地质量的影响。它们通过化学分析和感官检验，观察到不同制桶作坊，不同制桶工艺，对白兰地质量的影响。

科涅克白兰地，在其酿造的最后阶段，制桶匠和酒库师傅扮演着非常重要的角色。

制桶匠的任务是：

其一，选择木料（木料的产地通常决定木料纹理的细致程度）。

其二，制桶过程各种各样的技术：锯成木板后干燥的时间和方式；为了弯制桶板和箍圈而进行的烤火强度；在装酒前进行的洗桶。

研究工作的目的有两个：

（1）了解同一种科涅克白兰地，放置在来自许多个制桶作坊，按相同制造工艺制成的新木桶中，在第一年陈化过程中的演变情况。试验的木桶容积为350L，木料产自法国利穆森地区中等纹理的橡木。锯开的桶板经自然通风干燥，桶身经中等程度的烘烤加热，木桶使用前经热水烫洗。

（2）评估制桶过程中的烘烤，见图8-6对原白兰地的成分和感官检验质量的影响，在1988年和1989年进行了两次试验。通过对试验结果的分析，可以看到：

图8-6　制桶过程的烘烤

1. 演变情况

原白兰地存放在新的橡木桶中，在第一年观察到有下列情况，见表8-2、表8-3。

表 8-2　在新桶中进行陈化，在 9 个月终了时，从橡木中萃取各种组分的平均含量　单位：mg/L

组分（酒精体积分数 60%）	组分缩写	1988 年试验 4 个制桶作坊的平均值	1989 年 5 个制桶作坊的平均值
棓酸	AG	7.88	6.40
香兰酸	AVA	0.69	1.10
丁香醛酸	ASY	1.61	1.08
鞣花酸	AEL	23.6	13.6
香兰素	VAN	2.02	1.48
丁香醛	SYR	4.98	4.39
松柏醛	CON	6.38	5.63
苦杏仁醛	SIN	15.3	13.9
东莨菪素	SCO	0.081	0.063
树脂醇	LYO	9.15	10.0
二噁烷（280nm）	DO	0.358	0.129
总酚	PT	386	262
钾	K	9.1	9.4
镁	MG	0.16	0.12
固定酸度	AF	84	55
干浸出物	ES	1004	696
阿戊糖	ARA	23.4	21.7
木糖	XYL	5.02	6.18
果糖	FRU	4.16	3.76
葡萄糖	GLU	8.2	11.6
半乳糖	GAL	4.75	2.73
栎醇	QUE	55.1	38.8

续表

组分（酒精体积分数 60%）	组分缩写	1988 年试验 4 个制桶作坊的平均值	1989 年 5 个制桶作坊的平均值
肌醇	IN	6.43	4.73
甘油	GLY	7.78	4.73
糠醛	FUR	27.8	32.1
甲基（5）糠醛	MF	1.67	2.40
羟甲基糠醛	HMF	6.43	6.75
超 β-甲基-γ-辛内酯	TOC	0.361	0.199
顺 β-甲基-γ-辛内酯	COC	0.434	0.259

表 8-3　某些挥发性组分的演变情况与原白兰地的 pH　单位：mg/L

化合物含量/（mg/L）（葡萄烧酒）60%vol	陈化时间		变化情况/%
	0.3 个月	12 个月	
乙醛	34.6	40.1	+16
二乙氧基乙烷	33.9	42.5	+25
甲酸乙酯	1.73	11.04	≫+100
乙酸	112	283	+153
（C_3+iC_4+iC_5）脂肪酸	7.08	7.68	+8
乙酸乙酯	209	236	+13
（C_8+C_{10}+C_{12}）脂肪酸	22.5	21.1	-6
（C_8+C_{10}+C_{12}）乙酯	10.6	10.9	+3
乳酸乙酯	148	153	+3
萜品醇	0.158	0.181	+15
pH	4.55	3.94	-13

（1）橡木中各种组分大量被萃取出来。这次试验结果与以前对阿尔马涅克原白兰地进行研究所得到的结果相符合。

（2）不同制桶作坊提供的木桶，某几种组分的不同含量（如香兰素、栎醇、羟甲基糠醛）如图 8-7 所示（不同的线表示不同的制桶作坊提供的木桶）。

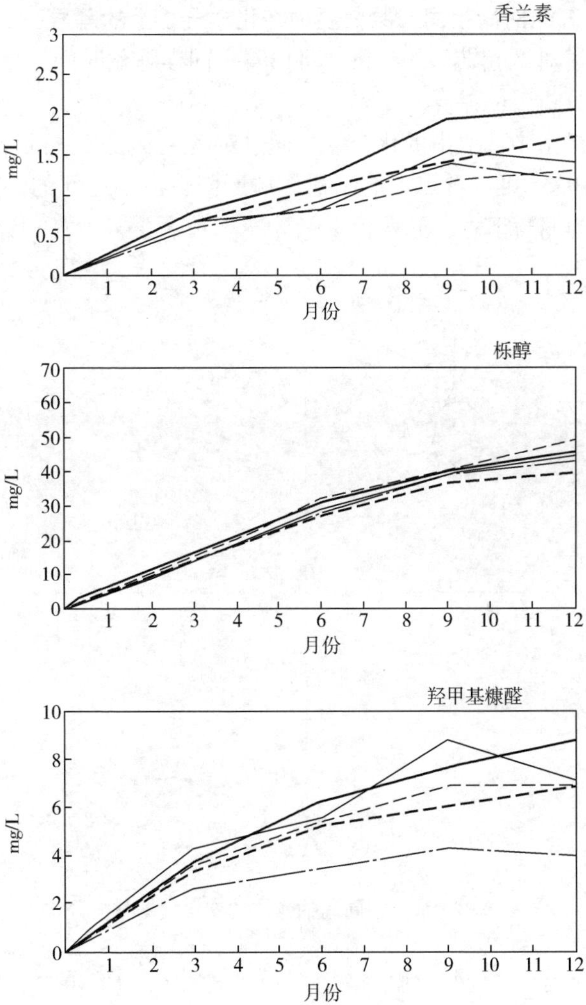

图 8-7　来自不同制桶作坊的橡木桶，所萃取的橡木成分的比较（1989）

（3）从表 8-2 和表 8-3 中可以看出两年的试验过程中萃取出的各种化合物的数量。

（4）对于某些挥发性组分建立起新的化学平衡。

2. 陈化时间相同，原白兰地在化学分析上的差异

通过对试验结果的分析，可以看出同样陈化时间，原白兰地在化学分析上的差异。

从橡木中萃取出的化合物，通过对其主要成分分析（图 8-8 和图 8-9），可以看出不同制桶作坊所制造酒桶之间的差别（图 8-8 中的缩写字意，见表 8-2）。

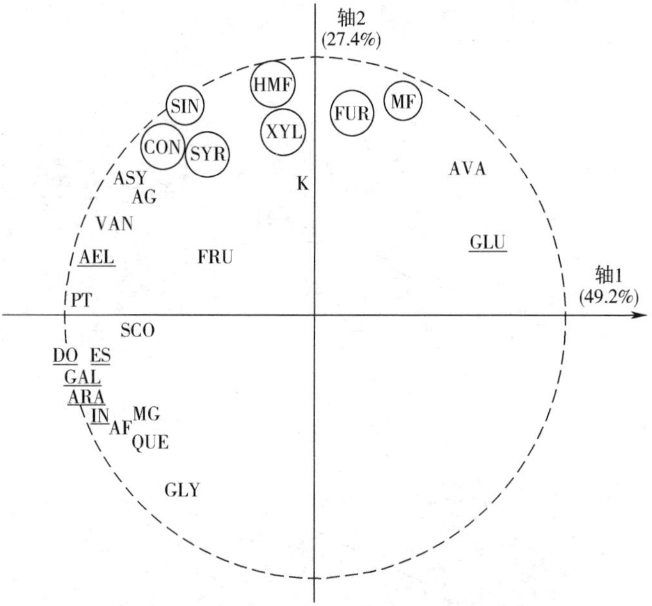

图 8-8　来自不同制桶作坊的橡木桶木材成分

（1）轴 1 表明陈化年数对以下各种化合物的重大影响　棓酸、鞣花酸、总酚、阿戊糖、半乳糖、栎醇和肌醇等。在 1988 年的试验中最为显著。

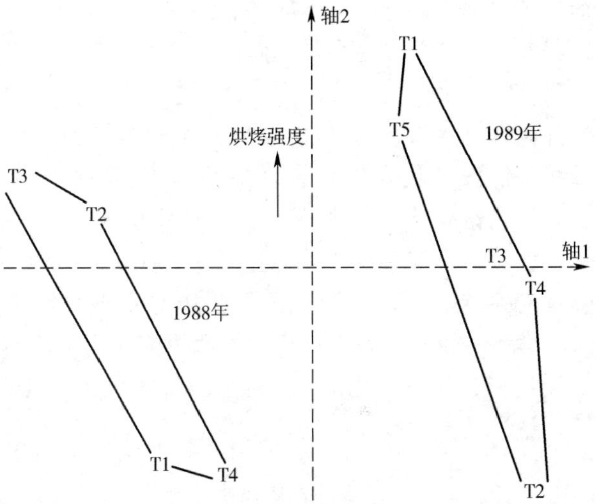

图 8-9　来自不同制桶作坊的橡木桶烘烤强度的差异

T1～T5 代表不同的制桶作坊

有许多因素可以影响橡木中的各种化合物被萃取出来，如原白兰地的成分，不同地区所出产的橡木性质，桶板在 3 年干燥期间的气候条件，制桶过程的烧烤程度等。按照两个试验中羟甲基糠醛的平均含量来看，数值大致上是相等的。

（2）轴 2 将来自不同制桶作坊的橡木桶按照烘烤强度来加以区分（对糠醛的影响很大）。

制桶作坊 T3（1988 年试验）、T1 和 T5（1989 年试验）制作的橡木桶，使原白兰地中萃取的化合物最为丰富。从图 8-9 也可以看到，在同一家制桶作坊中，所制作的桶与桶之间，也会有很大差异。如制桶作坊 T1，于 1988 年和 1989 年制作的木桶，萃取物的含量差别非常显著。

3. 对上述试验结果的解释

烘烤倾向于使糠醛和芳香醛的含量增高。同一家制桶作坊所制作的桶与桶之间的差别，与不同的制桶作坊所制作的桶与桶之间的差别，看起来其差异程度是相同的。这种多变性会影响可能萃取出的成分的含量：从陈化 9 个月的酒中所萃取出化合物的数量，按各种化合物来看，可有 1～4 倍的变化范围。但上述的多变性对于那些挥发性化合物来说（醛类、醛缩醇类、酯类、醇类、脂肪酸类、萜品类、C_{13} 降异戊间二烯化合物类），它们可萃取出的化合物数量，其差别范围不会超过 1～1.3：1 的比例。

从感官检验结果来看，曾组织了有 16 位职业评酒员参加的品尝会。品尝是在盲目状态下进行的，使用蓝色的玻璃酒杯，使人不能从颜色来分辨酒。用的酒是从两个酒桶来的，1989 年试验白兰地。品尝结果如表 8-4 所示。

表 8-4　　品尝结果的统计处理

标准	排列名次					评分平均值/10					试验有无意义	
	T1	T2	T3	T4	T5	T1	T2	T3	T4	T5	Friedman	Analyse varce
烘烤	49.5	50.5	53	40.5	46.5	5.3	5.6	5.2	6.2	5.7	NS	NS
新木味	56	48.5	49.5	47	39	4.9	5.9	5.8	6.1	7.0	NS	NS
细腻	55	44	47.5	47	46.5	4.9	6.3	5.4	5.6	NS	NS	
平衡：木/果香	45.5	43.5	50.5	43.5	57	5.6	6.2	5.7	5.9	4.9	NS	NS
收敛性	52.5	48.5	40.5	53	45.5	5.7	5.7	6.4	5.2	6.0	NS	NS
圆润	46	50.5	50.5	42	51	4.9	4.9	4.8	5.9	5.2	NS	NS
持久	50	57	34	47	52	5.6	5.2	6.7	5.9	5.6	(NS)	NS
总平衡	45.5	48	52.5	45	49	5.9	5.8	5.6	6.2	5.7	NS	NS

注：NS：低于阈值 10%时，无意义。

（NS）：低于阈值 10%时，无意义，但评分接近于阈值。

表 8-4 所示结果没有表示出各种原白兰地酒间，阈值 10%以下的具有统计意义的差异。

原白兰地T3，在口味持久这一点略占优势。对于原白兰地T5，评酒员最常引用下列词汇进行描述：新木，有树木味，香兰素味（味道更强烈），意思是木头香和果香的平衡较差一些。

综上所述，如果对不同的制桶作坊，规定必须按相同的工艺制作橡木桶，则所制作的酒桶质量，应该是很相近的。差别的主要来源是在弯板和箍桶时，对桶板的加热方式上。这一点是很难掌握的，即使是在同一家制桶作坊之内。

五、新桶使用前的处理

并没有绝对的、统一的新桶处理方法。但为了确保桶的清洁、确保新桶符合使用要求，新桶在使用前，必须进行严格的处理。处理的目的是要从柞木板中，吸取多余的单宁及其他可溶性物质。如果不排除这些多余的物质，让它们溶解于原白兰地中，会使白兰地具有过深的色调和过苦的后味。

橡木的单宁分水溶性的和醇溶性的两种。对于容量225~350L的小型木桶来说，为了排除水溶性的单宁物质，新制的木桶首先要用水处理。用自来水浸泡2~3昼夜，放掉自来水以后，往桶里加入30~40L开水，塞紧桶口，晃动木桶，洗遍桶内每一个地方。刷洗15~20min以后，把水留在桶里过夜。第2天，把过夜的水放走，再重复用30~40L开水洗桶。一直进行到从桶里放出来的水不带颜色为止。

如果生产上使用蒸汽方便，桶的加工就简单了。把桶里灌上30~40L自来水，从桶眼接上蒸汽管，加热至沸，使桶处于炽热的状态，充分晃动洗刷，然后过夜。重复2~3次，然后用凉水洗刷干净。

为了从柞木板中吸取那些多余的醇溶性单宁，所以新桶在水浸洗之后，还要用酒精的水溶液浸泡1~2周。

烟台张裕葡萄酿酒公司加工的柞木桶容量较大，一般在4~5t。对这种大容量的木桶，新桶的处理方法是，首先用55~60℃

的热水浸泡2~3天，使桶不漏为止。再用酒精含量为65%~75%vol的精馏酒精浸泡2周，然后用水洗刷干净备用。用水浸泡木桶，干的桶板吸水受潮后会湿润膨胀，细小的裂缝膨胀后挤紧，减少潜在漏酒的可能。干木桶如箍得过紧，经浸泡后，木桶有可能崩坏，甚至扭曲变形，泡桶时要注意防范。

捷凯西（Jackisch）介绍的新桶处理方法适合盛装葡萄酒。新桶使用前先装满水，浸泡1天，使新桶紧密，不漏水。往桶里加入SO_2，使每千克SO_2溶液的浓度达到数百毫克，以消毒、杀菌、防霉。二氧化硫必须在弱酸性溶液中方有效，通常弱酸性溶液采用0.25%柠檬酸。木桶和水接触的时间不可太长，否则有益的可溶性物质将会受到损失。文献常记载新桶使用前，要以热的0.5%~1%碳酸钠溶液浸泡数天，有些则以5%的溶液浸泡1天，接着水洗，并以1%柠檬酸中和残碱，再水洗，方能去除桶中对酒液不利的多余物质。也有人建议新桶在贮藏高档白兰地之前，头1~2年先贮存质量较差的原白兰地。对这种使用方法尚有争议。

第二节　白兰地酒在桶贮过程的变化

原白兰地装入桶内，在长期的贮存过程中，发生了一系列的复杂变化。由于这些变化，使白兰地变得高雅、柔和、成熟，成为名贵的陈酿佳酒。原白兰地在橡木桶里发生的这种变化过程，称为天然老熟作用。

白兰地在贮藏过程中的变化，主要包括对橡木成分的萃取作用、化学变化、物理变化和物理-化学变化，现分别叙述如下。

一、原白兰地对橡木成分的萃取作用

由蒸馏而得到的原白兰地，它是生产的半成品，不具有白兰地的口味指标。为了由原白兰地得到高质量的白兰地，必须在橡木桶里多年贮存。只有经过这样的长期贮存，原白兰地才

能获得白兰地的全部芳香和口味特征。所以很自然，研究者力求把贮藏的原白兰地发生的变化和橡木木质成分的影响联系起来。

橡木的化学成分非常复杂，它的许多成分的本性还不能确定。一些基本成分的含量，波动在下列范围内（占干木质质量的百分比）：

纤维素	25%~50%
半纤维素	17%~30%
木质素	15%~23%
单宁	4%~10%

除了这些成分以外，在不同品种的橡木里，还含有树脂及其他物质。

位于原白兰地接触处的上述可溶性物质，以变化的或不变化的形式被原白兰地萃取，并参与白兰地质量的形成。苏联 Л. М. 德尧帕拉加及其合作者的研究指出，原白兰地贮存在橡木桶里，发生变化的不仅是原白兰地的成分，而且还有橡木的成分。研究者认为，在形成白兰地的质量过程中，桶的作用有两方面：橡木不仅是白兰地某些成分的来源，而且是化学过程的催化因素。

橡木的木质是很结实的，因而液体不能渗透到木板的深层。原白兰地只能湿到板的 8~12mm 深。Л. М. 德尧帕拉加及其合作者，把长时间接触原白兰地的桶板进行分层分析，结果引入表8-5 中，由此可以看出板中单独成分的变化。

表 8-5　　原白兰地贮藏桶桶板成分的变化

样品号	从内部取样深度/mm	木质素含量/%	纤维素含量/%	半纤维素含量/%	戊糖和多缩戊糖含量/%	单宁含量/%	多酚含量/%	糠醛含量/%	过氧化物含量/%
1	0~1	13.0	52.02	21.70	4.50	0.64	0.12	痕量	20.5
	22~24	17.84	47.12	21.60	5.12	6.10	0.17	0.03	8.9

续表

样品号	从内部取样深度/mm	木质素含量/%	纤维素含量/%	半纤维素含量/%	戊糖和多缩戊糖含量/%	单宁含量/%	多酚含量/%	糠醛含量/%	过氧化物含量/%
2	0~1	13.64	57.03	23.20	4.19	0.71	0.13	痕量	11.2
	22~24	19.88	55.50	21.60	4.28	5.40	0.14	0.03	7.8

从表8-5引证的资料可以看出，无论是第一个样品（在桶里贮存白兰地38年），还是第二个样品（贮存白兰地24年），像单宁、木质素多酚等成分在较深层的，被浸提得很少，而在板的浅层或表面，则大量溶于酒中。戊糖、纤维素、半纤维素与酒接触很少被浸提。

当新蒸的原白兰地在橡木桶里长期贮藏时，被白兰地浸取的不挥发的化合物含量增加了。这些物质参与白兰地质量的形成。

1. 单宁

橡木的单宁主要存在于木质的薄壁组织、髓射线的细胞及非细胞间隙里。间隙里的单宁很容易被浸出来。但是，无论怎样加工木桶，仍有大量的单宁留在桶板里。与酒接触面越远的木质层中，其中单宁的含量就越多。当酒精的浓度为62%~70%vol，在这种浓度下，能比较充分地从木质中吸取单宁。新的木桶，单宁的吸收过程很迅速。而老的木桶，这个过程就减慢了。当酒精里单宁物质的含量很高时，这种酒精通常是很粗糙的，具有一种特殊的被称为橡木的后味。为了避免这种缺陷，新木桶在使用之前，要用水充分浸泡和用中性酒精浸泡，然后才能用于原白兰地的贮藏。

虽然许多研究者做了努力，但橡木单宁的结构仍然没搞清楚。某些研究者认为，单宁是属于聚苯酚类，它们的相对分子质量大于1000，槲皮素、五倍子酸等在单宁中总是作为恒定伴随的成分而存在，有的研究者指出，橡木的单宁中含有25%的焦五倍子羟基类。

具有焦五倍子羟基的橡木单宁，有苦的味道，但在氧化的情况下，苦味就消失了。

白兰地的粗糙性不取决于单宁的含量，而取决于单宁的性质。表 8-6 引证的数据可以看出，原白兰地单宁的含量随着在木桶内贮藏年限的增加而增加，特别是最初贮藏的 3~4 年里。但是，多年贮藏的原白兰地里，单宁的含量虽然高，单宁的苦味可不太重，酒的口味变得更丰满、更柔和了。

在空气氧的作用下，单宁被氧化了，这取决于原白兰地贮藏的时间。氧化的单宁比没有氧化的单宁对口味的影响显著好。

表 8-6　　原白兰地贮藏中单宁的变化

成分	贮藏年限/年				
	1	2	5	7	10
单宁含量/（g/L）	0. 042	0. 232	0. 359	0. 307	0. 338

在原白兰地入桶贮藏的头 3~4 年里，单宁的浸取进行得比较强烈，被浸取的单宁处于较少氧化的形式，因而使原白兰地具有粗糙的后味。原白兰地贮存的 5~10 年，单宁的浸取显著减慢，它的氧化过程开始占优势。这时单宁能较充分地受到氧化，使原白兰地具有柔和的口味。因此，在原白兰地成熟的过程里，单宁物质的氧化具有重要意义。

单宁氧化的产物不仅影响白兰地的口味特点，它同样参与形成白兰地透明而金黄的颜色。

原白兰地的单宁有两种形式：水溶性的和醇溶性的。陈酿的白兰地里，水溶性单宁的含量减少，而醇溶性单宁含量增加。醇溶性单宁能改善白兰地的口味和颜色。

2. 木质素

木质素是芳香族高分子化合物。木质素的最终结构现在还没有确定，但已经指出，β-羟基松基醇和4-羟基-3，5-二甲氧基肉桂醇，是阔叶树（包括橡木）的木质素的基本环节。

这些结构环，彼此之间通过酯键、半缩醛或缩醛键连接在一起：

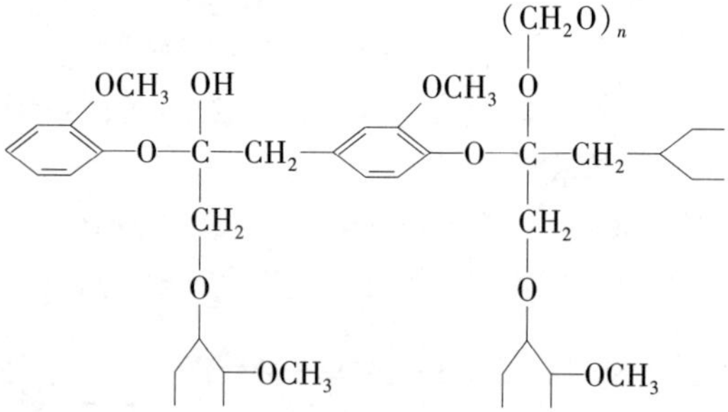

木质素的相对分子质量在10000~20000的范围内。

木质素沿木质组织的分布是不一样的。在髓部射线的细胞里，木质素的含量较多（32%）。木材中木质素的平均含量为25%。

与纤维素比较，木质素是复杂的比较容易被氧化的物质。这种氧化能发生在中性、酸性或是碱性的环境里。在醇和酸的作用下发生木质素的酵解。由于缓慢的酵解过程，从木质素形成了松基醇或者丁香醇，它们容易被过氧化物酶和无机催化剂氧化成芳香醛——香兰素和丁香醛。

苏联西萨克扬和耶戈洛夫采用紫外分光光度计和纸上层析法，确定了原白兰地贮藏过程中形成的某些产物，如松香醛等。他们做了香兰素和醇香兰素的分离和鉴定，这两种成分具有愉快的香，并且与白兰地的香型相适合。

在原白兰地贮存过程中，除了橡木的某些成分被浸取以外，还有些成分发生了化学变化，如木质素形成了香兰素及其他的芳香醛。

3. 半纤维素和聚糠醛酸

半纤维素是基环中带有 5 碳、6 碳糖聚合的碳水化合物。5 碳糖的聚合称为聚戊糖，6 碳糖的聚合称为多聚己糖。在水解的情况下，由聚戊糖水解成木糖和阿拉伯糖，多聚己糖水解成半乳糖、甘露糖和果糖。

半纤维素的特点是能在弱碱或弱酸溶液中发生水解。原白兰地贮藏时，在增长的酸度影响下，半纤维素发生水解，形成简单的单糖。

斯库里欣（И. М. Скурихии）对影响白兰地质量的单糖成分进行了研究，他发现贮藏 15 年的原白兰地中，有 1g/L 的单糖和少量糊精。在贮藏 5 年的原白兰地中，找到了木糖、阿拉伯糖和葡萄糖。在 15 年的原白兰地里，葡萄糖是主要的糖，同样也有阿拉伯糖。上述单糖成分的存在，使原白兰地具有甜味和柔和的口味。

半纤维素对白兰地的质量还有另外的作用，它成分中的戊糖经脱水作用，形成糠醛。糠醛具有面包皮的焦煳香，参与白兰地香的形成。

聚糠醛酸是无晶形物质，它们不溶解于高度酒精，但能部分地溶解于水里或碱性溶液里。许多研究者证明聚糠醛酸在橡木中的存在，但不清楚怎样参与白兰地的口味。

关于树脂物质，对白兰地质量的影响有待深入地研究。这些物质具有特殊的香味，它们存在于多年贮存的酒里。可以认为，它们参与白兰地综合香的形成。

原白兰地贮藏在橡木桶里，由于原白兰地对橡木成分的萃取作用，与白兰地酒接触部分的桶板，随着时间的推移，由于新木桶变成老木桶，可浸取物逐渐降低，变得贫乏。因而新木桶和老木桶贮藏白兰地的效果是不一样的，如表 8-7 所示。

表 8-7 引自苏联的白兰地工艺学（Технология Коньяка, Москва, 1959）。从表 8-7 中可以看出，原白兰地在新桶和旧桶里贮藏，差别是很大的。

表 8-7　　原白兰地在新旧木桶里贮藏的成分变化 单位：mg/100mL

贮藏时间/年	原白兰地					
	滴定酸	酯	高级醇	醛	糠醛	浸取物
	旧桶					
贮藏前	3.6	24.6	75.2	58	2	0.0
2	19.2	26.3	79.2	72	3.4	0.16
4	27.6	31.7	84.5	94	3.7	0.40
	新桶					
2	69.6	59.8	88.9	194	7.8	—
4	79.2	71.3	104.5	230	11.2	—

虽然在新桶里贮藏，各种单独的成分增长的幅度比旧桶大，但比较白兰地的口味品质，老桶的口味比较淡薄，比较细腻；新桶的口味比较浓重，比较粗糙。

法国贮藏白兰地的木桶，一般使用 20 年左右就要更新。因为新桶使用 20 年后，橡木中可浸取物已经贫乏，没有使用价值。大型的白兰地工厂，应该每年添置一部分新桶，淘汰一部分旧木桶，20 年把所有的木桶更新一次。这样周而复始循环，新桶老桶交替使用，可以收到最好的贮藏效果。

法国人 C. 维利奥特（V. Viriot）等研究了白兰地在橡木桶里陈化，对橡木成分的浸取过程，主要研究了橡木所含多酚和原白兰地在木桶里陈化的关系。将放在红棕色旧木桶中经过 1～30 年的科涅克，取样分析其鞣花单宁和木质素的含量。用加酸水解法测定鞣花单宁的含量。木质素用硫代酸解法分析。这一方法导致通过 β-O-4 烷基芳基醚键（这是木质素的一种主要单体间键）的选择性断裂而生成硫醚单体，如图 8-10 所示。

它的优点在于，不会对科涅克中存在的其他酚化合物产生干扰（特别是对香兰素和丁香醛）。用这种方法处理各种科涅克，

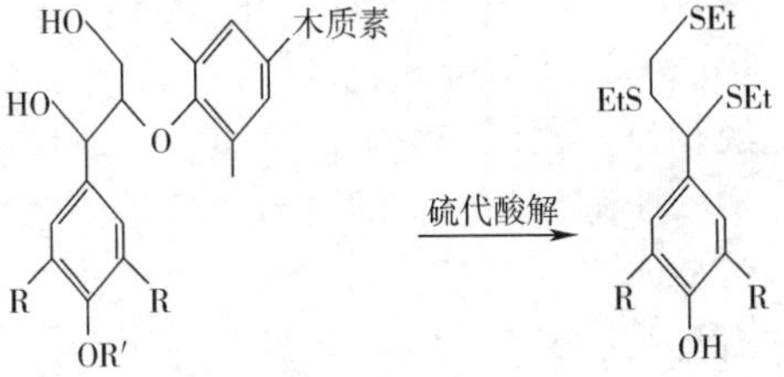

图 8-10　木质素的硫代酸解

R＝H，OCH_3　R′＝H 或木质素的烷基团

可以看出科涅克的酒龄和各种酚化合物浓度的关系，如图 8-11 所示。

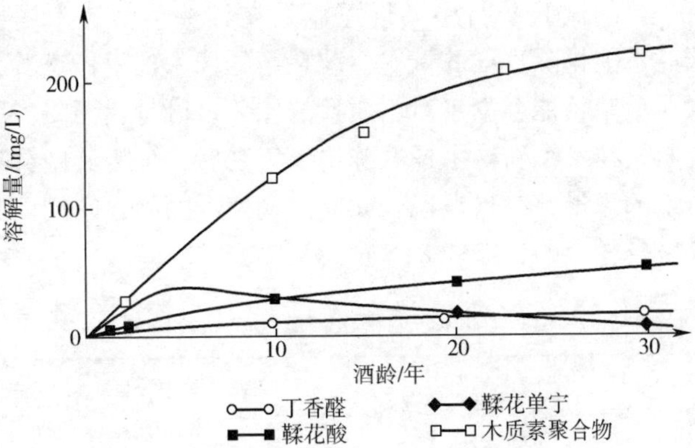

图 8-11　科涅克中酚化合物的浓度和酒龄的关系

从图 8-11 可以看出，当酒陈化到约满 3 年时，其鞣化单宁的含量最高。此后，木质素的含量继续稳步增长。所以，酒龄较低的科涅克中，单宁的含量和木质素的含量大致一般多。当科涅克的酒龄继续增长时，酒中的木质素成分继续升高，鞣花单宁的含量反而有所降低。鞣花单宁和木质素的含量，明显地高于丁香

醛的含量，以及低分子质量的其他酸类的含量（香草醛、丁香酸、香草酸、棓酸和鞣花酸等）。

用高性能液相色谱测得鞣花酸的含量，高于柞木中鞣花酸简单地溶在溶液中，所测得的鞣花酸含量。这是科涅克陈化过程中鞣花单宁水解的证明。水解反应的存在，也可通过在科涅克中存在的棓酸乙酯所显示。

这项研究取得的结果表明，可溶性多酚（鞣花单宁）和不溶性多酚（木质素），这两种多酚在原白兰地陈化过程里，起着同等重要的作用。橡木中的鞣花单宁其大部分是可溶性的。鞣花单宁能比木质素更迅速地释放到原白兰地中。因为木质素在变成溶液时，需要使它的共价键断裂。木质素的含量表示酒的陈化时间是否已经足够长。

所进行的试验分析中，科涅克是在红棕色旧橡木桶里陈化的。因此不能排除这样的情况，若在新的橡木桶里做试验，科涅克中鞣花单宁可能会高于对木质素的比例。可是，当将一种阿尔马涅克酒放在一个新橡木桶里陈化 7 年之后，分析其中鞣花单宁和木质素的含量，结果发现，如此方式处理的酒，它们两者的分析结果也是相近的，如表 8-8 所示。

表 8-8　　白兰地在新旧橡木桶里陈化的效果

酒　名	陈化容器	陈化时间/年	鞣花单宁含量/(mg/L)	木质素含量/(mg/L)
阿尔马涅克酒	新木桶	7	29	114
科涅克酒	旧橡木桶	10	31	127

科涅克中多酚含量只代表干浸取物中有限的一部分。在酒龄 30 年的科涅克中，总多酚含量高达 3.6g/L。而且，由木材中多糖苷降解所生成的糖类（单糖或低分子质量聚合物）可能代表科涅克中大部分的溶质。考虑到这些因素，应该采用中子或 C-

13 核磁共振，来作为观察研究的手段。

综上所述，橡木的成分对白兰地的质量具有重要的意义。如果不存在原白兰地对橡木桶成分的萃取作用，就不能得到天然白兰地所具有的和谐口味和芳香色调。

二、原白兰地贮藏过程中的化学变化

1. 氧在原白兰地天然老熟中的作用

原白兰地老熟过程中所发生的化学变化，空气中的氧具有重要的作用。氧气对改善原白兰地质量的重要性和必要性已被生产实践和一系列的科学研究所证明。

Л. М. 德尧帕拉加等的研究指出，原白兰地在贮藏时要放出 CO_2，它是氧化的产物。排出气体的量取决于酒精的浓度、环境的温度和原白兰地贮藏的条件。

在 CO_2 的形成中，碳水化合物和单宁具有重要的意义。但 CO_2 的大量排出，是在葡萄糖和蔗糖存在的条件下被观察到的（表 8-9）。

表 8-9　CO_2 自单宁、糖和白兰地浸取物的排出量

液体条件	固体条件	测定 CO_2 含量/（mg/L）		
		第 1 个 30d	第 2 个 30d	合计
原白兰地（200mL）	单宁 2. 5g	14. 3	15. 4	29. 7
	纤维素 5g	22. 0	10. 7	32. 7
	蔗糖 5g	50. 6	28. 6	79. 1
	没有单宁的白兰地浸取物 1g 干物	6. 5	7. 1	13. 6
	白兰地浸取物 1g 干物	12. 1	20. 2	32. 3

表 8-9 引证的资料同样表明，单宁和碳水化合物容易被氧化，CO_2 是氧化的产物。在试验的条件下，把原白兰地和橡木在

氮气中贮藏，就测不到 CO_2 的形成。因此，CO_2 的形成与空气中的氧有关。在氧存在的情况下，原白兰地的某些成分被氧化了。

Л. М. 德尧帕拉加等在研究贮藏情况下发生在原白兰地里的氧化过程时，得出如下的流程。

第一阶段，空气中的氧经过橡木桶溶解于原白兰地中。氧的溶解度取决于酒精的浓度和浸取物的含量，由表 8-10 可以看出来。

空气中的氧主要是通过橡木桶的板缝而溶解于原白兰地中。有人对葡萄酒做了测定，证明经过板缝比经过板的导管孔，氧的渗透性要大得多。经过板上的导管孔，氧的渗透性仅占 8.6%；经过板缝渗入的氧占 51%，其余的氧是倒桶时溶于酒中的。

表 8-10　　氧在原白兰地中的溶解量　　单位：mg/L

酒精含量/%	不添加浸取物	添加浸取物/（g/L）		
		1	5	10
65	9.49	9.67	12.81	—
55	8.85	8.97	9.10	9.72
40	6.98	—	7.02	7.47

在橡木及其浸取物的作用下，溶解于原白兰地中的氧变成过氧化物的形式。氧的这种形式主要是在靠近桶壁的原白兰地中发现的。

在原白兰地贮藏的情况下，过氧化物的形成是氧化过程的第二阶段。在第三阶段，过氧化物的活性氧分离出来，氧化橡木和原白兰地的成分。

根据上面的叙述，德尧帕拉加提出以下的形式，表示空气中的氧和橡木成分的相互作用。

（1）空气中的氧→原白兰地→溶解氧；

（2）溶解氧$\xrightarrow[\text{浸取物}]{\text{橡木}}$过氧化物；

（3）过氧化物 $\xrightarrow[\text{浸取物　原白兰地}]{\text{橡木}}$ 氧化产物。

由于氧气与原白兰地的多种成分发生作用，所以在原白兰地的整个贮存期间，发生了一系列的化学变化。

2. 酸度的变化

贮存的原白兰地，有两种形式酸，即挥发酸和不挥发酸。

新蒸的原白兰地酸度较低，主要含有乙酸、丙酸和丁酸等挥发酸类。丙酸和丁酸的含量甚微，主要是在发酵过程中产生的，经蒸馏进入原白兰地中。长期的贮藏过程中，挥发酸的含量也有所增加。一是由于乙醇分子氧化成乙酸，另外是由于橡木浸取物的氧化，苏联有人在橡木的水浸取物中，发现了甲酸和乙酸，含量不超过 0.3%。

不挥发酸的代表是糖醛酸和单宁酸，它们都是橡木的浸取物。中和 1g 单宁酸，需要消耗 0.1mol/L 的碱溶液 38mL。这意味着如果在 1kg 原白兰地中有 1g 单宁酸，那么它的总酸度就增加了 220mg/L（以乙酸计）。

原白兰地随着贮存期限的增长，总酸的含量也增加，这种变化可以从表 8-11 的资料中看出来。

表 8-11　　不同贮藏期限的原白兰地酸度的变化

原白兰地的贮存年限/年	每 100mL 无水乙醇中酸的含量/mg		
	总酸	不挥发酸	挥发酸
1~3	22.6~84.0	00 00	19.8-65.1
5~11	32.3~100.3	5.6~36.2	21.1~72.3
16~21	70.3~142.0	17.7~58.2	47.5~104.2
22~39	110.9~300	29.6~126.8	81.3~m.2
44~80	126.9~393	51.2~174.2	60.0~265.5

苏联布梁列兹指出，酒龄为 1 年的原白兰地，滴定酸的含量

为 0.21~0.36g/L，3~5 年的原白兰地，酸的含量增长到 0.65g/L，在最老的原白兰地中，酸的含量范围为 1.5~3.9g/L。多年贮藏的原白兰地，虽然含有这样高的酸度，但品尝白兰地口味时，不易被感觉到。

原白兰地在长期贮藏过程中，酸度的增高与白兰地质量的形成相联系。酸度的增加，除了能直接改善白兰地的口味外，还能促进半纤维素等多糖分子水解为单糖。单糖溶解于原白兰地中，对白兰地的口味也有改善。

由于贮藏过程中酸度的变化，原白兰地的 pH 也必然发生相应的变化，如果新蒸的原白兰地 pH 为 3.84~4.4，那么贮藏的原白兰地 pH 降为 3.28。pH 的变化，在很大程度上取决于木桶的质量、木桶的加工方法、原白兰地贮存时间及桶的容积等。容积大的桶（500~600L）比容积小的桶 pH 降低得慢。容积小的木桶具有较大的比表面积，能较强烈地浸取橡木的干物质（单宁酸、糖醛酸），这些物质具有酸性的特征，无疑要降低原白兰地的 pH。此外，容积小的桶加速了氧化过程，因而也就加速了醋酸和氧化物的形成，同样也影响着 pH。

3. 醛和缩醛

在原白兰地长期贮藏过程中，由于空气中的氧氧化了醇类而形成醛；醛与乙醇分子相结合形成缩醛。醛和缩醛使原白兰地具有一定的芳香。酒精分子氧化变成乙醛，乙醛与乙醇分子结合即成为乙缩醛，乙缩醛是芳香物质，一般白兰地中含乙缩醛的量在 10~150mg/L。

原白兰地贮存时间越长，醛和缩醛的含量也就越高。从表 8-12 中可以看到这种变化情况。

由表 8-11 和表 8-12 可以看出，随着白兰地贮藏期限的延长，酸类和酸类的含量都有规律性的增高。白兰地的酒龄，是白兰地品质和品级的指标。有人引入了氧化系数的概念，氧化系数具有可以判断原白兰地酒龄的可能性。

表 8-12　原白兰地贮存时间与醛和缩醛含量对照表

原白兰地贮存年限/年	含量/（mg/L）	
	醛	缩醛
1	10~40	6~13
5	17~65	20~35
10	40~76	25~43
10 年以上	150 或以上	70 或以上

$$\frac{\text{酸类}+\text{醛类}}{\text{总杂质}}\times 100\% = \text{氧化系数}$$

总杂质是指原白兰地中，除去酒精和水分以外的物质总量。氧化系数是表示酸、醛类在总杂质中所占的百分比。

如果把新贮藏的原白兰地，每年测定一次氧化系数，连续测定 10 年，把测定的结果做成曲线，可以用这条曲线来确定未知原白兰地的酒龄。

表 8-13 是苏联人柳绍报道的酒龄和氧化系数的关系。

表 8-13　原白兰地氧化系数指标

原白兰地年限/年	氧化系数
—	8.8
4	18.1
19	29.0
22	30.0
37	34.2
52	35.0
57	36

从表 8-13 可以看出，随着贮藏期的延长，氧化系数随之

增加。

4. 酯化作用和水解作用

醇类和酸类的反应，称为酯化作用。酯水解又能形成醇和酸，这个逆反应称为皂化作用。

$$醇类+酸类 \rightleftharpoons 酯类+水$$

因为反应是可逆的，所以酒中酯的含量和酒龄没有什么关系，即随着酒龄的增加，酯的含量变化很少。

勃尔列在连续20年以上的时间里，对1910年生产的原白兰地进行分析，发现总酯的含量（换算成醋酸乙酯）基本上是不变的，由表8-14的资料可以看出来。

表8-14　　新的和陈酿的原白兰地中总酯含量

原白兰地酒龄/年	酯含量/（mg/100mL无水乙醇）	原白兰地酒龄/年	酯含量/（mg/100mL无水乙醇）
3	112	20	112
12	108	24	116
16	114	—	—

虽然酯的总含量几乎没有变化，但是，随着贮藏时间的延长，酯的性质有所变化，即挥发酯的含量逐渐增高，难挥发酯的含量逐渐降低。蒸馏不同酒龄的原白兰地，分成4个馏分，表8-15是不同馏分酯含量变化情况。

表8-15　　原白兰地贮存期酯成分的变化

原白兰地酒龄/年	酯的含量/（mg/100mL无水乙醇）			
	第一馏分	第二馏分	第三馏分	第四馏分
3	16	22	31	45
12	28	22	31	23
24	46	26	23	19

从表 8-15 可以看出，在贮藏期间，酯的含量第一馏分增加了，第四馏分降低了，第二馏分和第三馏分变化很小，几乎在一个水平上。物质加水所引起的分解作用，称为水解作用，除了酯能水解成为醇和酸以外，与原白兰地接触的橡木的纤维素能水解成为葡萄糖或纤维二糖，木质素水解能生成戊糖。

5. 高级醇

高级醇具有各种芳香特性。例如，丙醇、异丙醇、丁醇、异丁醇，具有使人愉快的芳香，而异戊醇是杂醇油的主要组成部分，它具有不愉快的窒息气味。

原白兰地在贮藏过程中，发生了非常缓慢的化学变化，因而使原白兰地的口味得到改善。新的原白兰地有明显的杂醇味，贮存 5~7 年的原白兰地，杂醇味在很大程度上与酒精的口味相协调，甚至以它特有的香韵改善了白兰地的闻香和口味。

在贮藏的情况下，高级醇的总量几乎没有变化，仅有某些增长趋势。这种趋势与高级醇的重新形成无关，而取决于乙醇浓度的变化。高级醇比乙醇、水难以蒸发，由于贮存过程中，乙醇和水的蒸发损耗，使高级醇的浓度相对提高。由于这种物理作用，因而使高级醇的含量有增长趋势。

6. 糠醛

原白兰地中含有糠醛和甲基糠醛。甲基糠醛是由甲基多缩戊糖经过甲基戊糖，按下列形式形成的：

$$(CH_3C_5H_7O_4)_n \rightarrow nCH_3C_5H_7O_4 \rightarrow nCH_3C_5H_3O_2$$

甲基多缩戊糖　　甲基戊糖　　　甲基糠醛

在贮藏的情况下，原白兰地中糠醛的含量有所增加。表 8-16 引用的是苏联耶列瓦斯基（Ереванскнй）白兰地工厂的分析结果。

新的原白兰地到老的原白兰地之间，甲基糠醛的含量，波动范围在 5. 4~16mg/L。

表 8-16　　贮藏期原白兰地中糠醛含量的变化

原白兰地酒龄/年	糠醛含量/（mg/100mL无水乙醇）	原白兰地酒龄/年	糠醛含量/（mg/100mL无水乙醇）
1	0.17	13	0.59
4	0.33	32	0.47
10	0.43	47	0.73

在贮藏期间，糠醛能与酒精、单宁、木质素一起，产生另外的具有缩醛特征的化合物，它们参与形成白兰地的质量。

7. 铜在原白兰地蒸馏和贮藏过程中的作用

发生在原料葡萄酒蒸馏和原白兰地贮藏过程中的化学变化，是与催化剂的作用相联系的。在各种催化剂中，铜占有特殊的地位。新蒸馏的和贮藏的原白兰地中，都存在微量铜的成分。

蒸馏采用的设备是原白兰地中铜的来源。在蒸馏过程中，酒精对冷凝器、管路和酒精承受器的铜质内壁具有腐蚀作用。白兰地原料葡萄酒中挥发酸的含量越高，蒸得的原白兰地中铜的含量也就越高。

苏联许多研究者指出，铜的蒸馏设备是白兰地酿造所必需的。只有在铜存在的情况下才能酿制出高质量的白兰地。

1978 年在北京市发酵工业研究所主办的刊物《发酵科技》第三期上，报道了北京市东郊葡萄酒厂等单位的《优质白兰地酒的研究》文章。文中指出为了探索铜在蒸馏中的功用，曾进行小型试验，将同一发酵液分别在玻璃烧瓶和铜质小型壶式蒸馏锅里进行蒸馏对比。发现前者蒸馏酒中无悬浮物，但有一种令人不愉快的香味；后者则有油腻性颗粒，漂浮在盛酒容器液面上，此酒香很好，无异味，口味纯正和发甜。

铜与单宁能够形成一种络合物，称为单宁铜。为了阐明铜在白兰地蒸馏和老熟过程中的催化作用，苏联德尧帕拉加等，取

10%的酒精溶液，用醋酸酸化到 pH3.5，再往这种试验样品中加入金属铜、铜盐、单宁铜络合物，在装有回流冷凝管的玻璃烧瓶中，煮沸不同的时间，然后测定样品中乙醛的含量，试验结果见表 8-17。

从表 8-17 看出，铜催化了乙醛的形成过程，氧化亚铜和单宁铜络合物的催化作用也很明显，但氧化铜没有催化作用。

在原白兰地贮藏过程中，随着从橡木中浸取单宁，便形成了单宁铜。由于它本身的浓度较低，并且能部分地溶解于酒精，所以它不呈现沉淀析出，而是留在溶液中。

表 8-17　　铜的催化作用试验

试验设计	乙酸含量/（mg/L）					
	煮沸时间/h					
	0	1.5	3	6	9	12
10%酒精+金属铜	3.8	14.0	15.6	25.0	30.4	38.6
10%酒精+Cu_2O	3.8	15.7	18.7	19.0	27.0	39.0
10%酒精+CuO	3.8	3.0	2.8	2.4	2.0	2.0
10%酒精+单宁	3.8	7.5	7.5	7.5	7.5	7.5
10%酒精+单宁铜	3.8	11.2	15.7	25.0	30.0	40.0
对照	3.8	3.8	3.8	3.8	3.8	3.8

在单宁和两价的铜盐相互作用的情况下，便形成了单宁铜络合物，或者把单宁铜络合物保存在水里，铜就转入溶液中，而单宁留在沉淀里，呈氧化状态。由单宁铜络合物分离出来的单宁，较橡木的单宁具有另外的部分。例如，木质单宁含有 46.69%的碳、4.07%的氢和 49.24%的氧。而单宁铜分离的单宁含有 33.45% 的碳、3.29%的氢和 63.26%的氧。前者的相对分子质量为 1604，后者的相对分子质量为 3180。

自单宁铜分离出来的铜离子是 1 价的，但在溶液中很快被氧化成为2价离子。在原白兰地自然老熟过程里，进行着单宁铜络合物的不断形成和分解，结果使单宁被氧化了，2价的铜离子被还原成1价离子，然后1价离子又重新被氧化成2价离子。从这一点出发，铜和单宁作用的机制，能够用下面的形式表示：

$$4Cu^{2+}+T_a \longrightarrow Cu_4 \cdot T_a$$

$$Cu_4 \cdot T_a \longrightarrow 4Cu^{+}+T_a\text{（氧化的单宁）}$$

$$4Cu^{+}-e \longrightarrow 4Cu^{2+}$$

$$4Cu^{2+}+T_a \longrightarrow Cu_4 \cdot T_a$$

注：T_a 是英文 Tannin 的缩写，表示单宁的意思。

这种形式不仅能够表示单宁的氧化机制，而且也可表示原白兰地其他有机化合物的氧化机制。

原白兰地自然老熟的氧化还原反应是在金属铜和过氧化物单宁铜的参与下进行的。由此可以得出结论，铜对白兰地蒸馏和老熟是必需的。

试验证明，单宁铜络合物在酒精环境里比在水里稳定。酒精含量越高，这种络合物就越稳定，在选择最适宜的贮藏酒精含量时，这一点很有意义。在酒精含量低的情况下，单宁铜将过早地分解，形成的铜离子与一价基团之间的平衡状态被破坏，这就减慢了氧化反应。在过高的酒精浓度时也会阻碍一价铜离子的释放，减慢氧化过程。实践证明，贮藏原白兰地的酒精含量在50%~60%时最适合。

综上所述，对原料葡萄酒蒸馏和原白兰地贮藏过程，铜是必需的。铜作为催化剂参与原白兰地老熟的氧化过程。在原白兰地自然老熟过程里，铜和它的过氧化物单宁铜，催化所有的氧化过程。

三、原白兰地贮藏时的物理变化

在橡木桶里长期贮藏的原白兰地不仅发生化学变化，也发生物理变化，如颜色的改变，体积的减少，酒精含量的降低，相对密度、黏度、表面张力的变化等。

新的原白兰地是没有颜色的，在橡木桶里贮存，它开始获得透明的金黄色（贮存期达 5 年），而后获得深金黄色（贮存 10 年）和茶色（10 年以上），很老的原白兰地具有浓茶色。原白兰地颜色的改变，仅取决于橡木的木质成分，首先取决于进入原白兰地中的单宁成分。单宁直接地、显著地改变了原白兰地的颜色。随着它的氧化，使原白兰地具有金黄色。原白兰地中单宁的含量越高，且越被氧化，它的颜色也就越深。

原白兰地贮藏在较高的温度条件下（25～30℃），在贮存的第 2 年就能得到金黄色；而贮存在低温条件下的原白兰地（8～10℃），颜色的变化非常慢。颜色的正常变化，是贮存工艺正确性的指标：因此，在整个贮存期间，应该注意观察和控制原白兰地的颜色变化。

体积的变化和酒精含量的变化取决于渗透和蒸发两个因素。渗透的规模取决于木质的疏松程度、酒精含量和桶的表面积比；而蒸发的强度与贮存的温度、空气的湿度等因素有关系。

渗透是沿着桶板的气孔（导管孔）进行的。液体在毛细管里升高的规律可用下面的公式表示：

$$h = \frac{2\sigma \cdot \cos\alpha}{r \cdot g \cdot d}$$

式中 h——液体在毛细管里上升的高度

σ——液体的表面张力

α——湿润作用的角度

r——毛细管的半径

g——重力加速度

d——液体的相对密度

分析上面的公式能够看出，原白兰地沿着毛细管上升的高度，与表面张力成正比，与液体的相对密度成反比。如果贮存不同酒精含量的原白兰地（66%和45%），那么，由于它们的不同相对密度和表面张力，在后者的情况下（45%）将比前者（66%）渗透的规模小。这是因为原白兰地彼此之间的物理指标很接近，所以它本身的酒精含量（决定相对密度），对渗透的规模有重要的影响。

贮藏的温度条件，对原白兰地的蒸发和体积有重要的影响。在固定的条件下，蒸发的强度可以用下面的公式表示：

$$J = \frac{t}{r}$$

式中　J——蒸发强度,℃ · kg/kJ

　　　r——蒸发焓，kJ/kg

　　　t——空气的温度,℃

从上面的公式看出，蒸发的强度随着环境温度的提高和蒸发焓的降低而增长。

贮藏房间的空气湿度，对原白兰地的酒精含量变化有直接影响。当空气中的相对湿度70%时，这时贮藏原白兰地，酒精的蒸发速度和水分的蒸发速度是平衡的。在这种情况下，酒精和水按比例蒸发，原白兰地的酒精含量保持不变。当空气的相对湿度低于70%时，则水的蒸发速度高于酒精的蒸发速度，在这种条件下贮藏，原白兰地的酒精含量将提高。相对湿度高于70%时，则酒精的蒸发速度高于水分的蒸发，原白兰地将随着贮藏时间的延长而酒精含量降低。

贮存桶的体积大小同样影响原白兰地渗透和蒸发的规模。小木桶贮藏，具有较大的比表面积，渗透和蒸发引起的消耗就大。

毫无疑问，影响原白兰地体积变化和酒精含量变化的因素不是孤立的，而是综合的。

法国和苏联生产白兰地的实践证明，原白兰地的酒精含量在整个贮藏期间，是逐渐降低的。

原白兰地的相对密度、浸取物、黏滞性和表面张力的变化，与酒精含量的降低有关，由表8-18可以看出。此表是根据德尧帕拉加和彼德罗夏的资料制成的。

表8-18　　贮藏情况下原白兰地的物理变化

奠定贮藏日期/年	相对密度（20℃/20℃）	浸取物含量/（g/L）	表面张力/（N/m）
1902	0.9287	18.65	31.2
1917	0.9195	11.30	30.0
1937	0.9037	3.70	29.7
1948	0.8993	2.40	29.2

从表8-18可以看出，浸取物的浓度同样也影响相对密度的数值。在老的原白兰地中，浸取物含量可高达18.65g/L。随着原白兰地浸取物的增加和酒精含量的降低，它的黏滞性和表面张力增加了。

四、原白兰地贮藏过程中的物理化学变化

原白兰地经过长期的贮藏，由于发生了一系列物理、化学变化，改变了酒精的冲味和辣味。白酒也是这样，如贮藏30~40年的白酒，虽然酒精的浓度在40%vol以上，但在味觉上只相当于10%~15%vol酒精含量所引起的刺激性，这主要是由于在长期的贮藏过程中，酒精分子和水分子靠氢键互相缔合，改变了酒精分子排列的缘故。

新蒸的原白兰地尝起来感到特别冲辣，主要是由于游离的酒精分子的刺激性所致。同样酒精含量的原白兰地，所含的游离酒精分子数越多，它的冲味和辣味就越重。

水和酒精分子都是极性的，它们可以通过氢键缔合成大分子：

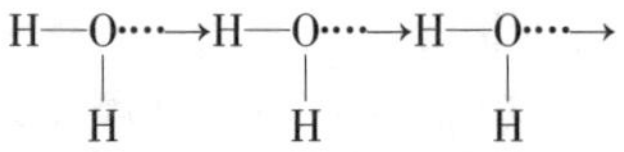

水分子间相互缔合成大分子：

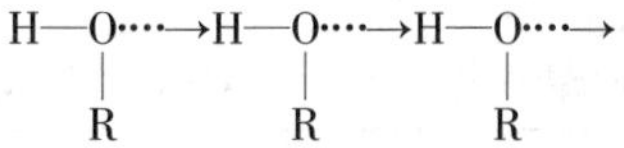

酒精分子间相互缔合成大分子…→代表氢键

当酒精和水混合时，由于相同分子间的距离增大，相同分子间氢键便减弱，而酒精分子与水分子之间，便靠氢键互相缔合起来。

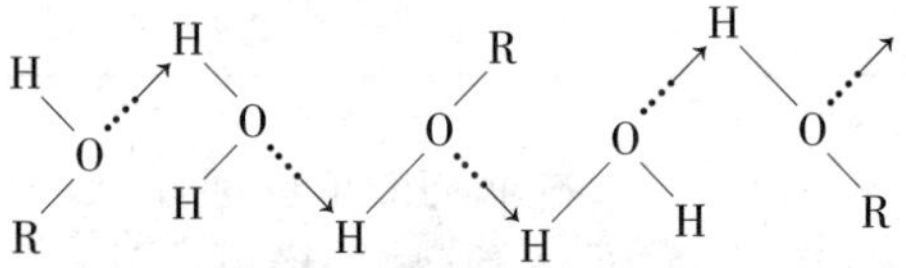

酒精-水分子间的缔合，大大改变了它们的物理性质，如折光率、黏度等。当混合水和酒精时，其总体积收缩，放出热量，就是由于形成氢键，使水分子和酒精分子互相缔合，分子间靠得更紧。如用无水酒精 53. 94mL 和水 49. 83mL 混合时，由于分子间的缔合作用，其体积不是 103. 77mL，而是 100mL，表现出最大的收缩率。

原白兰地经过长时间的贮藏，酒精分子和水分子之间通过氢键互相缔合，形成大分子缔合群。这样就有更多的酒精分子受到氢键的束缚，减少了分子运动的幅度和范围，因而对味觉和嗅觉器官的刺激作用也减少了。同样酒精含量的原白兰地贮藏的时间越长，在饮酒时就越感到柔和，原因就在这里。

应当指出，在长期的贮藏过程中，原白兰地中发生的物理、化学变化，有许多问题仍不清楚，需要今后努力探索。只有把这些问题搞清楚了，才能全面阐明原白兰地自然老熟的过程。

第三节　白兰地陈化的理论研究

俄罗斯食品工业学会的 S. 阿伐基扬茨（S. Avakiams）对白兰地在陈酿过程中的变化进行了深入的研究，并从理论上做出精辟的解释。现将他的研究结果介绍如下。

关于白兰地在陈化过程中芳香特性的改变，不挥发化合物含量的变化，以及橡木的转化等问题，已经有许多人进行过研究。

对来自乔其亚、亚美尼亚和俄罗斯的原白兰地，用气相色谱、质谱和高压液相色谱进行分析，使我们能鉴别出 52 种挥发性化合物，包括 21 种酯、7 种醇、5 种醛、5 种内酯、4 种酚和 4 种杂环化合物。内酯和挥发性的酚是在陈化达到第 4 年末时出现的。酚酸类（棓酸、3，4-二羟苯酸、香兰酸、香豆酸、丁香酸、肉桂酸）的浓度会增加，而羟基苯酸和阿魏酸的浓度会减少。

在已经陈化的白兰地中，曾证明它含有橡木的香豆素、莨菪素、伞形酮（7-羟基香豆素）和橡木的水解产物。在原白兰地陈化过程中，已证明芳香醛、酚酸的含量增高。当研究白兰地的酒龄与分析出的化合物含量之间的关系时，发现β-甲基-γ-辛内酯、二乙基琥珀酸酯、酚、香兰素的含量，以及在 335~420nm 范围内的光学密度，可以作为白兰地陈化时间的表示特征。

众所周知，白兰地的陈化与橡木的成分有关，与这些成分所产生的反应速度有关。为了加快陈化的进程，应该改变橡木的成分和白兰地中各种成分的反应速度。

通过加酶可将纤维素、木质素、果胶、含氮物质进行水解。白兰地存放在预先经过水解处理的橡木桶中，含有更多的芳香醛、糖、杂环化合物和氨基酸（表 8-19）。将氧气通入放置在橡木桶中进行陈化的白兰地里，品酒员们发现，在这种情况下，陈化的白兰地质量有很大改进。

表 8-19　　用水解酶进行处理对于白兰地在 1 年存放期间各种组分的影响

化合物名称和指标名称	对照样	用酶处理的橡木
总酸度/（g/L）	0.42	0.56
挥发性组分酸度/（mg/100mL AP*）	23.8	78.9
糠醛含量/（mg/L）	4.2	7.8
芳香醛含量/（mg/L）	1.4	8.8
木质素含量/（mg/L）	204	332
氨基酸含量/（mg/L）	56.0	63.8
糖含量/（mg/100mL）	18.3	24.1
光密度 275nm	16.5	20.5
光密度 330nm	10.0	14.5
光密度 420nm	1.5	1.5
感官指标	7.2	7.8

* AP = 纯醇。

在原白兰地陈化过程中，当有催化剂存在时，各种化学反应有可能加快。试验结果见表 8-20，证明以下各种物质含量增加：香兰素、β-甲基-γ-辛内酯、苯酚和其他化合物。白兰地中过氧化物的积聚，从 2.1～6.8mg/L，化合物的最大吸收量 275～420nm。当有橡木存在，以及温度在 35～45℃条件下，对白兰地进行热处理时，这种过程会加速进行。

表 8-20　　处理时使用催化剂对于白兰地中挥发性成分的影响　　单位：mg/L

成分	对照系	使用催化剂
挥发性醛类	49	52
挥发性酸类	60	70

续表

成分	对照系	使用催化剂
高级醇类	660	646
糠醛	0.8	1.2
愈创木酚	0	0.23
苯酚	1.7	3.0
香兰素	2.3	3.5
β-甲基-γ-辛内酯	0	0.1

1989年阿伐基扬茨（Avakiants）的研究提出了白兰地陈化的一种新理论。按照这一理论，在陈化过程中，可以观察到以下这些反应：氧化还原反应、酯化反应、氨基-羰酰化反应、聚合和缩聚反应。在所有这些反应中，氧化还原是最主要的反应。所有其他的过程都是与氧化还原反应有关系的，如氧的溶解、氧与原白兰地中可氧化组分的反应、过氧化物的形成；酸、氨基酸、多酚和其他化合物，被过氧化氢和其他过氧化物所氧化等。此时不仅引发氧化还原反应，而且也引发酯化反应、氨基-羰酰化反应和聚合及缩聚反应。在酯化反应与氨基-羰酰化反应之间以及氨基-羰酰化反应与聚合缩聚反应之间，存在着一定的关系。陈化的过程可以通过图8-12所示而表明。所有这些反应，都参与形成陈酿的滋味和口味。白兰地的酒香受氧化还原反应、酯化反应和氨基-羰酰化反应的影响。白兰地的颜色和澄清度，取决于氧化还原反应、聚合和缩聚反应以及氨基-羰酰化反应。

氧分子不能与每一种成分都起氧化反应。氧应该首先被活化。要使氧得到活化，最好是通过金属离子铁和铜来进行。日内务洁等研究指出，以络合物形式结合的铁离子作为催化剂，其活性高于无机离子。

氧分子还原时生成阴离子基团 O_2，称之为“过氧化物”（Superoxide）。

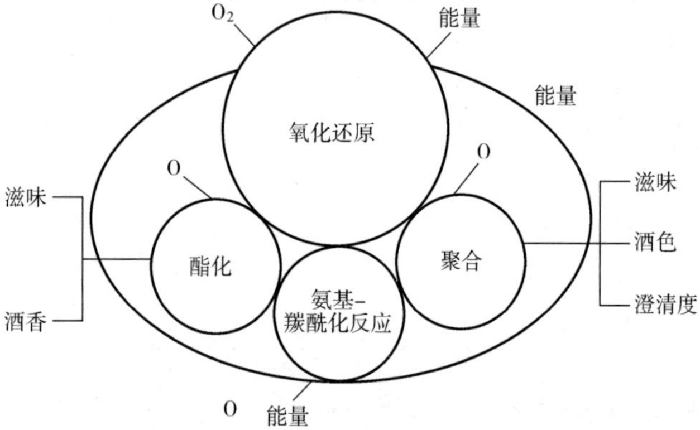

图 8-12　白兰地陈化过程的原理图

$$Fe^{2+} + O_2 \longrightarrow Fe^{3+} + O_2^{\cdot}$$

这一过氧化物，能引发有机化合物的强力氧化。

活性氧与溶在白兰地中，含不饱和键 C ═C 的有机物质作用，形成有机过氧化物：

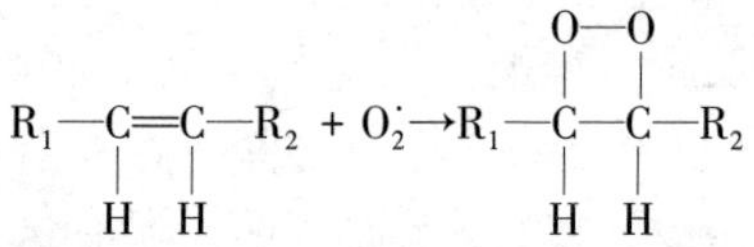

这一种有机过氧化物又立即将它的氧给予另一种更难于氧化的物质 R_3H_2 使其氧化，于是形成有机氧化物，含不饱和键 C ═ C 的有机物质和水：

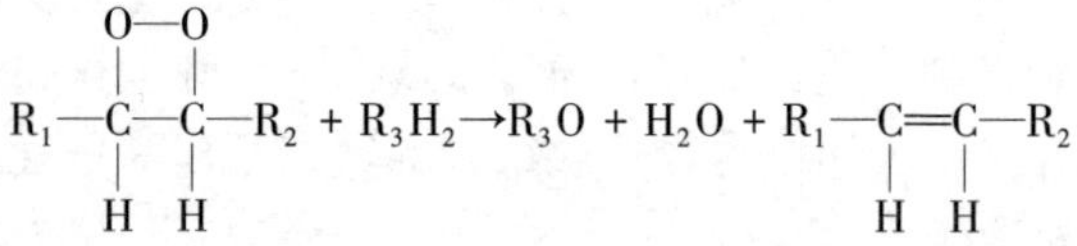

氧化还原反应的强度，是由它的还原氧化电位（它取决于氧化还原系统）所表示的。

在白兰地中，存在各种具有不同氧化还原电位的系统。其中有一些是可逆的，而另一些是不可逆的。在有氧存在的情况下，反应的平衡朝氧化形式方向移动。而在厌氧条件下，则反应的平衡朝还原方向移动。

如果存在于液体中的氧数量是有限的，则在活化之后，氧首先使那些还原氧化电位较高的化合物氧化，例如多酚。氧化形式下的多酚变成抗氧化性的，从而形成氧化电位较低的系统。

随着时间的推移，这种过程重复进行，循环氧化，使可氧化物质的浓度逐渐降低。

为了论证在有还原酮存在条件下苯酚氧化的历程，S. 阿伐基扬茨曾在试验室中用标准溶液做了一次试验。用稀酒精溶液中的 Fe^{2+} 和 H_2O_2，将儿茶酸进行氧化，使儿茶酸在这一溶液中的浓度规则性下降。在加酒石酸的情况下，这一过程呈现周期性的特性，每一循环周期都使多酚的浓度减小。

由于白兰地中含有数量很多的氧化还原系统，其氧化过程习惯上可以用下列示意图表示：

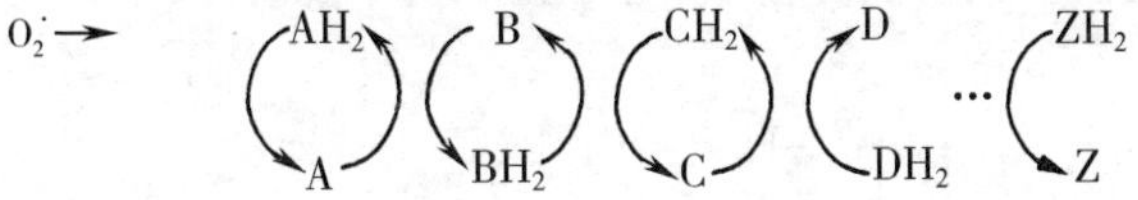

$O_2^{\cdot}$ ——活化氧

AH_2，BH_2，CH_2，DH_2…ZH_2——还原形式

A，B，C，D…Z——白兰地中各种化合物的氧化形式

从上面的示意图可以看出，在氧向内穿透的过程中，还原氧化电位高的化合物就先被氧化，同时它们又被氧化还原反应中的还原酮部分地还原。这样，还原氧化电位最低的那些化合物就减少了。在有很多氧穿透进入白兰地的情况下，抗氧化剂迅速被消耗掉，这就导致白兰地中大多数组分被深度氧化。

所有这些氧化还原反应，导致各种有机酸、醇、氨基酸和多酚被氧化。这些化合物的氧化产物能改变白兰地的果香和滋味。

它们还能引起其他的反应：酯化、氨基羰酰化、聚合和缩聚。在进行酯化反应时，各种挥发性化合物之间的比例会改变，这样会使白兰地的香味转化。各种非挥发性物质，如氨基酸、糖、多酚之间发生反应，会生成大量带颜色的物质，这些带颜色的物质具有酒香和特殊的滋味。在进行美拉德反应时，多种糖的降解产物发生环化现象，并与氨基酸一起缩合，生成碳酸化合物、碳环化合物、氧和氮的杂环化合物，然后它们又经聚合而成缩聚物。事实上，在进行美拉德反应的所有各个阶段，各自生成不同的产物。这些产物使白兰地的酒香、滋味和澄清度发生变化。橡木的水解产物非常活跃地参与麦亚尔反应。

多酚的转化与氧化还原反应的关系特别密切。配制成标准溶液的苯酚，加入铁和 H_2O_2，使之进行氧化，能生成很多种化合物，其中有一些是聚合物。动力学计算表明，在苯酚、Fe^{3+} 和 H_2O_2 系统中，通过进料的部分转化，生成一种络合物：

$$Fe^{3+} + Ph\text{（苯酚）} \rightleftharpoons Fe^{3+}Ph$$

在络合物的生存期中，产生电子的转移，然后按下列方式降解：

$$Fe^{3+} + Ph \rightleftharpoons Fe^{2+}R^{\cdot}$$

其中　$R^{\cdot}$——苯酚的游离基形式

Fe^{2+} 和 H_2O_2 的存在，为苯酚的氧化转化开辟了一条重要的途径：

$$Fe^{2+} + H_2O_2 \longrightarrow FeOH^{2+} + HO^{\cdot}$$

$$HO^{\cdot} + Ph \longrightarrow R^{\cdot} + H_2O$$

$R^{\cdot}$ 基团重新组合，生成二聚物（Dm）、三聚物（Tm）等，直至多聚物（Pm）。

$$R^{\cdot} + R^{\cdot} \longrightarrow Dm \qquad R^{\cdot} + R^{\cdot} + R^{\cdot} \longrightarrow Tm$$

$$R^{\cdot} + R^{\cdot} + \cdots + R^{\cdot} \longrightarrow Pm$$

这样，可以看到聚合反应和缩聚反应是在苯酚进行氧化还原转化之后，在美拉德反应的最终阶段展开的。酚或多酚能够共聚，是通过乙醛“桥”生成络合物形式，这络合物是转化的产物，以及糖、氨基酸、多酚相互作用的产物。它们的作用主要是改变白兰地的滋味、颜色和稳定性。

白兰地陈酿的理论研究能够对陈化过程中白兰地的各个组分和橡木中的各个组分转化的复杂现象做出理论上的解释。

第四节　如何评估白兰地的质量等级

白兰地是无色透明的，必须经过橡木桶的贮藏，才能获得金黄色的色泽，陈酿的芳香和醇厚的口味。白兰地在橡木桶里贮藏的时间越长，白兰地的色泽就越深，变成深金黄色或赤金黄色，陈酿的芳香越浓郁，白兰地的口味就越丰满。对同等质量的原白兰地，在橡木桶里陈酿的时间越长，质量就越好。白兰地在橡木桶里陈酿的效果，应该反映在白兰地的色、香、味上。也就是说，人们应该能够通过白兰地色、香、味特征及理化指标，来评估白兰地的质量等级。

研究如何评估白兰地的质量等级，对于鉴定白兰地的真伪，指导白兰地打假，都有很大的实际意义。

西班牙马德里发酵工业研究所 T. 戴尔葛德（T. DELGADO）等人研究了评估白兰地等级的物理参数和化学参数，工作很有成效。现把他们的研究工作介绍如下。

曾有许多研究者对于在陈酿过程中进入白兰地里的木质素及其各种组分的性质和浓度，进行过研究。有些研究，提出了几种组分彼此之间的关系。这些关系，可以看作酒的陈化特征。

在本研究报告中，提出按照 ANOVA 规范，以及多因素鉴别分析所测定的质量，作为对西班牙白兰地和法国科涅克酒进行质量等级分类时的依据，按照 ANOVA 规范和多因素鉴别分析，来处理化学变量（如 pH、苯酚）以及物理变量（如颜色）。

研究所用的材料和方法是：

试样总数 86 个，包括各种牌号的白兰地，统一分成以下四个类别：

（1）良好和优等质量白兰地（41 个）；

（2）中等质量白兰地（25 个）；

（3）低质量或“另加特别说明”的白兰地（8 个）；

（4）良好和中等质量科涅克酒（12 个）。

研究工作把批发商作为商品酒牌号的质量，作为判别已知酒质量等级的标准，但不包括另加特别说明的酒。对牌号没有知名度的酒，就采用价格质量因素，来确定酒的质量等级。

对上述四组白兰地，进行以下四种测定：

——总多酚（PT）：福锡二氏试剂法；

——儿茶素（C）：香兰素-盐酸法；

——颜色的深浅（I）和色调（N）：M、A、A、P、感官分析方法；

——440nm 吸光度；

——pH。

在 IBM 计算机上，借助于 Statgraphics 程序进行了统计处理。对于以上所做的测定，用 ANOVA 方式来评价上述四组质量，并对它们之间的某些关系进行研究。目的在于克服阐述所得结果时所遇到的困难。困难的原因在于各种各样的因素都能对酒的陈化产生影响。这些影响因素是：酒窖自身的特点、酒精含量；和最初 pH、动态过程的时间长短及置于桶中的时间长短、酒龄、酒窖的环境条件等。

在表 8-21 中，按 ANOVA 的方式，表示每一项测定以及它们彼此间的关系，可以看到它们都是很有意义的（数值低于 0.05），尽管其阈值并不相同。这项研究工作的目的只是利用这些最简单的数值，所以，只要考虑这些就可以了。

表 8-21　　对各分析参数所做的统计分析

	Nivedu signif	M	E 1	M	E 2	M	E 3	M	E 4
L	0.0006	150.3	11.0	91.8	7.7	98.1	16.9	113.0	8.9
I	0.0229	273.9	20.3	196.1	19.1	227.8	38.3	190.3	15.4
N	0.0111	3.3	0.2	3.4	0.3	3.1	0.3	4.7	0.05
PT	0.0018	296.2	49.9	149.5	24.7	154.5	54.6	396.5	64.8
C	0.0029	33.7	2.4	22.6	1.8	37.2	6.8	24.1	1.8
pH	0.0000	3.4	0.06	4.0	0.1	5.1	0.3	3.6	0.03
pH/C	0.0143	0.120	0.007	0，284	0.069	0.170	0.27	0.159	0.10
PT/C	0.0011	11.2	1.3	7.3	1.5	3.5	0.7	15.9	1.7
L/（PT/C)	0.0000	18.0	1.4	19.1	2.5	39.7	9.8	7.8	0.9
L/C	0.0036	4.4	0.1	4.0	0.1	3.1	0.5	4.6	0.1
L/pH	0.0000	43.9	3.3	23.7	2.0	18.8	3.2	31.2	2.7
L/PT	0.0000	0.58	0.04	0.79	0.07	1.22	0，28	0.33	0.03

注：M：平均值；E：偏差范围；L：木桶陈化的黄灰或铜的色调；I：颜色深浅（感官）；N：色调（感官）；PT 总多酚；C：儿茶素；L 和 I 值已乘以 100。

L 值对应于黄灰或铜的色调，代表在木桶中陈化的白兰地。需要指出的是，在质量最好的白兰地组与其余的白兰地组之间，统计数值差别较大。但那些低质量白兰地的数值较分散，而略微掩盖了或模糊了两个组之间的差别。科涅克白兰地接近于平均值，它们处于中等质量白兰地的居中地位。但在它们之间也存在大的数值间隔，这就证明了所进行研究的各个试样，其质量是有差别的。

令人感到奇怪的是，在酒色中最为普通的两种特性（I 和 N)，表现出在所有这些变数之间的最高差别度。这样凭颜色深浅，就能区别优质白兰地（第 1 组)、中等质量白兰地（第 2

组）和科涅克酒（第 4 组）。但是这后一种不能区别，第 3 组低质量白兰地的数值分散情况，掩盖了与其他组别之间的数值间隔。此外，酒的色调也能从统计意义上区分科涅克酒和白兰地。

pH 在三种不同质量的白兰地之间也具有统计学上的意义。科涅克酒的 pH，位置在两种较好的白兰地之间。所以可以设想，这一因素与制造白兰地的最初原料酒质量有关。在不排除这一点的前提下，pH 的变化也与制木桶的木材所带入酒中的成分有关。

PT（总多酚）含量对高质量与中等质量白兰地具有统计学上意义。但是这一含量，并不是处在高中等质量白兰地与科涅克酒之间，也不是处在科涅克酒与低质量白兰地之间。原则上总多酚（PT）的浓度与酒陈化的时间长短有关，从而也与酒的质量有关。因此应该考虑到，对于低质量的白兰地，它倾向于与质量最好的情况相似（如第 3 组的数据分散情况）。这样就可以利用这种关系，例如 L/（PT/C），如表 8-21 中所指出的那样，在按酒的质量所划分的那些组别之间，其差异情况是有统计意义的。

儿茶酸的浓度是具有统计学意义的，它能用来区分高质量白兰地与中等质量白兰地，但不能与低质量白兰地区分。因为低质量白兰地的变化间隔与高质量白兰地的变化间隔很相似，其原因如前面所述。

继续进行优化处理，可以使用那些最能说明问题的测定和关系。目的是弄清楚仅仅使用前面已讨论过的最简单的方式，是否可以在它们之间对各个组的酒进行鉴别。可应用多因素鉴别分析，如图 8-13 所示。

从图 8-13 可以看出，1、2、3、4 这四组白兰地的质量分散情况，高质量白兰地和科涅克，两者极为相似，也可以看到以上二者与低质量白兰地之间的差别。中等质量白兰地分布在这些质量区间之间。这种现象可以通过各种原因来加以解释，特别是各个酒厂彼此间的差别，如酿造工艺、环境条件、酒窖贮藏情况

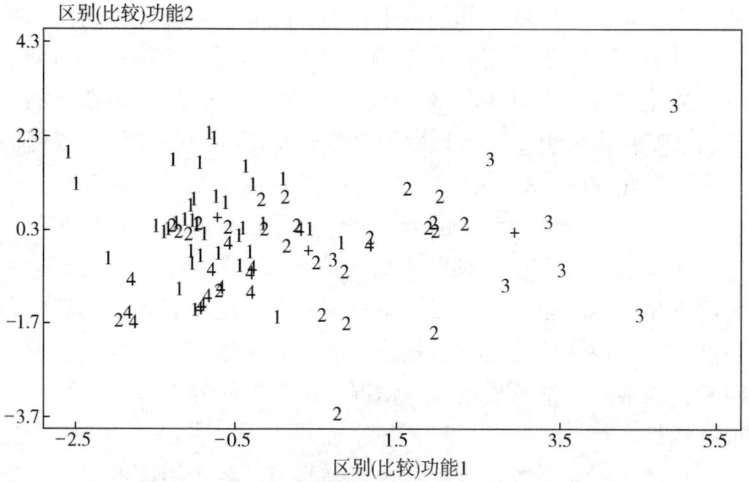

图 8-13　白兰地质量等级多因素鉴别分析

等。这样就能更加清楚地反映出某一种白兰地陈化的程度。

第五节　白兰地的贮藏与管理

合理的蒸馏设备和正确的蒸馏操作，可以获得优质的原白兰地，奠定白兰地质量的物质基础。合理的贮藏条件和正确的贮藏管理才能把优质原白兰地变成质量优异的成品白兰地。白兰地的贮藏管理过程就是实现优质原白兰地变成高质量的成品白兰地的过程。

一、贮藏场所的温度和湿度的影响

白兰地的贮藏室，有的在地下酒窖里，有的是地面上平地建成的酒库。一般说来地下酒库温度比较恒定，湿度比较大。地上酒库温度波动范围较大，空气的相对湿度较低。当然，不管是地下酒窖还是地上酒库，不同的建设位置和不同的建筑条件，温度和湿度也是不一样的。如烟台张裕葡萄酿酒公司，老公司的酒窖建在海边，周围很严密，一年四季的自然温度范围在 12~18℃，空气的相对湿度一般在 70%~85%。张裕葡萄酿酒公司新建的地下酒窖，在山坡上。一年四季温度变化范围在 10~20℃，湿度的变化范围在 60%~80%。

张裕公司贮藏白兰地的地上酒库，是自然的温度和湿度。

法国国家科涅克行业局葡萄栽培和葡萄酒酿造站 R. 康达格雷尔（R. Camagrel）等，研究了科涅克白兰地贮藏场所的温度和湿度变化对白兰地陈化的质量影响。他们是通过化学分析和感官检验，观察白兰地酒质的演变情况。他们的研究工作对指导生产很有意义。

在将科涅克酒置于酒窖中进行陈酿时，各个酒窖的温度和湿度条件可能有很大的差别。影响的因素有屋顶的隔绝情况、木桶堆放的位置和高度、地坪的性质（水泥或捣实的泥土）、酒库的建造地点（是否靠近河流）等。如果酒库建筑物是绝热式的，保温性能很好，库内各个季度温度变化就小，属于弱的热力学波动。如果酒库建筑物的绝热措施不好，保温性能差，则酒库内各个季度的温度变化幅度大，属于强的热力学波动。室内温度会影响室内湿度。

这项研究工作的目的是：

（1）测量强的热力学波动和弱的热力学波动，对原白兰地的成分和感官检验特性的影响。

（2）传统上认为，较为潮湿的酒库，有利于原白兰地酒的质量改变，希望能找出化学分析方面的定量数据。

研究工作的试验条件是：

1. 温度波动

这批原白兰地是 1980 年收获的葡萄酿造的，按 3 个阶段稀释降低酒精含量，彼此相隔 1 年，从 60%、50%至 41%vol。第 1 年存放在新的橡木桶里，其后的 2 年，存放在已经盛过原白兰地

10年的红棕色旧橡木桶中。这样就使由于桶的烘烤差别所产生的影响尽量减小。这批酒分别存放在两个不同类型的酒库中（热力学波动大的和热力学波动小的）。

2. 湿度

试验用的原白兰地是大香槟和小香槟掺和而成的，平均酒龄6年，酒精含量已经降至40%vol。陈酿期延长29个月。在已用旧的利穆森木桶中陈化。分别在一个潮湿凉爽的酒库（H）和一个比较干燥的酒库（S）里进行陈化。

试验结果分析：

（1）贮酒库温度变化的影响　在温度变化强烈的情况下：

①原白兰地的蒸发量大（每年6%，正常情况下为3%），当然，从经济角度看这并不是很重要。

②从橡木桶中萃取的化合物数量大，浓度高（表8-22）。

③挥发性很高的化合物有挥发现象（表8-22）。

（2）贮酒库湿度的影响　贮酒库湿度的影响如表8-23所示。尽管从表8-23中可以看出，湿度的影响使化合物含量有若干轻微的差别，但两种原白兰地的成分是非常接近的，所以不能排除湿度的影响因素。

表8-22 从橡木中来的化合物和挥发性化合物的变化情况

（原白兰地陈化期8年）　　单位：mg/L

从橡木中来的化合物	温度波动弱	温度波动强	差别/%	挥发性化合物	温度波动弱	温度波动强	差别/%
棓酸	10.4	14.7	+41	酒精含量/%（体积分数）	41.8	42.4	+1.4
香兰素	3.33	4.75	+43	乙醛	62.4	57.9	−7
东莨菪素	0.065	0.109	+68	二乙氧基-1，1-乙烷	33.2	30.1	−9
Lyoni树脂醇	12.6	17.4	+38	异丁醇	6.39	2.33	−65

续表

从橡木中来的化合物	温度波动弱	温度波动强	差别/%	挥发性化合物	温度波动弱	温度波动强	差别/%
总酚	367	537	+46	二乙氧基-1，1-丁烷	1.61	1.0	-38
木糖	10.6	15.1	+42	醋酸乙酯	322	341	+6
栎醇	75.1	100	+33	乙酯（C_8~C_{12}）	74.3	76.9	+3
(顺+超) β-甲基-γ-锌内酯	0.92	2.1	+129	高级醇	1934	2033	+5
钾	20	20.4	+2	C_{13} 降异戊间二烯化合物	0.68	0.63	-8
原白兰地体积	2.79	2.09	-18	里哪醇（芫荽醇）	0.063	0.059	-6
				里哪基和萜品醇的氧化物	0.6	0.7	+9

表 8-23　贮酒库湿度对原白兰地成分的影响　单位：mg/L

化合物	干燥酒库	潮湿酒库
棓酸	9.45	9.04
香兰素	1.81	1.81
东莨菪素	0.050	0.056
总酚	420	408
阿戊糖	38.8	40.5
栎糖	44.1	44.9
糠醛	13.9	14.6
羟甲基糠醛	7.9	7.8
乙醛	47.3	42.0
二乙氧基乙烷	32.0	31.1

续表

化合物	干燥酒库	潮湿酒库
醋酸乙酯	242	241
脂肪酸（C_8~C_{12}）	56.4	54.5
乙酯（C_8~C_{12}）	61.9	58.3
高级醇	1797	1712
C_{13} 降异戊间二烯化合物	0.70	0.67
萜烯	0.54	0.54

试验结果的感官检验：

①温度变化：全体品尝员对两种白兰地都给予了明确的特点评语，见表8-24。

表8-24　　品尝结果的统计分析

标准	排列名次		强度评分平均值/10		试验有无意义	
	温度波动小	温度波动大	温度波动小	温度波动大	Test des sig nes	T de student
烘烤	28	20	4.7	6.3	* *	* *
新木味	27	21	4.5	5.9	(NS)	* *
柔和细腻	18	30	6.7	4.4	* * *	* * *
橡木味/果香平衡	18	30	6.7	4.3	* * *	* * *
收敛性	26	22	4.5	5.7	NS	*
圆润	21	27	6.4	5	NS	*
持久	21	24	5.7	5.3	NS	NS
总的平衡	18	30	6.7	4.4	* * *	* * *

注：* * *至阈值1%有意义，* *至阈值5%有意义，*至阈值10%有意义，NS：至阈值10%无意义，(NS)：至阈值10%无意义，但评分接近于阈值。

温度变化范围大的酒库贮藏的原白兰地，综合品尝意见是：橡木味过于突出，更多收敛性，在柔和、细腻、平衡和圆润方面较差。

温度变化范围小的酒库贮藏的原白兰地，综合品尝意见是：更为柔和细腻，橡木味和果香味平衡较好，正是所要求的那样。

②湿度的影响：分析15位品尝员的品尝结果，对于“柔和细腻”和“橡木味/果香味平衡”两项评语有不同的认识。有5位品尝员认为，原白兰地“H”（在潮湿的酒库里贮藏），这两项指标的强度不够。其余10位品尝员的意见正好相反，他们认为原白兰地“H”的“柔和细腻”及“橡木味/果香味平衡”比较好，在口中的持久性更好一些。但意见表达的不够清楚，评语“H”和“S”两者之间的差始终等于1。

综上所述，贮藏原白兰地酒库的温度和湿度条件会影响科涅克白兰地的质量。1972年焦斯普（Joseph）等所进行的研究也有同样的结论。

酒库中大的温度变化会影响白兰地的成分，经过较长的时间就会影响酒的质量。原白兰地长期贮藏在温度变化范围小的酒库里，有利于提高产品质量。

湿度增高会使白兰地的口味更加柔和细腻，有利于产品质量的提高。但所引起的变化比较小，不会在化学分析结果上表现出来。

地下酒窖具有温度变化范围小、相对湿度高的特点，地下酒窖更适合作为长期贮藏白兰地的酒库。

二、原白兰地的酒精含量与橡木成分萃取的关系

新蒸馏的原白兰地，酒精含量一般在70%vol左右，原白兰地需要在橡木桶里经过长时间的贮藏陈酿，萃取橡木中的有用成分，形成白兰地金黄的颜色、陈酿的酒香和醇厚丰满的口味。

原白兰地对橡木成分的浸取过程，与橡木桶的新旧程度有关系，也与原白兰地的酒精含量有关系。

众所周知，旧的橡木桶与白兰地接触的内表面，可萃取的有用成分逐渐减小，木桶使用的时间越长，可萃取的有用成分就越贫乏。新桶的情况则正好相反。为了更有效地控制贮藏在橡木桶里的原白兰地质量，使贮藏原白兰地不因浸出物过多而造成颜色过深，口味过重，也不因浸出物不足而导致颜色过浅和口味过淡，因而对新桶和老桶加以界定，做到原白兰地在新桶和老桶里交替贮藏，是很有意义的。

烟台张裕葡萄酿酒公司根据多年来生产白兰地的实践经验，对白兰地新木桶和老木桶是这样界定的：对于350L容量以下的小木桶经过处理后，小桶开始贮酒，1~3年为新桶。这里所谓的新桶概念，是指木桶还没有进入最佳贮酒期。使用3~15年的小木桶，是贮藏白兰地的最佳时期。使用15~20年的小木桶为老桶。20年以后的小木桶，仅作为贮藏白兰地的盛酒容器。对于容量在1t以上的大木桶，开始贮酒1~5年为新桶；5~20年为最佳使用期；20~30年为老桶，30年以后仅作贮酒容器。

原白兰地对橡木成分的萃取作用，除了与橡木桶的新旧有直接关系以外，还与原白兰地的酒精含量有关系。

法国国家科涅克行业局葡萄栽培和葡萄酒酿造站R. 康达格雷尔（R. Contagrel）等，研究了原白兰地的酒精含量与橡木有用组分萃取之间的关系，通过化学分析和感官检验的方法，鉴定白兰地酒质的演变情况。

研究工作的目的是，希望试验的原白兰地其酒精含量在30%~70%vol（作为出售的白兰地酒，其酒精含量为40%vol）。

①确定从橡木所含的化合物中，可能萃取出来的成分（酚酸、芳香醛、香豆素、糖、多元醇、矿物质、糠醛、内酯。它们的含量以mg/L原白兰地表示）。

②追踪挥发性化合物含量的变化情况（含量以 mg/L 纯酒精计）。

③评价原白兰地在各种酒精含量条件下进行陈化对白兰地感官检验性质的影响。

试验是在 1988 年（试验持续 12 个月）和 1989 年（试验持续 26 个月）进行的，所用的酒是小香槟制成的白兰地。所用的酒桶来自同一家制桶作坊。每一种酒精含量装 2 桶，贮藏在同一酒库中。

通过试验结果分析可以看出，对于以下这些化合物，随着酒精含量的变化，分析数据变动的范围很大（即最大萃取量与最小萃取量之比）。这些化合物是：芳香醛（例如香草醛，即香兰素，图 8-14）、丁香酸、鞣花酸、东莨菪素、lyoni 树脂醇、糠醛、内酯、钾等。

分析数据变动范围很小的化合物有：糖（如阿戊糖，图 8-14）、多元醇、棓酸等。

橡木桶的烘烤程度，对橡木成分的萃取量有很大的影响。

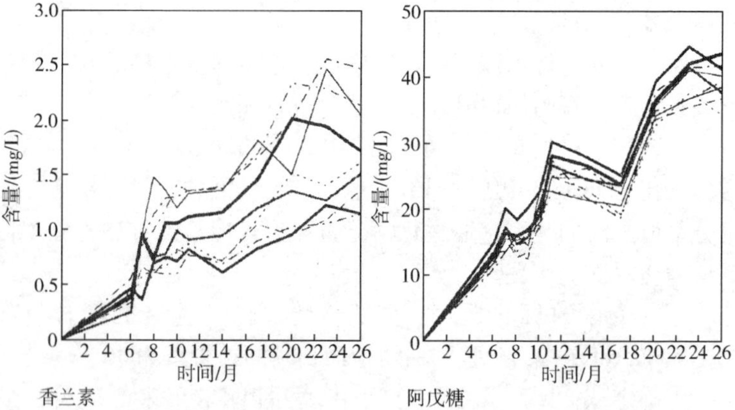

图 8-14　原白兰地陈酿期间酒精含量对橡木中萃取化合物的影响

白兰地中挥发组分的变化情况，受酒精含量影响很大。特别是服从质量作用定律的化合物和同时来源于原白兰地和橡木的那些化合物（图 8-15）。

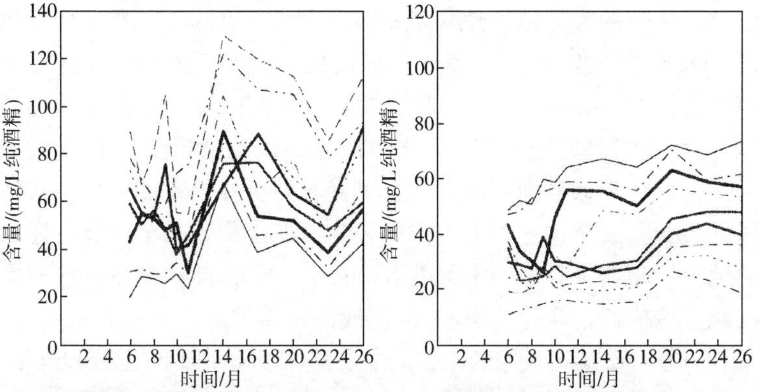

乙醛　　二乙氧基-1,1-乙烷

图 8-15　原白半地陈酿期间酒精含量对挥发性成分变化的影响

酒精含量：

70%　65%　60%　5%　50%
45%　40%　35%　30%

对以上试验的感官检验结果如下。为了不使品酒员受酒精含量差别的影响，在进行品酒之前 3 个月，就将所有的白兰地勾兑到 40%vol 的酒精含量。只是在品酒开始时，先要品酒精含量在 40%~65%vol 的酒样。

这 6 种酒样在感官检验时的差别不大，不具有统计意义。品酒员们对于两种在烘烤得最充分的橡木桶里陈化的白兰地（40%~50%）的特点给以明确评语，以这种方式确认了分析结果。

总的评议结果是：最初酒精含量为 50%~55%vol 的几种白兰地，显得略微比其他白兰地好一些，更为柔和细腻，味觉持久，总的平衡较好。酒精含量 65%vol 已陈化的白兰地比较差一些。

白兰地的陈化是极为复杂的过程。科涅克酒的质量是组成这种酒的若干种物质总体和谐平衡的结果。所进行的一系列试验研究可以证明在中等程度的酒精含量条件下，即在酒精含量50%~55%vol贮藏原白兰地的效果最好，感官评定能达到最佳的平衡。

新蒸馏的原白兰地酒精含量70%vol左右，进橡木桶里长期贮藏。出厂的成品白兰地一般酒精含量在40%vol左右。如果生产XO级白兰地，原白兰地的贮藏时间不能小于6年。如何将酒精含量为70%vol的原白兰地变成酒精含量为40%vol的成品白兰地？是一次稀释到位，还是分步稀释到位？根据法国介绍的经验，采取分步稀释到位的办法，可以收到更好的贮藏效果。按法国的经验，这个稀释贮藏方法可分为4个步骤。每个步骤把原白兰地的酒精含量降低一定的度数，最后一步，即在装瓶以前非常准确地调成酒精含量为40%vol的成品白兰地。

对于贮藏期为3年的白兰地来说，可以采取以下的稀释步骤：

①将原白兰地由酒精含量为70%vol稀释至酒精含量为65%vol，装入木桶贮藏，存放18个月。

②从酒精含量为65%vol的原白兰地再稀释成酒精含量为53%vol，继续贮藏6个月。

③再把酒精含量为53%vol的原白兰地稀释至酒精含量为42%，再贮藏12个月，总共36个月。

④在装瓶之前，将酒精含量为42%vol的白兰地准确地调整成酒精含量为40%vol，处理后检验合格即可装瓶。

每次稀释用水，可以用蒸馏水，也可以用树脂交换过的去离子水。

三、贮藏白兰地的管理

首先，贮藏桶里白兰地不能装得太满，要留出1%~1.5%的空隙，这样，一方面可以避免因温度变化引起体积膨胀造成外溢损失；另一方面，由于空气的存在，可加速老熟。原白兰地贮藏期间，每年要添桶1~2次。可用同样的原白兰地按期添至自然消耗的界限。

贮藏期间要经常地对原白兰地进行观察，检查它的颜色、口味和香味变化。如果发现有不正常的现象，要立即采取措施，消除这些缺陷。原白兰地贮藏时，有时会遇到颜色变得太深太暗，出现粗糙的橡木后苦味。这与橡木桶质量有关，这样的原白兰地需要进行下胶处理，然后继续贮藏。质量不好的木桶要进行重新处理。

贮藏期间要经常检查桶的状态，如果发现桶箍损坏，或桶缝漏酒，要立即采取措施，首先把酒倒出来，然后对坏桶进行修理。

贮藏白兰地的橡木桶要新老木桶交替使用。即新蒸的原白兰地在新木桶里贮藏一段时间以后立即翻入老桶里贮藏，以避免新木料中的可溶性物质太多而出现粗糙的橡木后苦味。

原白兰地在贮存的情况下要定期进行分类。保存5年的原白兰地，两年或两年半分类一次。分类时选择质量好的原白兰地，把它进一步贮藏，用来制造名牌白兰地；质量差一点的原白兰地，分出来单独存放，用于制造普通的白兰地。

对名牌白兰地，需要记录它的葡萄品种和特定的产地名称。

贮藏的期限决定白兰地的称号和质量。贮藏的时间越长，质量越好。法国科涅克白兰地贮藏在木桶里，有达50年之久的调样。但一般说来，贮藏到十几年，就可以获得优美的品质特征了。在市售之前，白兰地要进行勾兑，即将不同酒龄的原白兰地，按照一定的比例混合起来。在法国是以最年轻的酒种决定其分档标准。表明V.S.O.P的产品，其最年轻的酒种为4年酒龄。我国计算白兰地酒龄一般按平均酒龄计算。

对于普通的“三星牌”白兰地，为了增加产量降低成本，可以把原白兰地贮藏在装有橡木窄板的密闭容器里。即可用经过涂料处理的水泥池或普通钢板制作的铁罐，内部垛有经过处理的橡木窄板贮存白兰地。橡木窄板可采用长400~1150mm，宽60~

150mm，厚18～36mm的规格。窄板在使用前，应堆垛在敞棚里风干3年以上，然后选择下列方法中的一种加工处理：

（1）完全按新木桶制作时用火烤的方法，把木板的每一个侧面都进行中等强度的烘烤。

（2）在0.3%的苛性钠碱溶液里贮存2～6天，温度10～25℃，而后排除碱液，在通风的屋子里风干6天，或者在45℃条件下烘干一昼夜。

把经过加工的橡木窄板，放进容器里并垛起来。窄板加入量按表面积的比率80～100cm^2/L计算。原白兰地的装入量占容积的95%。在整个贮藏期间，要维持原白兰地里的氧气达到饱和的水平。

长期使用后，窄板的表面就缺乏了单宁物质，刨去表面3～5mm，即可重新使用。

以上方法可以提高普通白兰地的产量。但是，要得到高质量的名牌白兰地，唯一的方法仍然是需要在橡木桶里长期贮藏。

原白兰地在贮藏期间，它的倒动应该及时登记入册。登记册中应记录如下指标：编号、蒸馏年限、原白兰地的起源和它的质量、试味特征等。此外，还应该包括分析资料：酒精含量、挥发酸、醛、酯、高级醇、糠醛、金属盐的含量等。

每年清点以前，要测定原白兰地相对密度和酒精含量。其余项目的分析按次序进行，每年都要进行一次品尝，在品尝时要特别注意老熟的进程。当发现任何缺点时，都要立即采取措施，分出有毛病的原白兰地并纠正发现的缺点。

按照登记册里的记录资料，白兰地技师为白兰地的勾兑、调配选择原白兰地样品，做出是否进一步贮藏的正确结论。

第九章　白兰地的人工老熟

前章已经讲过，原白兰地需要在橡木桶里经过多年的贮藏，才能成为陈酿佳酒，达到成熟完美。在长期的贮藏过程中，原白兰地发生了一系列的复杂变化，主要包括对橡木成分的萃取作用及物理变化、化学变化、物理化学变化等，这种过程称为天然老熟作用。

根据苏联、法国等国家酿造白兰地的成功经验，一般的白兰地需要在橡木桶里贮藏三四年，才能完成天然老熟作用。名牌的白兰地需要贮藏五六年以上。有些很高档的白兰地，需要在木桶里贮存几十年的时间。一般说来，白兰地在木桶里贮藏的时间越长，品质就越好。但是，贮藏时间长，生产周期也长，提高了白兰地的成本。

所谓白兰地的人工老熟，就是利用物理的、化学的方法处理白兰地，用人为的干预，促进白兰地在天然老熟过程中所发生的各种反应，使自然状态下需要几年时间发生的变化，在短时间内就能完成。从而得到质量较好的，接近天然老熟效果的白兰地。

在法国，从19世纪初期，就有人开始研究白兰地的人工老熟。随着科学的发展和技术的进步，这方面的研究越来越深入广泛。但是，蒸馏酒的人工老熟研究，至今还没有得到很好的解决。这是因为，像白兰地这种含有各种复杂成分的蒸馏酒，在自然老熟过程中，各种成分是保持协调变化的。人工老熟的方法，会在酒中造成不均衡的反应，香味就容易失调。

但是，如果人工老熟的方法得当，就可以加速白兰地在自然老熟过程中的各种变化，改善白兰地的口味和香味，得到和自然老熟相接近的效果，并能获得消费者的欢迎，达到缩短贮藏期的目的。因此，人工老熟的方法，被广泛应用于改善和提高普通白兰地质量。

白兰地人工老熟的方法很多，概括起来不外乎添加白兰地陈酿促进剂的方法、化学方法和物理方法等，下面分别叙述。

第一节　白兰地陈酿剂的研究和应用

白兰地必须在橡木桶里长期贮藏，才能逐渐成熟，成为陈酿佳酒。这其中一个主要的变化过程，就是萃取橡木的可溶性物质，丰富了白兰地的内容，形成白兰地特有的酒体。

如果用人为的方法，从橡木中萃取所需的可溶性物质，提纯精炼，制成粉状或膏状，定量地加入白兰地中，使白兰地在贮藏中需要几年才能从橡木桶中萃取到的物质，瞬间即可得到。通过这种办法，缩短白兰地的贮藏期，能达到加速陈酿催化成熟的作用。

一、催素及其应用

催素（Quercyl）是从橡木中提取出的白兰地陈化剂，这种陈化剂已经成为商品，每年在世界各地有很大的销售量。

催素是法国 Charles Jarraud 公司的产品。早在 1918 年，催素最初推出时，并没受到欢迎。后来经过多年的研究和改进，现在已经成熟，质量也是可信赖的。

催素的提取方法，已经专利注册。它是从制造橡木桶的下脚料中，抽提取其中的可溶性物质，把这些可溶性物质，经过精制提纯，制成干粉状。催素完全是植物所含的天然物质，等同于白兰地从橡木桶中抽提出来的可溶性物质。把它溶解到白兰地中，就可以节省很多的贮藏时间，达到在橡木桶中长期陈酿的效果。催素能令酒加速陈化，但不能改变酒的色泽。催素具有应用方便，保证产品质量稳定的特点。从经济观点看，催素是可以使用的。它可以加快资金的周转回笼，减少蒸发损失，减低投保的费用和设备的折旧，酒厂试用后会产生新观念。

催素是从橡木的边角料中提出来的，可以用法国利穆森的橡木作原料，也可以用法国特隆赛的橡木作原料。由于这两种橡木的品质不同，所以催素也分成两种品质。

催素 L：取自利穆森（Limousin）橡木心材。

催素 T：取自特隆赛（Troncais）橡木心材。

应根据贮藏方式和对口味的要求，通过试验，做出合理的选择。

对以上两种催素成分进行定性分析，结果见表 9–1 和表 9–2。

表 9–1　　催素干浸取物中高级醛含量定性比较

高级醛	利穆森	特隆赛	色范围
香荚兰素	+++++	+++	+2
紫丁香醛	++++	++++	–0
杉醛	+++	++	+1
芥子醛	+	±	(±)
莨菪丁	+++	++	+1
对水杨醛	–	–	=
不明黄点	+++	+++	=

表 9–2　　溶于水中的催素高级醛含量

高级醛	利穆森	特隆赛	色范围
香荚兰素	++++	++	+2
紫丁香醛	+++		+++0
杉醛	++	++	=
芥子醛	+	–	±1
莨菪丁	++	+	+1
不明黄点	±	++	+1

从表 9-1，表 9-2 的分析结果可以看出，特隆赛出产的橡木里，缺少芥子醛，可能因此导致两种木材浸取物的效果不同。

催素加到原白兰地中，需要有一个消化过程，使催素的成分与原白兰地的成分融为一体。催素的用量与消化时间的长短有关系，以下的试验结果可以说明。

用 4 只同为 250L 的橡木桶，装盛新蒸馏的品质优良的原白兰地，装满至只余 1%的空间。用利穆森的催素作试验。先用少量的水把催素溶解，然后加入原白兰地中。每个桶的用量分别是：

木桶（A） 使用活性催素 L 65g/100L 原白兰地

木桶（B） 使用活性催素 L 70g/100L 原白兰地

木桶（C） 使用活性催素 L 75g/100L 原白兰地

木桶（D） 使用活性催素 L 80g/100L 原白兰地

原白兰地酒精含量的差异是 68.5%~69.4%。

每 6 个月抽样一次，进行分析和品尝。品尝结果见表 9-3。

表 9-3　　催素 L 的用量与消化时间的关系

取样时间	经过若干时间后的品味分级					
	6 个月	12 个月	18 个月	24 个月	30 个月	36 个月
木桶 A（65g/100L 原白兰地）	1	3	2	4	3	4
木桶 B（70g/100L 原白兰地）	2	1	3	3	4	3
木桶 C（75g/100L 原白兰地）	3	2	4	2	2	
木桶 D（80g/100L 原白兰地）	4	4	1	1	1	1

从以上试验的品尝结果可以看出：对酒精含量为 68%~69% 的原白兰地，催素的添加量与原白兰地的贮藏时间有关系。

如欲贮存 6 个月的原白兰地，最佳用量为 65g/100L 原白兰地。

如欲贮存 1 年的原白兰地，最佳用量为 70g/100L 原白兰地。

如欲贮存 1~2 年的原白兰地，最佳用量为 75g/100L 原白兰地。

如欲贮存 2~3 年的原白兰地，最佳用量为 80g/100L 原白兰地。

苏联酿酒专家和保加利亚的酿酒专家，对催素加速陈酿的作用，给予了充分的肯定。他们认为，关于加速白兰地陈化的种种方法，不论是化学的、物理的或其他的方法，要是没有橡木的浸取物，都是不能成功的。

二、白兰地陈酿促进剂的研究

以橡木为原料，采用酶解、光解和热解相结合的技术手段，制备 BCC-1 白兰地陈酿促进剂。应用结果表明，该产品用于白兰地陈酿，着色快、色泽好、木香突出、口味醇和。

BCC-1 白兰地陈酿促进剂的研究，是山东省科技发展计划项目。该项成果，曾获得山东省科技进步二等奖，并获得国家发明四等奖。这项研究工作，以烟台师范学院郝宪孝教授为首。现将这项研究工作的详细内容介绍如下。

为使人工老熟白兰地的质量与自然陈酿的白兰地质量趋于一致，必须深入研究自然陈酿过程中，橡木桶板成分的变化。

在自然酿造的过程中，橡木的木质素参与白兰地成分的形成。橡木木质素的降解，在自然状态下，要经过两个过程，即桶板自然风干过程中的光解和微生物降解。经过上述过程，使降解的木质素参与白兰地成分的形成。

众所周知，制桶的橡木板需要在自然的状态下，自然风干 2~3 年。桶板的自然风干，是一个缓慢复杂的变化过程。微生物的作用和太阳光中紫外线的作用，都能使木质素发生降解。能使木质素降解的微生物，适合在橡木表层几毫米处生活，能分解多种酚苷类，如将莨菪苷降解为东莨菪素。这些物质的降解减少了浸取液的苦味。同样，部分鞣花单宁的降解，减少了橡木浸取液的涩味。在橡木屑上接种纤维素细菌（*T. harzianum*），发现该细菌可将木质素分解成酚醛类物质，如丁香醛、香草醛、松柏醛、芥子醛等。微生物的作用减少了橡木的苦涩味，增加了芳香物质，改善了木板质量。

到达地面的太阳光中紫外光约占10%。桶板自然风干3年，每$1cm^2$大约可吸收3×10^{47}个紫外光子。即便量子效率取10^{-3}~10^{-5}，也足以断裂相当客观数量的橡木木质素分子链。模拟试验表明，用一定波长的紫外光线照射橡木屑，橡木屑的质量（m）随辐照时间增长而减少；生成的香草醛，随辐照时间增长而增加。有关结果见表9-4。其中橡木屑质量由万分之一天平称定，香草醛用紫外分光光度法测定。连续辐照720h，橡木屑的总质量减少6.4%（表中的m为照射后的橡木屑质量，m_0为照射前的橡木屑质量）。当然这一过程不只是简单的降解，还包含缩合在内的诸多变化。尽管其间的细节尚待进一步探明，但是可以肯定的是，木板的自然风干，促进了木质素的降解、香草醛的生成，为白兰地的陈酿创造了物质条件。

表9-4　　　　紫外线降解橡木质量变化表

时间/h	m/m_0/%	香草醛含量/（mg/kg）
24	99.69	407.3
48	99.51	565.0
72	99.28	670.1
96	98.97	765.4
120	98.02	803.5

制桶烘烤使木质素降解，降解产物有芳香族醛类和芳香族酸类。烘烤分轻度、中度、重度3个水平。木板受热发生高温热解，可分为3个阶段。初始阶段，温度升至140℃，木材失去水

分；第二阶段温度140~270℃，木材表面变褐，芳香物生成；最后，当温度升至270~280℃，木材炭化。重烤一般以270℃为限，再高温即开始燃烧。表9-5是不同烘烤强度对桶板芳香族醛类的影响。

表9-5　　不同烘烤强度下芳香族醛类生成百分比　　单位:%

芳香族醛类	不烘烤	轻度烘烤	中度烘烤	重度烘烤
香草醛	0.69	2.55	4.92	5.74
丁香醛	1.51	3.65	13.70	15.68
松柏醛	0	20.42	38.51	29.13
芥子醛	0	22.49	75.38	67.25

试验证明，烘烤对芳香族醛的形成有重要作用，不经烘烤的木板，其芳香族醛的含量极少；中度烘烤，芳香族醛的含量最高，对陈酿白兰地风味的形成最为有利。因此中度偏强一点的烘烤，是制作橡木酒桶的关键，也是白兰地酿造工艺的关键。重度烘烤虽然会稍微增加一些香草醛或丁香醛的含量，但同时会将部分木质素烧焦，从而产生焦味和咖啡味，不符合白兰地的口味要求。

白兰地与桶板相互作用，木质素发生醇解和酸解，桶板的成分逐年变化，这个过程前面已经讲得很多了。

BCC-1白兰地陈酿促进剂的研究，就是根据桶板自然风干过程的变化，及制桶时强烈烘烤所发生的变化，用人工模拟的作用，促进上述的变化。采用的技术方法是：用纤维素酶和木质素酶，降解橡木，代替微生物对桶板的作用；用紫外光照射橡木，代替桶板的自然风干；用红外线降解橡木，代替制桶过程中的炭火烘烤。将酶解橡木、光解橡木和热解橡木的木屑，按适当的比例，组成白兰地陈酿促进剂。

BCC-1白兰地陈酿促进剂的基本组成是：酶解橡木、光解橡木和热解橡木按2：3：5混合，配以0.1%～0.15%的乙基香兰素（ethy-lvanilln）制成，产品色泽黄褐，香气浓郁。

制备白兰地陈酿促进剂的工艺流程是：

原料→清洗→加酶→保温→烘干→破碎→筛选→光解→烤制→调配→检验→成品

白兰地陈酿促进剂产品主要技术指标如表9-6所示。

表9-6　BCC-1主要技术指标及检验结果

项　目	技术要求	检验结果	单项评价
感官	详见标准	符合标准要求	合格
醇溶物含量/%	≥5	6	合格
水分/%	≤10	7	合格
砷（以AS计）含量/（mg/kg）	≤0.2	<0.2	合格
重金属（以Pb计）含量/（mg/kg）	≤0.3	<0.3	合格

白兰地陈酿促进剂用于白兰地陈酿，取得了令人满意的结果。表9-7列出了陈酿样品的品评结论。经BCC-1陈酿的样品，色泽金黄到赤金黄，具有和谐的葡萄品种香、醇和的酒香、陈酿的橡木香，香气优雅，口味醇和。

表9-7　陈酿白兰地的感官评价

BCC-1用量	色泽	香气	口感
1kg/t	金黄色	协调较淡	细柔，淡薄
2kg/t	赤金黄色	优雅浓郁	醇和，丰满
3kg/t	赤金黄色	优雅浓郁	醇和，丰满，绵延

与进口催素相比，BCC-1白兰地陈酿促进剂生产工艺简单、成本低、陈酿效果与桶贮样品趋于一致。表9-8列出了桶贮样品和试验样品的感官评价结论。

表 9-8　综合评价

样　品	评　语
原白兰地	无色透明，具有明显的酒精气息，入口甜，味感苦，涩较重，酒体欠醇厚
桶贮样品（1 年）	金黄色，具有和谐的葡萄品种香，醇和的酒香，陈酿的橡木香，香气优雅、浓郁、口味醇和、甘洌、细腻、绵延
试验样品	赤金黄色，具有和谐的葡萄品种香，陈酿的橡木香，醇和的酒香，香气优雅、浓郁、口味醇和、甘洌、丰满、绵延

研究白兰地陈酿促进剂，具有非常重要的现实意义。采用白兰地陈酿促进剂，能够降低陈酿费用，提高产品质量，节省设备投资，加快资金周转，具有较好的经济效益和社会效益。

第二节　热加工和冷处理对白兰地的老熟作用

用热加工的方法处理白兰地，可以收到较好的老熟效果。特别是在白兰地中添加橡木粉，或添加经过处理的橡木板条等，效果更显著。因为热加工能加速各种反应过程，同时加速了白兰地对橡木成分的萃取作用，这就是热加工老熟白兰地的机制。

从 19 世纪末，有的工厂就开始用这种方法老熟白兰地。现在，白兰地生产中已广泛应用。实践证明，加热老熟白兰地，虽然还不能产生在桶里多年贮藏所达到的效果，但对改善白兰地的口味，提高质量，有良好的作用。它能使白兰地的口味变柔软，使白兰地具有协调的口味和芳香。加热的时间越长，得到的效果也就越显著。

白兰地的加热老熟，一般是在有保温层的不锈钢罐里进行。这种罐装有不锈钢的加热和冷却盘管，采用间接蒸汽加热。加热前，必须有专人负责对设备进行全面检查，不得有漏汽、漏酒现象。在加热的过程中，必须进行不停地搅拌，防止局部温度过高，影响质量。当温度达到要求后，停止加热搅拌，老熟温度可控制在50~55℃，保温7天。保温时间达到后，用自来水冷却，使酒温降到35℃以下，即可出桶。

在涂料的贮酒容器里，加入预先处理的橡木板条，用这种方法处理原白兰地的工艺，已被苏联食品工业国家委员会所肯定，并向国内的白兰地工厂建议，在生产中广泛应用。

在苏联，应用橡木板条加速白兰地老熟，橡木板条的规格及处理方法各不相同，据资料介绍，用10mm×10mm×100mm的橡木板条，在0.075~0.25mol/L的碱液中（NaOH或KOH），浸泡处理2天，再用清水洗净备用，也有用10mm×50mm×30mm的橡木块，在115~140℃的空气中加热6天，直至生成深棕色，用这种木块来处理原白兰地，以加速陈酿。

橡木桶不仅是贮藏白兰地的容器，而且是酿造白兰地所必需的条件。从这个概念出发，苏联有人提出了在密闭的水泥池涂料容器里，加速白兰地老熟的方法。这种方法是，把橡木板用酸或碱液浸泡，温度25~30℃，时间为24h，随后洗涤晾干。这种处理方法，能加速木质素的水解。在密闭的内部涂料的容器里，将加工过的橡木板均匀摆放，注入要老熟的原白兰地，使接触面积为70~80cm^2/L。在老熟期间，可往酒中通入空气和氧气，氧含量不低于8~10mg/L。为了加速原白兰地的老熟效果，应保持贮酒容器里品温在25~30℃。用这种方法老熟白兰地，在苏联耶列瓦斯基白兰地工厂和熬德萨白兰地工厂都进行过，得到的结果是肯定的。

杰拉西莫夫（М. А. Герасимов）指出，将装在瓶中的白兰地，在60℃的温度下贮藏6个月，也能非常显著地改善白兰地的质量。

冷冻处理，除了能增加白兰地的稳定性，对白兰地的质量也有很大的改善，即冷冻也能起到老熟的作用。酒的温度越低，溶解的氧就越高，所以低温能促进酒的氧化，这是低温老熟的机制之一。据报道，在不锈钢筒里，用液态氮在-170℃下，冷冻白兰地，品尝认为，对酒的老熟没有什么效果。在白兰地生产中，普遍采用的冷冻方法是，在-18～-16℃的温度下保温4天，就可以使白兰地成熟。

热加工和冷处理结合使用，对改善或提高白兰地质量效果更好。把经过一定时间贮藏的白兰地，在装瓶以前，先加橡香粉进行热加工，而后再按上述条件进行冷冻处理，冷冻时间达到后，趁冷过滤。这样既提高了白兰地酒的稳定性，又提高了白兰地的质量。这种工艺，在生产中得到广泛应用。

第三节　化学因素对白兰地的老熟作用

白兰地在自然老熟过程中，发生了一系列的化学变化，如果用人为的方法加速这些化学变化，就能达到人工老熟的目的。

一、氧　化　法

氧化作用对形成白兰地特有的芳香，具有重要意义。人工氧化白兰地的方法有以下几种。

1. 加氧

往白兰地里直接通入氧气，能够加速白兰地的陈酿。为了使氧和白兰地接触时充分溶解，可以设计一种特殊的加氧设备，使氧气通入时呈淋雨状。

2. 加臭氧

臭氧的分子是由3个氧原子组成的。这种分子不稳定，很容易分解，变成氧分子，放出原子氧。原子氧活性很大，对白兰地的氧化作用很强烈，因而老熟效果也就很明显。有人试验，白兰地里加臭氧4个月后，它的老熟程度相当于20年陈酿的白兰地。

用氧化的方法老熟白兰地或原白兰地，可使新酒去掉醛臭味，变得柔软舒顺，减小刺激性。

二、氢　化　法

往白兰地或原白兰地中通入氢气，给不饱和的化合物加氢，使其达到饱和。这个方法可以使新酒或年幼的酒去掉生青味或怪味，达到改善口味，提高质量的目的。

三、酶　制　剂

在长期贮藏的原白兰地中，含有大量的具有过氧化物酶活性的物质。从这个概念出发，在研究白兰地人工老熟问题时，苏联马斯卡（C. M. МаНска）等人提出，关于原白兰地老熟过程中过氧化物酶作用的原理，是应该引起重视的。作者进行了老熟的试验，其方法是往瓶里的原白兰地中添加过氧化物酶，每 1L 加 0.02g 酶制剂，瓶中同时要加入橡木的刨花。试验结果，用过氧化物酶老熟原白兰地，使口味变柔软了，消除了不愉快的杂醇油味，出现了与香兰素含量增长相关的愉快芳香。

第四节　物理因素对白兰地的老熟作用

用物理的方法促进白兰地老熟可分为搅拌作用、温度处理、电处理、照射处理等。

一、搅拌作用

搅拌作用又分机械搅拌和超声波搅拌。用这种物理的方法，使原白兰地激烈地振动，促使酒精分子和水分子靠氢键缔合。前章已经讲过，当酒精分子和水分子靠氢键缔合时，自由的酒精分子数减少。缔合的酒精分子，受到氢键的束缚，分子运动的幅度减少，因而减少了对口腔的刺激作用，这样的酒喝起来柔和绵软。搅拌作用还能加强氧在原白兰地中的溶解，从而加强了原白兰地的氧化作用，这也是搅拌老熟的机制之一。

超声波搅拌需要20000Hz以上的频率，虽有一定的老熟作用，但效果并不显著。

关于温度对白兰地的老熟作用，前面已经讲过，此处不再重复。

二、电 处 理

对酒类直接进行电处理的方法，有电流和加热、电流生成臭氧、电解和氧化还原、电透析等各种方法。

斯培靳迈依耳（Spellmeyer）1936年报道，在酒精含量为50%的蒸馏酒中，添加醋酸、酒石酸或柠檬酸25~50mg/100mL，用1A以下的交流电处理2~3周，有一定的老熟作用。

散德和夫赫（Sander和Fuhrer）在1941年曾用交流电120~190V与空气搅拌的方法处理蒸馏酒，使醛含量减小，酯含量增加了。

采用电闪光和高压无声放电的方法，在空气中生成臭氧，臭氧溶解入白兰地中以后，具有效果显著的老熟作用。但这种方法很难调节臭氧的生成量，容易造成氧化过度。

电解处理蒸馏酒，阳极起还原作用，阴极起氧化作用。但这种处理，对蒸馏酒的老熟作用效果不大。

三、照射处理

照射处理是红外线照射、紫外线照射、可见光照射、γ射线辐射等。

分子吸收了红外线，会转变为伸缩、弯曲、回转、振动等运动能，表现出加热的效果。红外线照射白兰地，所以有一定的老熟作用。这与它的热效应有关。

用紫外线照射白兰地，也有一定的老熟作用，分子吸收了紫外线的能量，能使分子激活，加速了老熟过程中的化学反应。据报道，用密闭石英管的紫外线照射蒸馏酒 8h，相当于用桶存放 87 年的效果。这个结果是否确切需要验证和重复试验。

有人曾经试图在露天的太阳照射的广场上，利用太阳光的照射，加速原白兰地的老熟。但这样做的损耗太大。

γ 射线是一种穿透性很强的光波，对促进酒精饮料的成熟，效果是很明显的。日本和苏联都有资料报道，用 γ 射线照射饮料酒，具有加速陈酿，缩短贮藏期的作用。当然不同品种的饮料酒，需要的辐射剂量是不一样的。

1978 年以山东省农业科学院为首，成立了辐射加速葡萄酒、白兰地陈化研究协作组，研究 γ 射线的老熟效用及卫生指标。先后几次对白兰地进行了不同剂量、不同剂量率的辐射处理，对 $^{60}Co\gamma$ 射线的老熟作用，有以下几点看法。

(1) $^{60}Co\gamma$ 射线的适宜剂量照射白兰地，对加速白兰地的陈酿，有明显的作用。短时间的照射，可收到相当于 2~3 年的贮藏效果。照射后的白兰地，香气变得柔和协调，新酒的辣喉感减轻。

(2) 不同品种的白兰地，最适宜的照射剂量是不一样的。有的白兰地以照射 38.7C/kg 为最好，有的白兰地以照射 25.8C/kg 为宜。

(3) 对每一种白兰地来说，随着照射剂量的增加，颜色和香气有规律地减退（但香气变得细腻、协调)，刺口辣喉感有规律性减少。总剂量在没有达到最适辐射剂量之前，随着辐射剂量的增加，酒的质量也越来越好；当超过最适辐射剂量之后，随着照射剂量的增加，酒的品质反而越来越差。

(4) 当总的辐射剂量一定时，剂量率的不同，对酒的质量影响不大。

(5) 通过几代的动物饲养试验证明，辐射的酒对动物的生长、发育、遗传等均无影响，即辐射的酒对人体及动物无害。γ 射线既然能用于食品辐射，当然也应该能用于酒类的辐射。

人工老熟白兰地的研究，虽然已经有了 100 多年的历史，而且有些研究成果，已经在生产上推广应用，但这方面还有很多的课题，有待继续深入地研究。随着科学的发展，技术的进步，人类一定能找到缩短白兰地的酒龄、提高白兰地质量的方法。

第十章　白兰地的勾兑、调配与加工

单靠原白兰地长期在橡木桶里贮藏，想得到高质量的白兰地，在生产上是不现实的。因为这样做除会延长白兰地的生产周期，还会导致白兰地的质量不稳定。因此在白兰地生产中，勾兑和调配是必需的，也是得到高质量白兰地的关键所在。特别是调配，像画龙点睛一样，是白兰地工艺中的传神之笔。

第一节　白兰地的勾兑

不同国家的白兰地工厂，生产白兰地的工艺有所不同。就白兰地的贮藏而言，有的厂以贮藏原白兰地为主。原白兰地经过几年的贮藏，基本成熟，经过勾兑、调配成白兰地。再经过橡木桶短时间的贮藏，然后把不同酒龄、不同桶号的白兰地勾兑起来，经过加工处理，即可装瓶出厂。苏联的白兰地生产，基本上是按上述工艺，以贮藏原白兰地为主。我国白兰地生产，采取的工艺有所不同，原白兰地经过短时间的贮藏，勾兑调配成白兰地，再在橡木桶里经过多年的贮藏，达到成熟以后，经再次勾兑和加工，装瓶出厂。

把两种或几种白兰地或原白兰地，按最佳的试验比例混合在一起，谓之白兰地的勾兑。勾兑只是几种白兰地或原白兰地的混合。

无论是以贮藏原白兰地为主，还是以贮藏配成白兰地为主，都存在着两次勾兑过程，即配制前原白兰地的勾兑和装瓶前成熟白兰地的勾兑。

白兰地调配以前，原白兰地的混合勾兑是很重要的，特别是对以贮藏原白兰地为主的工艺，混合勾兑更重要。原白兰地的勾兑有以下几种情况。

一、不同品种原白兰地的勾兑

用不同的葡萄品种发酵蒸馏的原白兰地，质量是不同的。众所周知，法国的白福儿、白玉霓、哥伦巴等葡萄品种，是酿造白兰地最好的葡萄品种。用这样的名品种葡萄蒸馏的原白兰地，要比用一般的葡萄品种蒸得的原白兰地，质量优异得多。为了保持白兰地产品质量稳定，调配白兰地时，需要按一定的比例，把不同品种的原白兰地勾兑起来。而且这个比例经试验确定后，要相对固定。不同葡萄品种的原白兰地互相勾兑，能取长补短，提高白兰地的质量。

有一些普通牌号的白兰地，是用几种质量不同的原白兰地勾兑的。例如有的普通白兰地中，有葡萄汁发酵蒸馏的原白兰地，也有发酵后的葡萄皮渣或酒脚蒸馏的原白兰地。几种不同质量的原白兰地，经过试验选择，确定最好的勾兑比例，这样可以扩大白兰地的产量，也能生产出较好的白兰地。

二、不同桶藏原白兰地的勾兑

贮藏白兰地的橡木桶，要专桶专用，也就是说同一个桶，只能贮藏一种白兰地或原白兰地，不能一回用它贮藏这种质量的，下回又用它贮藏那种质量的原白兰地。更不能用盛白兰地的桶贮藏葡萄酒。专桶专用能保证白兰地产品质量的稳定。

同一种原白兰地，贮藏在新旧不同的橡木桶里，陈酿的效果是不同的。新桶与酒接触的内表面，含有丰富的可溶性物质，用新桶贮藏原白兰地，橡木的可溶性物质大量被酒浸取，很快就会达到或超过标准；相反，贮藏在老木桶里，橡木的可溶性物质浸取速度很慢，长时间贮藏也达不到要求的标准。所以新桶和老桶贮藏的白兰地进行勾兑是非常重要的。通过调整新老桶贮藏原白兰地的勾兑比例，可以使白兰地的口味恰到好处。

原白兰地贮藏在不同容量的橡木桶，老熟效果也不一样。原白兰地与木桶内表面接触的比例越大，陈化的速度也就越快。同样的白兰地，分别贮藏于500L容量和300L容量的橡木桶中，后者贮藏3年，可相当于前者贮藏5年的效果。

因此，对不同容量的橡木桶贮藏的原白兰地进行勾兑，是保持白兰地质量稳定的重要措施。

三、不同酒龄原白兰地勾兑

原白兰地的酒龄不同，质量也就不同。一般说来酒龄越长，质量也就越好。

白兰地酒需要长时间在木桶内贮藏，才能形成其独特的酒品。长期贮藏的过程，通过桶内缓慢的氧化，原有的粗涩苦味便会消减，使酒质更香醇浑然。

掌握好白兰地在木桶里贮藏的时间和程度是很重要的。桶藏时间长了，白兰地的木头味过重，令人无法接受；桶藏时间短了，白兰地酒质新，口味淡，不成熟。所以白兰地的酿酒师一直在观察白兰地在整个贮藏期内的变化，掌握每一批白兰地目前达到的陈酿程度。如图10-1所示。

图10-1　白兰地酿酒师在酒窖里检查酒的陈酿程度

当白兰地在木桶里贮藏到一定时间，或许需要调换到一个旧桶里去贮藏，也可能需要将白兰地转移到一个新桶里去贮藏，当然，也有可能该白兰地需要继续在原桶内陈酿。所有这些，在若干年的陈酿期内换桶倒桶操作，全凭酿酒师的经验而定。他在作出决定之前，要对桶藏白兰地进行品尝，根据品尝结果，决定白兰地何时换桶，如何换桶；何时勾兑，如何勾兑。

还有一点大家必须明白，事实上，最好的白兰地是由不同酒龄的许多种白兰地勾兑而成的。至于如何勾兑，这是各个行家的秘密，绝不外传。然而这些秘密，完全是经验的积累，没有一个公式或配方可以照搬。酿酒师的技术由几百年前一代代地传到现在，没有任何书本可以查找，全凭个人的感觉、经验和悟性，但必须得到酿酒专家的认可，必须符合专家们的标准。因此，白兰地的酿造不是技术加工过程，而是艺术加工的过程。

在某种意义上讲，白兰地在木桶里贮藏的时间越长，质量就越好。但木桶贮藏，也有个上限时间，物极必反。在木桶里贮藏6~7年的白兰地，就已经是很陈酿的白兰地了。市场出售的XO级白兰地、拿破仑（Napoleon）级白兰地、特醇（Extra）级白兰地、忘年陈酿（Hors d'Age）白兰地等，都属于这个档次的白兰地，在木桶里陈酿不少于6年。

贮藏15~20年的科涅克酒，更浑然成熟、更丰腴、更醇和、更芬芳。从木材纤维素浸提出来的少量糖质，使白兰地的口味更圆润。

40~50年，是白兰地木桶贮藏的最高年限。德拉曼公司的老板阿兰·布罗斯塔德·德拉曼（Alain Braastad-Delamain）说："藏酿超过60年，白兰地再难从酒桶中得益了。而且长期暴露在空气中，会使酒变质。"所以，到了这一时期，必须把酒转到大玻璃瓶里或坛子里，送到暗室里去密封贮藏。在白兰地生产中，不同酒龄原白兰地的勾兑也是很重要的。老酒和新酒勾兑，可以提高新酒的质量，使勾兑的酒具有老酒的风味。

原白兰地经过勾兑、调配，配成白兰地再经过橡木桶或长或短时间的贮藏。在装瓶以前还要经过勾兑和加工处理。这次勾兑对提高白兰地的质量更为重要。这一关，通常是由有经验的白兰地技师来把守。有经验的白兰地技师，依靠自己灵敏的嗅觉和味觉，对不同年份、不同桶藏、不同质量的成熟白兰地进行感官鉴定，并按不同的比例，进行反复勾兑，选择最佳的勾兑方案，以此来指导生产，使每一批出厂的白兰地具有相对稳定的质量。

不同酒龄白兰地勾兑，成品白兰地酒龄的计算方法，法国是以酒龄最小的那种白兰地，代表勾兑后的成品白兰地的酒龄。一般做法是用互相勾兑的几种白兰地的平均酒龄，表示成品白兰地的酒龄，这样更确切合理。平均酒龄的计算方法，可以采用下面的公式。

$$T=\frac{V_1t_1+V_2t_2+V_3t_3+V_4t_4\cdots\cdots}{V_1+V_2+V_3+V_4\cdots\cdots}$$

式中 T——勾兑后白兰地的平均酒龄（月），$\frac{T}{12}$表示勾兑后白兰地的平均酒龄（年）

V_1，V_2，V_3，V_4……——相互勾兑的几种白兰地的数量（L）

t_1，t_2，t_3，t_4……——相应白兰地的酒龄（月）

例如，需要勾兑1000L白兰地，用四种不同年份的白兰地勾兑。根据小型试验确定的勾兑比例，给定的条件是：

1#白兰地　4000L　酒龄65个月

2#白兰地　2500L　酒龄68个月

3#白兰地　3000L　酒龄70个月

4#白兰地　500L　酒龄80个月

问勾兑后白兰地的平均酒龄是多少？

根据前面公式计算代入得：

$$T=\frac{4000\times65+2500\times68+3000\times70+500\times80}{4000+2500+3000+500}$$

$$=\frac{260000+170000+210000+40000}{10000}$$

$$=68\text{（月）}$$

$$68\div12=5\cdots\cdots8$$

可知混合后的平均酒龄为68个月，即5年零8个月。

在白兰地生产中，由于葡萄原料、蒸馏方法、贮存条件等因素的影响，所得到的原白兰地质量往往不同。将几种质量不同的原白兰地，通过小型勾兑实验，确定一种最经济、质量最理想的勾兑比例。按此比例，进行生产勾兑。

苏联生产白兰地时，还勾兑一定比例的低度原白兰地。低度原白兰地酒精含量一般在20%~25%，是由平均酒龄符合该牌号白兰地要求的原白兰地，用软化水冲淡后，贮藏在橡木桶里，在35~40℃下，贮藏60~70天即可使用。在必要时，加到白兰地混合液中的原白兰地，可占10%。

蒸馏白兰地时得到的芳香水，经过木桶贮藏，也可当作低度白兰地用于白兰地勾兑。

第二节　白兰地的调配

前一节说的原白兰地勾兑或白兰地勾兑，是白兰地技师的用武之地。真正的、很高级的白兰地，就是通过几种很老的原白兰地互相勾兑而成的。

例如，过老的原白兰地口味太重，较新的原白兰地口味不够柔和。将这两种原白兰地按比例勾兑起来，就可以得到风味很好的白兰地。有的原白兰地过于香，有的原白兰地香味不足，将两者按比例勾兑起来，香味就适宜了。

但是，仅仅靠长期贮藏的几种原白兰地勾兑，要大批生产质量稳定、风格一致的白兰地是很困难的。众所周知，刚蒸馏的原白兰地酒精含量一般在70%多，原白兰地应该贮藏在相对湿度70%~85%的酒库里。在这种环境里贮藏原白兰地，酒精含量损耗很慢，甚至根本不损耗。即随着贮藏时间的延长，酒精和水分一起挥发，贮藏原白兰地总体积减小，酒精含量降低很慢，甚至不降低。因此要把酒精含量70%以上的原白兰地贮藏到酒精含量40%左右，代价是很高的。

白兰地仅仅靠勾兑还不够，还需要进行必要的调配。白兰地香味不足，要适当地调香；白兰地的口味不醇厚，可适当地调糖和甘油；白兰地的颜色不深，可用焦糖色来调整。

所谓白兰地的调配，就是对陈酿的、经过勾兑的白兰地，在出厂前进行色、香、味的微调整，并进行澄清和稳定处理，保证市售白兰地质量稳定且一致。

一、调　香

高档的、质量上乘的白兰地是不加香的，白兰地特有的香郁，完全是天然酿制成的。任何人为的加香，都会露出蛛丝马迹，给人不自然、不协调的感觉。就像中国的茅台酒、五粮液等名白酒，香气很浓，是天然酿成的。

凡是喝过法国科涅克白兰地的人，都会被它的优雅浓郁的芳香所折服。以前曾有人怀疑，科涅克的酒香，是人工调配的。至于如何调香，完全是生产厂家的商业秘密。考察过科涅克酒的生产过程以后，以上的怀疑就会自然打消。

在科涅克地区，大大小小生产科涅克白兰地的厂家，无可数计。但无论大厂还是小厂，生产的科涅克白兰地主体香是一致的。当然厂与厂之间的产品，香气的浓郁细腻程度是有差别的。

众所周知，法国国家科涅克行业管理办公室，对科涅克酒的生产管理是很严格的。它界定了科涅克酒的生产范围，规定了生产科涅克酒的葡萄品种，规定了科涅克酒的蒸馏设备和蒸馏方法，也规定了科涅克酒的木桶贮藏条件和贮藏时间。严格按以上规定生产出来的科涅克酒，不管是大厂生产的，还是小厂生产的，其主体香必然是一致的。这个主体香，就是通过蒸馏获得的白玉霓葡萄的果香和橡木桶贮藏的陈酿香。大厂小厂都采用一样的原料，一样的工艺，所以生产出的科涅克都具有大体一样的香味和口味。如果说科涅克白兰地优雅的芳香是人工调配出来的，各个厂家都有自己的调香秘密，那么如何解释各个厂家生产的科涅克酒，主体香都是一致的？在科涅克酒生产过程里，不可能有一种统一的调香方法。大厂小厂，成千上万的生产厂家，都按统一的方法调香，生产出统一香型的科涅克白兰地，如果调香的方法普及到这种程度，也就不成其商业秘密了。所以科涅克白兰地只有统一的生产工艺，没有统一的调香方法，因为科涅克白兰地是不调香的。

烟台张裕葡萄酿酒公司，引种法国的白玉霓葡萄，在烟台地区栽培3000多亩。张裕公司早就引进了法国夏朗德式蒸馏大锅，并引进了法国的橡木桶。张裕公司完全具备用科涅克白兰地的葡萄品种，使用科涅克白兰地的生产设备，按照科涅克白兰地的生产工艺，生产科涅克白兰地的条件。实践证明，按此工艺生产的白兰地，香气浓郁、果香细腻、酒香优雅，相似于科涅克白兰地的主体香，又有别于科涅克白兰地的风格和典型性。

离开科涅克地区后，即使是用相同的葡萄品种，使用相同的设备，按照相同的工艺，生产出来白兰地，其细微的香味和口味，都有别于法国科涅克白兰地，这也是不难理解的。因为离开了科涅克的土壤、气候条件，离开了科涅克地区的微生物群落，即使采用相同的工艺，生产出的白兰地产品，必然有质量上的差异。本书的第十一章“白兰地的成分与技术标准”中讲到，科涅克酒的地区性特点，不仅能够品尝出来，而且也是可以分析出来的。这也是法国政府所以要严格界定科涅克酒生产范围的原因。就像中国的茅台酒，离开茅台酒厂，采用相同的原料和工艺，可以生产出酱香型的白酒，但有别于茅台酒。

以上所说科涅克白兰地是不调香的，这也不是绝对的。Conal R. Gregory 编著的《干邑鉴赏手册》中提到：“为了取得一致性，干邑酒要加入三种附加物：橡木刨花浸剂，可以缩短酿熟期并补偿大桶中贮藏干邑的木质香；焦糖，目的是调颜色；还有糖浆……。”在白兰地中调入焦糖色和糖浆，是为了改变白兰地的颜色和口味，这是人所皆知的。但是，往白兰地中调入橡木刨花浸剂，既能改善白兰地的口味，又能改变白兰地的闻香。也就是说，白兰地可以调入天然的橡木香。法国科涅克白兰地的酿造，普遍地采用这种调香工艺。当然，也有的科涅克生产厂家，如轩尼诗（Hennessy）公司和库瓦西耶（Courvoisisr）公司，追求白兰地的自然风味，不使用橡木刨花浸剂。

有些葡萄品种，本不适合做白兰地的需要，但由于原料过剩，改用作白兰地原料。用这样的葡萄原料做成的白兰地，往往香气不足，需要进行调香。纯葡萄白兰地调香，多采用天然的香料、浸膏、酊剂。例如，秘鲁从天然植物中提取的多律香膏，是白兰地的主体香之一，被广泛地用作配制酒型白兰地的定香剂。法国有用李子晒成李子干，再用酒精浸泡，或者直接用酒精浸泡李子，做成李子酊。也可把李子酊浓缩成李子浸膏、李子酊或李子浸膏，可用做高档白兰地的调香。凡是有芳香的植物的根、茎、叶、花、果，白兰地中希望有这种香韵，就可以用酒精浸泡成酊，或浓缩成膏，用作高档白兰地的调香。如核桃酊、杏仁壳酊、樱桃酊、草莓酊、枣子酊等，都可以用作白兰地的调香。纯葡萄的白兰地，用天然的香料调香，可以做成质量中上档的优质白兰地。

配制酒型的白兰地，是以中性的糖蜜酒精为主体，勾兑一定比例的葡萄酒精，葡萄皮酒精或酒泥酒精，完全以靠调香，配制成白兰地。配制白兰地专用的香精主要是人工合成的，如英国白兰地香精、法国的水芹醚等。生产厂家也可以自己选择几种单体香精，按一定比例调配成消费者喜欢的白兰地。

不同的国家、不同的白兰地工厂，生产中档质量的白兰地，都有自己的调香方法。这种调香方法，是对外保密的，就是工厂内部，也是极少数人控制。

因此，要生产出好的白兰地，不能指望别人提供现成的调香方法，而应该自己在实践中摸索、试验，调配出既被国际公认的白兰地风格、又有自己独到之处的白兰地。

二、调　味

原白兰地长期在橡木桶里贮藏，会从木质中浸取一定数量的单糖，增加了白兰地的醇厚感。但是，仅仅靠从橡木中浸取的单糖是不够的。为了使白兰地的口味绵软醇和，可以往白兰地中调入一定数量的糖浆，或者调入适当数量的甘油，都能显著地改善白兰地的口味。

往白兰地中添加的糖浆，是用甲级甜菜糖或蔗糖，加软化水化成的。所用的设备是专门制成的带搅拌的化糖罐。化糖罐的内部有搪瓷或涂料的衬膜。在不断搅拌的情况下，把糖加到沸开的水里。直至全部糖溶解，才停止搅拌。把 1kg 糖，化成 1L 糖浆，这样往白兰地中加糖，便于计算。也有的工厂在夹层的不锈钢锅里化糖浆，这种设备便于加热和冷却。化成的糖浆必须冷却以后，并经过金属网过滤，才能加到调配的白兰地中。

苏联推荐用原白兰地稀释糖浆的方法，使糖浆的酒精含量占 40%（体积分数）。普通的白兰地，用 4 年的原白兰地；而名牌白兰地，用 7 年的原白兰地稀释糖浆。并把这样的糖浆，在搪瓷的容器里贮存不少于 1 年的时间。

白兰地中添加糖浆的数量，根据口味的需要而定，一般在 1% 浓度糖左右即可。苏联的白兰地一般酒精含量为 40%~45%，含糖 0.7~1.5%。但不同牌号的白兰地酒精含量和糖含量是不一样的，如表 10-1 所示。

表 10-1　苏联几种类型和牌号白兰地酒精和糖的含量

白兰地名称牌号	酒精含量/%	糖度/%	白兰地名称牌号	酒精含量/%	糖度/%
普通的：	—	—	高质量贮藏（乌克兰）	45	0.7
三星牌	40	1.5	贮藏（乌克兰）	42	1.2
四星牌	41	1.5	太阳（摩尔达维亚）	45	1.0
五星牌	42	1.5	纪念（摩尔达维亚）	43	1.5
名牌的：	—	—	尼斯特鲁（摩尔达维亚）	43	2.5
达吉斯坦	44	1.0	贮藏（摩尔达维亚）	42	1.2
纪念（俄罗斯）	45	0.7	高质量贮藏（摩尔达维亚）	45	0.7
基辅	42	1.2	摩尔达维亚	43	1.2
乌克兰	43	0.7	50 年（亚美尼亚）	40	0.7
敖德萨	43	1.2	亚美尼亚	45	0.7
纪念（乌克兰）	42	1.2	页列瓦	57	2.0
老白兰地（乌克兰）	45	0.7	纪念（亚美尼亚）	43	0.7
50 年（格鲁吉亚）	43	0.7	纪念（格鲁吉亚）	43	0.7
第比利斯	43	0.7	阿塞拜疆	45	0.7
非常老的白兰地（格鲁吉亚）	43	0.7	纪念（阿塞拜疆）	45	0.7
叶尼塞	43	0.7	莫斯科	45	0.7
老白兰地（格鲁吉亚）	45	0.7	—	—	—

从表 10-1 可以看出，苏联生产的白兰地，含糖最高的是 2.5g/L，最低为 0.7g/L，大部分白兰地含糖是 0.7~1.5g/L。

为了改善白兰地的口味，增加白兰地的醇和感，有的工厂往白兰地中调入适量的甘油。

三、调　色

原白兰地长期在橡木桶里贮藏，橡木的单宁色素物质溶解到原白兰地中，使原白兰地具有透明的金黄色。在新桶里贮藏比在老桶里贮藏着色快。在小桶里贮藏，比大木桶着色快。在同样的条件下贮藏，着色的程度与时间成正比。

仅靠原白兰地在橡木桶里贮藏着色是不够的。为了保持同一牌号白兰地颜色稳定一致，在白兰地调配时，需要调入焦糖色。一般说来，1000L 白兰地，需要调入焦糖色 30~40L。由于原白兰地在贮藏时情况不一样，因而调入焦糖色的数量就不能固定。在调色之前，应该通过小型试验来确定。

糖色的熬制，是用甲级白砂糖，在专门制作的紫铜锅里，用电加热或直接火加热，不断搅拌，使糖焦化。熬糖色的火候很重要，火候不到，糖色的着色力差；焦化过重，出锅前加进水搅拌不开，有很大一部分糖变成了炭，浪费很大。

在 200L 紫铜锅里，用直接火化焦糖色，操作方法如下。往刷净的锅里加入 5L 软化水，倒入 25kg 白砂糖，搅拌均匀。先急火烧开锅加入 6~10g 的柠檬酸，继续急火，使水分全部蒸发干净。待糖化至上烟时，应马上用煤把炉膛里的火压住，用慢火靠糖的色度。此时要经常检查着色的程度。检查的方法是用搅糖板，挑起糖拉切成丝，当拉成的丝很均匀，呈紫红色（漆包线色），火候即到，趁热加入软化水。加入的水要热，一般 70~90℃。需要两个人操作，一个人慢慢加水（特别是开始加入水，更要当心。这时焦糖的温度高达 180℃以上，水加急了，糖色就会飞溅出来。），另一个人努力搅拌，使糖色均匀。化糖 25kg，加入软化水 12kg。加完水，把锅烧开，马上出锅。锅里的糖色要舀干净，把化好的糖色倒入指定的容器里，准备调白兰地使用。

锅里的糖色舀干净后，要马上加入 12～14kg 软化水，盖好锅，旺火烧开。使锅内残存的糖色，全部溶解到水里，把这刷锅水舀进不锈钢桶里，放在锅灶旁边温度软高的地方，以备化下锅糖色加水用。

为什么要把锅刷净才可以化下一锅糖色呢？因为糖色里含有一定量的焦化物，如果不加水烧开，把锅刷净，接着就化下一锅糖色，就会在第二锅糖色上烟着色时，冒起很多泡沫，甚至随着泡沫把糖顶出锅外，发生着火或烫伤人事故。所以每化完一锅糖色，马上加入下锅糖色需要添加的软化水烧开，舀进桶里放到高温的地方备用，既刷净了锅，又准备了下锅糖色需要的热水，是一举两得的事情。

如果糖的质量不好，糖脏含有杂物，上烟着色时，也会冒起很多的泡沫。不采取措施，糖会全部被烟顶出锅外。遇到这种现象不要慌张，用搅拌糖板抄着锅底，用力搅拌，把糖挑起，使烟从糖板下跑出来。不停地搅动，糖会慢慢下去，达到平安着色出锅。

前面讲到，熬糖色开始，急火烧开锅后，要加入 6～10g 的柠檬酸，它能防止起泡沫，也能催化着色的反应过程。有的工厂熬糖着色时添加氯化铵、硫酸铵、氨水等，做催化反应的触媒。研究指出，氨法生产糖色，在糖色里会形成一种有害的物质甲基咪唑，损害人的神经系统，达到一定量能使人歇斯底里。所以现在禁止使用氨法生产糖色。

焦糖色的用途很广泛，它不仅用于白兰地着色和配制酒着色，也用于饮料工业和食品工业的着色。因而现在有专门生产焦糖色的工厂。用工业化的方法，使白砂糖在高温高压下反应，生成焦糖色。这个反应过程可以连续进行，一边进入白砂糖，瞬间反应生成焦糖色，从另一端出来。可将焦糖色制成固体干粉状，也可制成液体浆状。

糖色质量的好坏，对白兰地的质量有着非常重要的影响。化好的糖色应该具有暗红色，相对密度1.30~1.34，残糖的含量30%~40%，具有很强的染色能力。苏联有人提出在糖色里加入25%~30%的酒精（体积分数），所用的酒精，最好是5年的白兰地。把这样的糖色，在搪瓷的容器里贮藏1年以上的时间，用于白兰地调色，效果较好。

糖色质量的好坏，主要是检验糖色的稳定性和染色能力，可用表10-2说明。

表10-2　　糖色质量的检查

质量指标	试验方法
对浑浊的稳定性	1. 糖色溶于酒精含量为40%~60%的酒精里，不产生浑浊
	2. 加糖色到1∶4的硫酸溶液中，两昼夜内不出现浑浊
染色能力	1mL糖色在1L蒸馏水里的染色强度，应相当于10mL 0.05mol/L的碘液，溶解在1L蒸馏水里的颜色

第三节　白兰地配酒计算

在白兰地生产中，除了几种不同质量、不同酒龄、不同酒精含量的原白兰地互相勾兑以外，还要根据配制白兰地的要求，调入一定数量的糖浆、糖色，并加入一定数量的软化水，使白兰地调到需要的酒精含量。这就是白兰地的调配。当需要配制的白兰地体积已定，酒精含量已定，所用几种原白兰地的酒精含量和百分比也已确定，并且给定了配成白兰地要求的精度和耗用的糖色数，即可进行计算。

为了叙述方便，给定条件的符号及其所代表的内容，如表10-3所示。

表 10-3　　白兰地计算时常用符号及代表内容

符号	代表内容	符号	代表内容	符号	代表内容
V_K	混合白兰地体积	V_{KC}	糖色体积	K_H	低度原白兰地酒精含量
$V_{1\#}$	1#原白兰地体积	V_B	软化水体积	$C_{1\#}$	1#原白兰地所占百分数
$V_{2\#}$	2#原白兰地体积	K_K	配成白兰地要求酒精含量	$C_{2\#}$	2#原白兰地所占百分数
$V_{3\#}$	3#原白兰地体积	$K_{1\#}$	1#原白兰地酒精含量	$C_{3\#}$	3#原白兰地所占百分数
V_H	低度原白兰地体积	$K_{2\#}$	2#原白兰地酒精含量	C_H	低度原白兰地所占百分数
V_C	糖浆体积	$K_{3\#}$	3#原白兰地酒精含量	C_K C_0	配成白兰地要求糖度 焦糖色含糖度

如果混合 10000L 酒精含量为 42% 的白兰地，要求糖度 1.2g/L（用 100g/L 的糖浆调糖）。小型试验确定，需要糖色 40L，糖色的糖度是 35g/L。已知 1#原白兰地酒精含量为 65%，2#原白兰地酒精含量为 70%，3#原白兰地酒精含量为 60%，低度原白兰地酒精含量为 20%，通过小型试验确定的最好调配比例是：1#原白兰地占 10%，2#原白兰地占 75%，3#原白兰地占 5%，低度原白兰地占 10%。计算 1#、2#、3#及低度原白兰地各需要多少升，并算出需要添加的糖浆及软化水体积。

计算方法如下：

1#原白兰地体积：

$$V_{1\#} = \frac{V_K \cdot K_K \cdot C_{1\#}}{K_{1\#}} = \frac{10000 \times 42 \times 10\%}{65} = 646(\mathrm{L})$$

2#原白兰地体积：

$$V_{2\#} = \frac{V_K \cdot K_K \cdot C_{2\#}}{K_{2\#}} = \frac{10000 \times 42 \times 75\%}{70} = 4500(\mathrm{L})$$

3#原白兰地体积：

$$V_{3\#} = \frac{V_K \cdot K_K \cdot C_{3\#}}{K_{3\#}} = \frac{10000 \times 42 \times 5\%}{60} = 350(\mathrm{L})$$

低度原白兰地体积：

$$V_H = \frac{V_K \cdot K_K \cdot C_H}{K_H} = \frac{10000 \times 42 \times 10\%}{20} = 2100(L)$$

添加糖浆体积：

$$V_C = V_K \cdot C_K - C_{KC} \cdot C_0 = 10000 \times 1.2\% - 40 \times 35\% = 106(L)$$

需要添加软化水体积：

$$V_B = V_K - V_{1^\#} - V_{2^\#} - V_{3^\#} - V_H - V_C - V_{KC}$$
$$= 10000 - 646 - 4500 - 350 - 2100 - 106 - 40 = 2258(L)$$

为了便于理解，再举几个白兰地配制时，配酒计算的实例。

例 1：

配制酒精含量为 40% 白兰地 10000L，配成酒酒精含量要求 40. 2%。1#原白兰地占 15%，酒精含量为 72%；2#原白兰地占 75%，酒精含量为 78%；3#原白兰地占 10%，酒精含量为 68%，问需要各种原白兰地各多少？软化水加多少？

计算：

先求总酒精含量：$10000 \times 40.2 = 402000$（%）

再求各种原白兰地的体积：

1#原白兰地：$\frac{402000 \times 0.15}{72} = 837.5$（L）

2#原白兰地：$\frac{402000 \times 0.75}{78} = 3865.4$（L）

3#原白兰地：$\frac{402000 \times 0.10}{68} = 591.2$（L）

需要添加软化水的体积：

$$10000 - 837.5 - 3865.4 - 591.2 = 4705.9 \text{（L）}$$

通过以上计算可知，需要 1#原白兰地 837. 5L，2#原白兰地 3865. 4L，3#原白兰地 591. 2L，软化水 4705. 9L。

例 2：

配成白兰地 10000L，要求酒精含量为 40. 2%，配成后的酒精含量为40.8%，问需加多少软化水，才能使这批白兰地达到酒精含量为40.2%？

计算：

$$\frac{10000\times(40.8-40.2)}{40.2}=149\ (L)$$

计算知，调入149L软化水，这批白兰地酒精含量为40.2%。

例3：

配成白兰地10000L，要求酒精含量44.5%，配成后的酒精含量为43.5%。1#原白兰地占11%，酒精含量为70%；2#原白兰地占85%，酒精含量为78%；3#原白兰地占4%，酒精含量为68%。

计算需要调入1#、2#、3#原白兰地各多少升？

计算：

$$10000\times(44.5-43.5)=10000\ (\%)$$

1号原白兰地：$\frac{10000\times0.11}{70-44.5}=43.1\ (L)$

2号原白兰地：$\frac{10000\times0.85}{78-44.5}=253.7\ (L)$

3号原白兰地：$\frac{10000\times0.04}{68-44.5}=17\ (L)$

需要调入1#原白兰地43.1L，2#原白兰地253.7L，3#原白兰地17L。

第四节　白兰地的加工

一、配成白兰地的加工流程

多年贮藏的几种原白兰地，经过精心的勾兑，精心的调配，即得到配成白兰地。配成白兰地再经过贮藏和一系列的加工处理，才能装瓶出厂。从贮藏原白兰地，到成品白兰地装瓶出厂，可以用下面的工艺流程表示：

贮藏原白兰地
　　↓
　　勾兑←低度原白兰地（小酒）
　　↓
　　调配←香料、糖浆、糖色、软化水
　　↓
配成白兰地→过滤→热处理→分桶贮藏→勾兑→人工老熟→调整成分→冷冻→过滤→回温→装酒→包装→出厂白兰地

原白兰地的贮藏、勾兑和调配，在前面各章已经讲过。下面着重讲配成白兰地至装瓶以前这段流程的加工要点。

1. 配成白兰地酒精含量、糖度误差

配成白兰地酒精含量误差，不超过±0.5%；糖度误差，不超过±0.2g/L。配成后搅拌均匀，取样分析酒精含量、糖度和比色，待酒精含量、糖度、色泽都符合要求时，进行过滤和热处理。热加工的目的，使白兰地中各种成分进一步溶解均匀。用巴斯德杀菌机或薄板热交换器加热均可。加热温度68~72℃，瞬间温度达到后，即进行冷却。品温冷至35℃以下，分桶贮藏。

2. 配成白兰地贮藏时间

配成白兰地贮藏时间，根据工艺要求而定。如果以贮藏原白兰地为主，即原白兰地贮藏几年以后，勾兑调配成白兰地。这样的白兰地只需贮藏半年至1年的时间，就可以装瓶出厂。有的工厂以贮藏配成白兰地为主，即原白兰地只经过几个月时间的贮藏，就勾兑配成白兰地。按这种工艺，配成白兰地需在桶里贮藏几年的时间，使总酒龄符合工艺标准后，方能装瓶出厂。

3. 配成白兰地的勾兑

配成白兰地贮藏时间达到规定的要求，即进行勾兑、混合、调整成分。特别是以贮藏配成白兰地为主，同一批白兰地长时间在不同的桶里贮藏，因为桶的大小不一样，新旧程度不一样，因而桶与桶之间所贮藏的白兰地，在色、香、味等方面会有一定的差异。混合勾兑之前，应分别从不同的桶里取样，由白兰地技师工匠品尝每个桶要混合勾兑的白兰地，确定最佳的勾兑比例，使色深的桶和色浅的桶，口味重的桶和口味轻的桶，通过最适比例的勾兑，能够取长补短，恰到好处。

按白兰地技师工匠指定的桶勾兑混合后，如果白兰地的色泽、酒精含量不符合出厂白兰地的标准，尚需进行必要的调整。色泽不足，可以补加糖色来调整；酒精含量不足，用同类型多年贮藏的高酒精含量白兰地来调整。如果色泽深、酒精含量高，只好用另一批色泽较浅、酒精含量略低的同类型白兰地混合调整。

4. 混合白兰地的人工老熟

混合白兰地是否进行人工老熟，根据各厂的工艺和需要而定，老熟方法前面已述。

5. 白兰地装瓶前的冷冻

白兰地在装瓶前，进行人工冷冻处理，是绝对必要的。冷冻一方面能提高装瓶白兰地的稳定性，在低温的条件下，白兰地中有些不稳定的成分都沉淀出来；另一方面，冷冻对改善白兰地的风味也很重要。众所周知，在低温条件下白兰地中溶解氧增高，这就加速了白兰地的氧化过程，是使白兰地成熟的重要机制之一。

人工冷冻的温度，一般控制在-15～-14℃，保温72h即可。

6. 冷冻保温后的过滤

冷冻保温时间达到后，即趁冷过滤，把低温下沉淀的物质分离掉。如果不能趁冷过滤，待温度回升后会使沉淀出来的物质，又溶解到白兰地中，就失去了提高瓶装白兰地稳定性的意义。

7. 冷冻过滤后白兰地的回温

冷冻过滤后的白兰地，在装瓶以前要回温。就是通过热交换，把零下十几度的酒，提高到室温（20~25℃），回温的目的是装瓶以后便于贴标。因为在室温下，把零下十几度的酒装到酒瓶里，在酒瓶外面会立即形成许多水珠，这样很难把标贴到瓶上，回温后装瓶贴标就很顺利。

白兰地回温后，经检验合格，即可装瓶出厂。

二、对有缺陷白兰地的加工处理

在白兰地生产过程中，由于所接触的设备容器处理不当，或由于工艺过程中操作失误，管理粗放，会使白兰地发生这样或那样的缺陷，甚至使白兰地污染。在这种情况下，应该针对白兰地存在的缺陷，进行特殊的加工处理。现就白兰地经常遇到的缺陷、发生原因及消除办法，分别叙述如下。

1. 铁病

铁元素虽然对人体有益无害，但白兰地中的铁含量，必须严格控制在1mg/L以下。

当白兰地中铁的含量达到2mg/L以上，随着铁含量的增加，白兰地的颜色就由金黄色过渡到暗蓝色。

白兰地含铁高，主要是在贮藏和加工过程中，受到铁的污染。白兰地贮藏桶，桶门里面露铁的地方要涂锡，使白兰地不与铁接触。如果涂锡脱落，不能及时维修，白兰地长期与铁接触，尽管仅是两块接触点，也会使白兰地中含铁量增高。

如果白兰地中已经发生了铁污染，含铁在2mg/L以上，就要采取措施，把铁除去。用黄血盐除铁，效果很好。黄血盐本身有毒，因此往白兰地中加黄血盐一定要慎重。根据分析测得白兰地中铁的确切含量，计算出黄血盐的用量。黄血盐的量不要加足，要留有余地，避免多余的黄血盐残留在白兰地中，造成危害。加到白兰地中的黄血盐，与铁反应，生成普鲁士蓝沉淀。过滤可把沉淀除去。这样处理，既除去了白兰地中的铁离子，又把加入白兰地中的黄血盐全部除去，饮用这样的白兰地，对人体绝对安全。

如果配制用水处理得不好，水中含有钙、镁离子，那白兰地装瓶以后很快会发生浑浊沉淀。所以配白兰地的软化水一定要严格把关。去除钙、镁、铁等金属离子的处理，虽然使白兰地的香味受到损失，但能提高白兰地的稳定性。对待钙、镁、铁等金属离子污染，应以预防为主，防患未然。

2. 橡木味

当新桶将贮藏原白兰地处理得不好，或者原白兰地在新桶里贮藏时间太长，没能及时进行新老桶交替贮藏，这样单宁含量高，配成白兰地后，有很重的橡木味，滋味苦涩，难以吞咽。

有人饮用白兰地时，习惯兑上矿泉水喝。如果白兰地中单宁和铁的含量高，兑上矿泉水后，颜色就会变得发黑、发暗，给人不好的印象：为了消除白兰地中由于单宁含量过高而带来的粗糙味和苦涩味，采取往白兰地中加胶的方法，如明胶、鱼胶、蛋白胶等都可以除去多余的单宁。

加胶的数量，要通过小型试验来确定。一般说，100L 白兰地中需要加入 6~16g 的明胶。加胶时，先用软化水把胶泡起来，浸泡 12h，使明胶全部膨胀，再放入不锈钢桶里，用温水间接加热，维持温度 45~50℃，不停地搅拌，直到胶全部化开为止，不得有结块现象。化好的胶，先用少量的白兰地趁热冲稀。往白兰地中加胶时，白兰地的品温必须在 15℃ 以上。如果白兰地的品温太低，加入的胶遇冷凝结，不但达不到除去多余单宁的目的，反而增加了白兰地中的胶蛋白，是造成白兰地不稳定的因素。加胶的流要细，随加随搅拌，一定要搅拌均匀。加胶以后使白兰地静置半个月左右的时间，再过滤把沉淀分离掉。

如果白兰地中铁和单宁的含量都高，可以同时往白兰地中加黄血盐和加胶。先加入黄血盐，使白兰地中形成普鲁士蓝沉淀微粒。接着加胶，使多余的单宁和形成的普鲁士蓝微粒一起沉淀，然后过滤分离沉淀，这样处理，可以收到很好的效果。

3. 杂醇油味和酯醛味

白兰地中出现杂醇油味和酯醛味，是由于原白兰地蒸馏时，操作失误、掐头去尾不得当。特别是酒头馏分，如果去得不够数，就会使原白兰地带有这种不愉快的味道。

防止白兰地中出现不愉快的杂醇油味和酯醛味，其一是把好蒸馏关，掐头去尾要得当。其二是把好勾兑关，原白兰地的选择要慎重，如果发现这一类味，一定要剔出来进行重新蒸馏。如果勾兑把关不严，把这种不愉快的味道带到白兰地中，造成的影响是无法挽回的。

4. 焦煳味和糖色味

如果原料葡萄酒中含有浓厚的酵母沉淀，蒸馏时，使锅底沉淀被烧焦。发生了这种问题，大锅设备又不能及时清洗或清洗得不彻底，煮焦了的沉淀所产生的焦煳味，就会随着蒸馏带到原白兰地中。不言而喻，用这样的原白兰地配成白兰地，这种焦煳味就会带到成品白兰地中，也是无法挽回的。把好蒸馏和勾兑关，也是防止白兰地中产生焦煳味的方法。

有的白兰地中有明显的糖色味，这是由于加入白兰地中的糖色不好造成的。制造糖色时，火候掌握得不好，焦化过度，把这样的糖色加到白兰地中，就会有明显的糖色味。杜绝的办法是发现糖色质量不好，就不能用于白兰地调色。

有缺陷的白兰地，经过妥善处理，可以使白兰地的质量得到一定的挽回。但是，这样的白兰地，只能作普通白兰地销售。

第五节　白兰地配酒操作要点

白兰地经过橡木桶的长期贮藏，必须经过勾兑、调配，经过提高稳定性处理和澄清处理，才能使每批出厂的成品白兰地，批与批之间保持色、香、味、风格一致，才能使成品白兰地澄清透亮有光泽，使瓶装白兰地长时间保持稳定，不失光、不浑浊、不沉淀。所以说白兰地的配酒操作，是白兰地生产的关键所在。

一、白兰地配成酒的技术要求

配酒前，首先要检查各种原白兰地的理化指标和感官指标，符合质量要求后，才可以将其混合配制。对配酒时添加的各种原材料，必须进行严格的检查和核对，确认质量符合要求后才能使用。

配酒计算要有专人负责，按产品配方和质量标准进行计算。计算结果，必须经车间主任或主管工程师审核，确认计算无误后，才能进行投料操作。

若需加入白砂糖，应先用软化水充分溶解，或在夹层锅里化成糖浆。

全部投料完毕，搅拌均匀，取样分析化验，符合技术要求后，进行加热。加热在薄板热交换器里密封进行，以防止酒精成分挥发。加热的目的使各种成分充分地、更好地互相溶解。瞬间加热到68~72℃，接着冷却到35℃以下。

配成白兰地的技术要求是：金黄色或赤金黄色，澄清透明，有葡萄品种香和陈酿的橡木香，香气浓郁。口感醇和协调、细腻、余香绵长。一般的情况下，配成白兰地的酒精含量要求是：(40.5±0.3)%，总酸要求：(0.4±0.1) g/L（以乙酸计），铁$<$1mg/L，钙$<$4mg/L。配成白兰地铁离子和钙离子的含量必须严格控制，否则将影响成品白兰地的稳定性。

二、配酒用水的处理

刚蒸馏的原白兰地，酒精含量一般在70%以上。经过长期的贮藏，原白兰地的酒精含量会逐渐降低，但时间很慢（若贮藏酒窖的湿度过大，贮藏反而会使酒精含量提高）。因此，必须用软化水，分阶段地稀释原白兰地，逐步使原白兰地的酒精含量达到40%左右。

稀释白兰地用水，对白兰地的稳定性影响很大。自来水的硬度高，含有大量的钙离子、镁离子、铁离子等。如果使用自来水配制白兰地，由于上述阳离子严重超标，所以配成的白兰地质量不稳定，装瓶后必将在短时间内发生浑浊沉淀。白兰地配酒用水，可以用天上落下的雨水，雨水是无离子水；也可以用蒸馏水。对于大量生产白兰地来说，雨水和蒸馏水都是不方便的，最好还是应用树脂交换过的软化水。

白兰地配酒用水，普遍用离子交换水。树脂为阳离子交换树脂强酸 1[#]（732 型）。交换柱为有机玻璃或不锈钢板制造。树脂填充高度为交换柱的 2/3。

1. 树脂的预处理

阳离子树脂（强酸 1#732 型）→温水浸泡 2~3h→除水→饱和盐水浸泡 24h→水洗至无咸味→5%NaOH 浸泡 12h（间歇搅拌）→水洗至中性→5%盐酸浸泡 12h（间歇搅拌）→水洗至中性→装柱使用

2. 交换柱的使用

（1）处理水　自来水自上而下流入，流速每小时 10 倍于树脂体积。交换倍数 300 倍左右。用络黑 T 检验，交换失效，则停止使用，予以再生。

交换水的质量如何，对瓶装白兰地的稳定性影响很大。在很多情况下瓶装白兰地浑浊沉淀，是由于交换水的硬度高造成的。交换时水流速过快，或树脂已经失败了还继续使用，把交换看成是走过场，是交换失败的主要原因。

交换水应该有专人负责，跟班检查交换的效果。交换水在使用之前，必须进行检查。交换水中的钙<5mg/L，才能使用。

（2）处理白兰地　当白兰地中钙>4mg/L，铁>1mg/L，如果无法通过勾兑使钙和铁的含量达到技术指标要求，可以用上述的树脂柱交换白兰地，除去多余的钙和铁。树脂交换会使白兰地的香味受到一定的损失，质量有所降低。所以使用树脂交换白兰地，是迫不得已的做法。应该在白兰地生产过程中，严格工艺操作，防患于未然，不能使配成白兰地钙、铁超标。

如果必须对有缺陷的白兰地进行交换，其做法是使白兰地从交换柱的上面进入，自下流出，流速每小时10倍于树脂体积，交换倍数100倍，交换完成后，用软化水顶出柱内的白兰地。

3. 交换柱的再生

当交换达到一定的倍数，树脂已经饱和，丧失交换能力，需要对树脂进行再生处理。

树脂再生前要用自来水反冲，洗净柱内脏物。

再生的方法是，用3倍于树脂体积的10%食盐水冲洗，流速为每小时树脂体积的两倍，然后用软化水洗至无咸味。

4. 注意事项

（1）若用树脂柱处理白兰地，交换前的酒应该澄清透明，以防止污染树脂。交换后的酒应该透明无异味。

（2）反冲时应慢慢打开阀门，控制流速，防止树脂流走。

（3）树脂至少半年处理一次，充分保证树脂的交换能力。

（4）如果树脂柱较长时间不用，应该用75%的酒精浸泡起来，或加入适量SO_2，不能干放。

三、糖蜜酒精的净化处理

生产配制酒型的白兰地，可以使用部分的糖蜜酒精。不同厂家生产的糖蜜酒精，虽然都符合食用酒糖的技术标准，但质量差别是很明显的，特别是感官质量指标的差别明显。有的厂家生产的糖蜜酒精，口味很净。用自来水稀释后，澄清透亮，不失光，不浑浊，喝到口里，甘甜，有乙醇的清香。有的厂家生产的糖蜜酒精，用自来水稀释后，马上变成乳白色，闻起来酒精味很冲，入口味不净，难下咽，甚至异味大，无法使用。所以对进厂的每一罐糖蜜酒精，都要逐罐进行分析，逐罐组织品尝。

糖蜜酒精，虽然符合食用酒精的技术标准，在使用前也要进行净化处理。净化处理的目的有两个，其一是脱除酒精的异味，净化酒精的口味；其二是除去酒精中多余的酯类、醛类、高级醇类、有机酸类等杂质，提高酒精的稳定性，从而也就提高了配成白兰地的稳定性。

1. 净化处理方法

采用颗粒状活性炭固定床，动态吸附的方法，能够实现糖蜜酒精除浊除杂的目的。

实践证明，选用果壳颗粒活性炭为吸附剂，效果最好。其优点如下。

（1）该吸附剂为天然原料，经水蒸气高温活化，不会带入有害杂质，影响产品的口味。国内外酒类生产实践证明，用活性炭处理酒基是最安全可靠的方法。

（2）这种活性炭吸附能力强，机械强度高，有丰富的细孔，对分子大小在 2nm 以下的非极性有机物有较强的吸附能力。特别是对杂醇油和含硫物质吸附力强。比较适合于酒精的脱臭除杂，兼有除浊和净化功能。

（3）活性炭有氧化催化作用，可使糖蜜酒精中的醛类物质氧化，增加氧化时间和 *rH* 值（氧化值），改善酒精的口味。

（4）采用颗粒状活性炭固定床动态吸附，克服了粉末状活性炭劳动强度大，影响环境卫生和酒损耗大的缺点。操作方便，酒经柱吸附后马上可以使用，不需要沉淀时间。当吸附达到饱和后，可以多次再生，继续使用，既降低了生产费用，又减少了环境污染。

（5）用粉末状活性炭静态吸附，是在一个容器里进行，不断地重复吸附和解吸，直至达到动态平衡。被吸附的杂质有一部分又重新溶解到酒中，一般来说除杂不彻底：相比之下，采用动态吸附，控制一定的流速（接触时间），吸附效率高，除杂效果好。

2. 需要的设备和材料

根据处理酒精量的大小，制作一个不锈钢净化柱，内装颗粒状活性炭。两头用不锈钢筛板、不同粒度的石英砂和不锈钢网封住。

颗粒状活性炭可使用北京光华木材厂生产的 CH—10，其技术指标是：

24~48 目

比表面积>1000m^2/g

细孔容积：0.9mL/g

强度>90

碘值>1000

3. 净化处理的工艺流程

糖蜜酒精加自来水稀释至酒精含量为 70%~75%→上柱吸附→净化酒精

为了减少反洗再生次数，提高使用效率，加自来水稀释后，最后沉淀 3~5 天，然后取上清液上柱吸附。

活性炭柱使用一定时间后，要进行再生处理。再生处理流程是：

4%HCl 蒸汽

↓ ↓

吸附柱→再生→重复使用

采用 4%的 HCl 再生和蒸汽再生。4%的盐酸，可解吸被吸附的阳离子，并恢复活性炭表面氢键。蒸汽可解吸高沸点有机物，并使活性炭再活化。

一般说来对吸附柱每半年再生一次，2~3 年更换一次炭。

4. 糖蜜酒精处理后的变化

(1) 加水稀释不浑浊。

(2) 电导值下降（除去游离杂质）。

(3) 酸度略有下降，pH 增加，*rH* 值增加。

(4) 氧化时间增加。

(5) 辛辣味和异杂味减少。

5. 注意事项

(1) 活性炭柱安装完毕，应先用软化水冲洗。洗至流出的水澄清透明无异味后，方可使用。

(2) 净化倍数为1000倍时，应将柱反冲洗净。

(3) 反冲时应从底部通入软化水，流量应适宜，不能过快，避免柱中活性炭翻层。

(4) 吸附柱若长时间不用，应该用酒精含量为70%～80%的糖蜜酒精浸泡，以防干结和霉变。

四、白兰地过滤设备和操作

过滤是白兰地生产的重要工序。澄清、晶亮、有光泽，是商品白兰地必备的条件。不仅如此，瓶装白兰地还需要长期稳定，不失光、不浑浊、不沉淀。要达到上述工艺要求，过滤是关键工序。

常用的白兰地过滤机有板框式纸板过滤机和硅藻土过滤机等。

1. 板框式纸板过滤机

板框式纸板过滤机，采用的过滤介质是纸板，主要用于葡萄酒白兰地的精过滤。

图10-2所示为板框式纸板过滤机工作原理图。当料液从a口进入O腔后，大部分料液经进液管及其通道进入B腔，并在压力作用下，使滤液通过纸板进入A腔。进入A腔的滤液，经通道及出液口b排出，滤渣则沉淀在B腔的两侧面上。

根据过滤效果和过滤目的不同，一般将过滤纸板分为两大类。

①除菌板，也叫甲类板，主要用于装瓶前的过滤，以除去葡萄酒或白兰地中细菌微粒，避免装瓶后出现浑浊、沉淀、微生物病害。

②澄清板，又叫乙类板，主要用于白兰地贮藏前的澄清

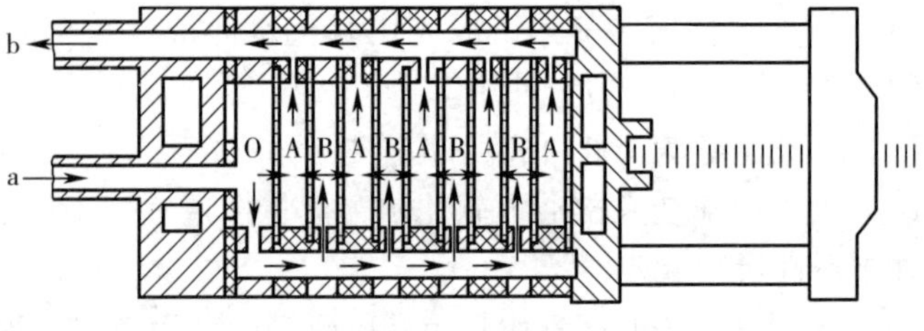

图 10-2　板框式纸板过滤机工作原理图

过滤。

根据过滤纸板的孔隙大小，除菌板有三种型号，澄清板有 4 种型号，即：

甲-1 型（EK 型）

甲-2 型（EKS 型）

甲-3 型（EKS_1 型及 EKS_2 型）

乙-1 型（K_3 型）

乙-2 型（K_5 型）

乙-3 型（K_7 型）

乙-4 型（K_{10} 型）

型号的数字越大，孔隙越小。

纸板有正、反面。反面也叫麻面，表面呈波浪形，是进酒的一面；正面也叫光面，表面附着一层微孔薄膜，可以拦截毛细纤维通过，是出酒的一面。安装时 B 腔的两侧面应为麻面，A 腔的两侧面应为光面。见图 10-2。

2. 板框过滤机操作规程

（1）检查　过滤机使用前，首先检查其阀门、排气孔开关是否正常，密封圈是否破裂、在位，丝杠是否均匀布满凡士林润滑剂，油压系统是否漏油。一切正常后方可使用。

（2）洗刷　过滤机使用前应用清水洗刷。洗刷范围包括阀门、板框、皮垫。阀门的洗刷可用筒状毛刷擦洗；板框、皮垫可用板状毛刷洗刷。长时间过滤使用后，板框应放入热水中浸泡，然后彻底洗刷。

（3）镶装纸板　镶装纸板前，应首先检查纸板正、反两面有无纤维毛点，如有毛点应用毛刷弹扫干净。然后将第一片纸板的反面（粗糙面）对向进酒管口，再按光滑面与光滑面相对，粗糙面与粗糙面相对的原则，依次安装纸板。纸板镶装完毕，则拧紧丝杠，关闭油压丝的放气孔，启动油压系统手动操作杆，待油压表指针达到6MPa时，停止加压，锁紧丝杠，松开泄压阀。

3. 纸板的杀菌及清洗

纸板的杀菌仅限于除菌板，杀菌时必须使整个过滤系统处于无菌状态。此操作必须仔细进行，具体操作如下。

让蒸汽管和过滤机进口管相连。使阀门稍开一点，让蒸汽在无压情况下循环约10min，慢慢放出。然后关闭除进口阀门以外的所有其他阀门，让蒸汽在最大压力0.05MPa，温度不高于110℃的状态条件下，输入15~20min。在杀菌过程中，可使杀菌机活动挡板下部的阀门稍开一点，使蒸汽冷凝水及时流出来，而不浪费蒸汽。如果过滤机是停机以后的杀菌，杀菌时间应更长一点，以达到彻底灭菌效果。在对过滤机杀菌的同时，应对过滤机至成品罐的输酒管道，进行彻底蒸汽杀菌。

杀菌完毕，关闭蒸汽进口阀门，并打开所有放汽阀门，将压力降到0。然后从进口阀处泵入清水（此时应控制水流量，使水缓缓流入），当过滤机的放气孔有水均匀流出时，关闭所有放气孔，打开出口阀门，让水继续流出。直到流出的水没有任何异味，过滤机冷却下来为止。此时过滤机如果不立即工作，应用浸透酒精的棉球将出口阀门塞住，直到开始工作。

4. 过滤

过滤开始前，先将过滤机内水排空。再用要过滤的酒将酒泵及进酒管道灌满，然后将酒管接到过滤机进酒口阀门上，关闭出口阀门，开启放气孔，启动酒泵，控制流量。这时酒在过滤机内慢慢上涨，从而避免了气囊的形成。当过滤机各放气孔有酒流出时，打开出酒阀门，关闭放气孔，继续排放酒。待酒排完后，正式进入酒循环阶段。当取样观察酒液澄清透明时，将酒转入成品罐，开始正式过滤。

5. 常见故障分析

常见故障及解决办法见表 10-4。

表 10-4　　常见故障分析

故　障	可能原因	解决办法
1. 机器滴漏过重	1. 没上紧 2. 垫圈破碎或安装不当 3. 滤板破碎	1. 将滤板上紧 2. 更换破碎的垫圈 3. 打开机器检查，如有破碎滤板则更换之
2. 过滤后的液体有纤维或微粒	1. 流量过大 2. 机器内有气团 3. 滤板破碎 4. 滤板或垫圈脏	1. 降低流量 2. 打开放气孔排气，直到液体均匀流出 3. 开机检查更换破碎滤板 4. 检查滤板安装是否正确 5. 打开机器检查，必要的话用热水冲洗
3. 升压太快	1. 流量大 2. 滤液太浑阻塞 3. 滤板型号与滤液不符	1. 降低流量 2. 选用密度合适滤板

6. 注意事项

（1）使用新滤板时，开始压力不得超过 0. 05MPa，以达到理想产量。过滤时机器内允许最大压力为：除菌板 0. 15~0. 18MPa；澄清板为 0. 3MPa。

（2）如果达到最大压力产量仍不满意。也就是说流量过低，此时应该更换或清洗滤板。

（3）间歇性过滤时，停机不超过 2h，停机后将进出口阀门关闭保压即可。若停机时间过长，超过 2h，停机时应将过滤机腔内所有料液全部压出（或排放出，除菌板由进料口接通清水冲洗，然后按蒸汽杀菌方法重新杀菌）保压，下次过滤时用酒将机内残留水顶出，然后循环过滤。过滤机隔夜使用，要从上部泼浇酒精含量为 70%左右的酒精。酒精废液从废酒槽回收。

（4）为了保证过滤效率的稳定，延长滤板的使用寿命，过滤过程中过滤压力要逐渐提高。不能开始就将压力提高到所允许的最高值。虽然滤板的使用时间，是由其深层空间的容污量决定的。但起始压力高，就形成了一个坚实的滤层，造成阻力突增，滤速降低。最后虽然滤板的容污量未达到饱和，但因滤速太慢，也只能提前停机清洗，或更换滤板，降低了单位产量。另外在过滤过程中应避免压力突然增减，防止损坏过滤板。

第十一章　白兰地的成分和技术标准

水和乙醇是白兰地的主要成分。通常在白兰地中，含有55%~60%的水分，含45%~40%的乙醇，还含有1%左右的糖，这也是白兰地中含量较多的成分。除此之外，白兰地中还有几百种其他成分，这些成分总含量虽然不足1%，但对白兰地的质量有重要影响。

为了建立白兰地酒的标准，就需要对白兰地进行成分分析和感官品尝。只有对白兰地的成分进行全面系统的分析，确定每种成分的波动范围及各种成分之间的比例关系，才能为改进白兰地生产工艺，提高白兰地产品质量，提供科学的依据。

感官品尝的重要性，不亚于对白兰地的成分分析。分析只能对判断其质量提供参考性的意见，白兰地质量的优劣，最终还得靠感官品尝来决定。

第一节　白兰地的成分

白兰地中的化学成分，来源于以下几种途径：蒸馏醪液时，进入原白兰地中的挥发性物质；在贮藏过程中从橡木中吸取的物质；水解和氧化作用而形成的物质；调配时添加到白兰地中的物质。水和乙醇是白兰地的主要成分，其余的物质可视为这两种基本成分的混合物。

苏联 Ю. М 斯达勒柯夫和 Р. И. 马雷谢夫综合了法国夏朗德省20个白兰地样品（酒龄3~50年）、美国加利福尼亚114个白兰地样品（酒龄1~5年）和希腊白兰地样品（酒龄4~25年），得到一张白兰地成分的综合分析表（表11-1）。

表 11-1　　不同国家白兰地的化学成分　　单位：mg/L

成分	法国			美国加利福尼亚			希腊		
	最小值	最大值	平均	最小值	最大值	平均	最小值	最大值	平均
酒精含量/%	39.4	44.1	42.3	44，4	50.6	46.1	40.5	47.0	44.5
滴定酸	26.0	110.4	51.5	21.6	86.4	57.0	21.6	103.2	51.9
挥发酸	21.0	72.0	34.2	19.2	64.8	47.2	6.0	79.0	33.7
酯类	36.1	58.1	44.3	17.6	77.4	48.5	7.9	79.0	40.5
高级醇	89.8	127.0	103.9	14.1	126.7	85.9	10.6	121.4	58.0
浸出物	624.0	1368.0	975.0	62.0	338.0	115.7	198.0	4040.0	1651.0
醛类	6.3	14.0	8.6	2.3	14.0	7.9	4.0	23.6	13.8
糠醛	1.0	3.0	1.3	0.18	4.0	0.48	痕迹	2.4	1.0

从表 11-1 可以看出，白兰地中混合物的含量总共加起来也占不到 1%。尽管这些成分含量不多，但是对白兰地的质量却有显著的影响。

从表 11-1 上引证的资料还可以看出，在不同的白兰地中，某类化合物的含量波动范围是很大的。因此，白兰地的质量与某一类化合物的含量没有直接的联系。所以，通常采用的分析某类化合物含量的方法，不能提供关于白兰地质量的确切概念。这是因为同一类的化合物包括带有各种香的物质。例如，高级醇包括异戊醇，它具有不愉快的杂醇油味；高级醇还包括已醇和辛醇，它们具有白兰地的典型芳香。

为了对白兰地的化学成分有更多的了解，表 11-2 引列了苏联生产的几种名牌白兰地的化学成分。

从表 11-2 的资料中可以看出，在不同的白兰地中，同一类化合物的含量，波动范围也是很大的。所以常规的化验分析，只能提供白兰地中某一类化合物的含量，这对评价白兰地的质量，

表 11-2 苏联名牌白兰地的化学成分

白兰地名称		浸取物（除去糖）含量/（g/L）	染色强度	酒精含量/%	糖度/（g/L）	滴定酸含量/（g/L）	pH	单宁含量/（g/L）	木质素含量/（g/L）	挥发酸	总酯	庚酯	高级醇	糠醛	醛
										含量/（mg/L）					
乌克兰	Украина	1.420	30	42.8	0.86	0.42	3.45	0.353	0.516	382	880	11.8	1495	8.8	138
	Кнев	2.070	29	42.1	1.4	0.36	3.46	0.395	0.549	306	792	12.2	1467	10.0	131
	Одесса	1.830	22	42.5	1.3	0.36	3.44	0.355	0.520	306	792	15.8	1583	9.8	127
格鲁吉亚	Тσнлиси	1.460	30	43.5	0.9	0.42	3.47	0.333	0.426	382	985	25.5	1774	7.4	129
	Ениседи	1.830	26	43.0	0.9	0.36	3.45	0.374	0.605	306	880	13.9	1561	7.0	134
	Вардзия	1.700	28	42.8	0.8	0.42	3.45	0.353	0.440	307	950	12.5	2140	7.8	127
亚美尼亚	Ахяамαр	2.100	35	44.9	1.0	0.94	3.21	0.408	0.526	261	704	10.2	1186	5.8	213
	Праздничный	1.970	36	42.3	1.2	1.03	3.16	0.366	0.583	283	668	11.5	1415	6.0	212
	Наири	2.080	32	43.2	0.7	0.92	3.14	0.485	0.605	218	728	12.5	1367	5.5	197
摩尔达维亚	Вукурия	1.800	27	43.1	0.8	0.72	3.9	0.3222	—	306	1056	13.8	1345	16.8	137
	Прαздничный	2.000	30	44.5	1.0	0.72	3.16	0.416	0.482	306	704	14.3	1093	12.2	127
	Сюрлризный	1.800	22	44.3	1.6	0.84	3.78	0.395	0.500	282	850	11.6	1379	11.6	130
	Солнечный	1.540	21	45.2	1.0	0.90	3.71	0.461	0.590	292	930	13.4	1450	11.2	61
	最小值	—	—	—	—	0.36	3.14	0.333	0.440	218	668	11.5	1093	6.0	61
	最大值	—	—	—	—	1.03	3.9	0.485	0.605	382	1056	25.5	2140	16.5	213
	平均值	—	—	—	—	0.65	3.53	0.368	0.585	311	834	18.5	1466	9.1	143

只有参考作用，不具有决定性意义。

用层析法、色谱法或其他微量成分分析方法，分析确定白兰地中某类化合物的每一种成分含量及各成分间的比例关系，对确定白兰地的质量，制定合理的生产工艺，具有重要的意义。

对白兰地质量有重要影响的各类化合物及其所包含的各种成分大致如下。

一、高级醇类

高级醇是在葡萄酒发酵过程中，由氨基酸转化而来的。因为它具有挥发性，所以随着白兰地原料酒的蒸馏而转入原白兰地中。有些高级醇本身，就具有白兰地所必需的芳香；高级醇和有机酸所形成的酯类，更是白兰地的芳香所不可缺少的。

苏联许多研究者的资料指出，白兰地中的高级醇类主要包括：正丙醇、正丁醇、异丁醇、正戊醇、异戊醇、正己醇、正庚醇等。

毛利在原白兰地中，找到各种高级醇的含量是：正丙醇 27. 17g/100L，异丁醇 6. 52g/100L，戊醇 190. 21g/100L，2,3-二羟基丁二醇 2. 19g/100L，甘油 4. 38g/100L。

H. Π. 尤金引用的分析原白兰地资料，高级醇的含量为：正丙醇 33. 5mg/100mL，正丁醇 21. 9mg/100mL，戊醇 137. 0mg/100mL，异丁醇 6. 2mg/100mL，正己醇 0. 6mg/100mL，正庚醇 1. 5mg/ 100mL。

克拉乌朵和毛里在法国白兰地中，发现各种高级醇占总含量的比例是：正丙醇 11. 9%；正丁醇 49. 3%；异丁醇 4. 5%；戊醇 34. 3%。

高级醇在白兰地中通常约占 0. 2%，但它们具有非常重要的意义，因为有些高级醇具有特殊的芳香，影响白兰地的香洌。

二、有机酸类

白兰地中的有机酸，主要有甲酸、乙酸、丙酸、丁酸、异戊酸、己酸、辛酸、癸酸等。这些有机酸是在发酵过程中形成的。因为有挥发作用，所以随原白兰地的蒸馏而转入白兰地中。脂肪酸的蒸发系数，随相对分子质量的增加而增加，即相对分子质量越小的脂肪酸，蒸发越困难，见表 11-3。

表 11-3　　几种脂肪酸的蒸发系数比较

成　分	相对分子质量	蒸发系数	纯品的沸点/℃
甲酸	46	0.455	100.7
乙酸	60	0.708	118.1
丙酸	74	1.268	141.1
正丁酸	88	1.935	163.5
异丁酸	88	2.82	154.4
正戊酸	102	2.708	187
异戊酸	102	3.575	176.7
正己酸	116	3.92	205.8

谢里和维致锡在一系列的白兰地中，找到下面数量的游离酸和它们的乙基酯，见表 11-4。

表 11-4　　各种白兰地中游离酸和它们的乙基酯含量

单位：mg/100mL

白兰地名称	酸				酸的乙基酯			
	甲酸	乙酯	丁酸	癸酸	甲酸乙酯	乙酸乙酯	丁酸乙酯	癸酸乙酯
法国 1#	0	35.0	2.0	6.0	0	53.0	5.0	14.0
法国 2#	0	32.0	1.0	4.0	0	49.0	1.0	10.0
加利福尼亚	0	31.0	2.0	3.0	0	43.0	4.0	8.0
俄国 1#	4.0	62.0	1.0	6.0	6.0	145.0	6.0	18.0

续表

白兰地名称	酸				酸的乙基酯			
	甲酸	乙酯	丁酸	癸酸	甲酸乙酯	乙酸乙酯	丁酸乙酯	癸酸乙酯
俄国 2#	3.0	71.0	4.0	5.0	5.0	63.0	9.0	19.0
俄国 3#	0	64.0	6.0	7.0	0	90.0	8.0	14.0
俄国 4#	0	67.0	7.0	6.0	0	88.0	10.0	16.0

Ю. М. 斯达柯夫和 Р. И. 马雷谢夫用纸上色谱的方法，研究了摩尔达维亚和格鲁吉亚新蒸的原白兰地中脂肪酸的成分，如表 11-5 所示。

表 11-5　　原白兰地中脂肪酸的含量　　单位:%（占总量）

成　分	摩尔达维亚白兰地	格鲁吉亚白兰地
甲酸	8.74	7.80
乙酸	86.07	80.80
丙酸	0.58	3.75
丁酸	2.23	4.31
癸酸	2.35	3.30

三、酯　　类

葡萄酒或白兰地中的有机酸类，与酒精起化学反应，在常温条件下会缓慢地形成酯类：

$$RCOOH+CH_3CH_2OH \rightleftharpoons RCOOCH_2CH_3+H_2O$$

这个反应是缓慢的，而且是可逆的。

白兰地中的酯类，或是由陈酿老熟过程的酯化反应形成的，或是随原白兰地的蒸馏从葡萄酒中转移过来的。

白兰地中酯的总量称为总酯。低分子的醇与乙酸反应形成的酯称为中级酯，如乙酸乙酯、乙酸丙酯、乙酸丁酯。乙酸乙酯是中级酯的主要成分。白兰地中含有的中级酯总量波动范围在 42~325mg/100mL（纯酒精），平均为 111mg/100mL（纯酒精）。

乙醇与高级脂肪酸形成的酯类，或乙酸与高级醇形成的酯类，这些酯具有较高的相对分子质量，称为高级酯。白兰地中的高级酯在康酿克油一节里已经讲到。

四、醛　　类

白兰地中含有的各种醛类称为总醛。除了乙醛外，在原白兰地中还经常遇到巴豆醛、丙醛、异丁醛和戊醛等。当原白兰地在木桶里贮藏时，便有一系列新的羟基化合物，由桶板转入原白兰地中，这主要有香兰素、丁香醛、松柏醛、芥子醛、对羟基苯甲醛、糠醛和甲基糠醛等。

香兰素

分子式：$C_8H_8O_3$

结构式：

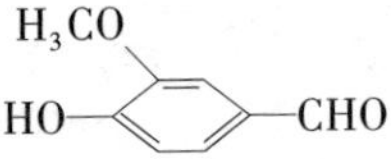

相对分子质量：152，相对密度：1.056，熔点：81.2℃。

香兰素在水里不好溶解（14℃时可溶 1%），易溶于酒精、氯仿、酯、硫碳和碱的溶液。与 $FeCl_3$ 作用呈弱蓝-紫色，在盐酸环境里与间苯三酚作用呈红色。具有愉快的香味，主要价值在食品工业，是木质素分解的正常产物。E · H · 瓦留叶维齐和 M. Ф. 巴巴夫在苏联各地区的白兰地中，发现 50~60mg/L 的香兰素。Л. M. 德尧帕拉加和 Ц. Л. 彼德罗夏在贮存 1~47 年的原白兰地中，发现 30.8~203.8mg/L 的香兰素。

原白兰地中香兰素的含量，随酒龄的增加而增加，和贮藏时间成正比。

松柏醛

分子式：$C_{10}H_{10}O_3$，结构式：

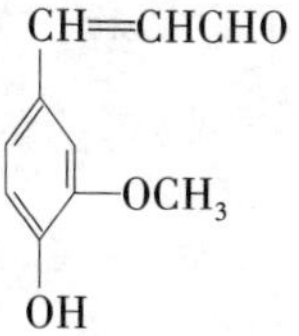

相对分子质量 178，熔点 82.5℃，能从苯里结晶，溶于甲醇、乙醇、酯和乙烷，难溶于水，不溶于石油醚。与 $FeCl_3$ 作用产生蓝绿色，具有弱的香兰素味，是木质素分解的正常产物，由 β-氧化松柏醇形成，它是木质素基本结构之一。松柏醛在原白兰地中的含量，也随着贮存时间而增加。

丁香醛

相对分子质量：182，分子式：$C_9H_{10}O_4$，结构式：

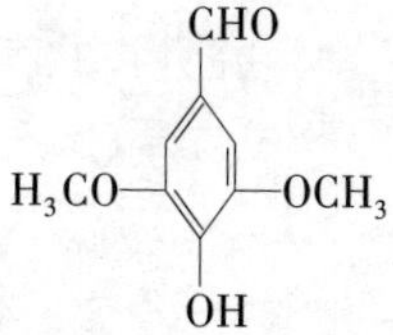

熔点 113℃，溶于甲醇、酯、三氯甲烷、乙酸、炽热的苯，难溶于水和丙酮，不溶于石油醚。与 $FeCl_3$ 作用产生橄榄绿色，在盐酸环境里与间苯三酚作用下生成橙色，它的钾盐和钠盐具有黄色。丁香醛是木质素分解的正常产物，发现于原白兰地中，其量随着贮藏时间而不断增加。

芥子醛

相对分子质量 208，分子式 $C_{11}H_{12}O_4$，结构式：

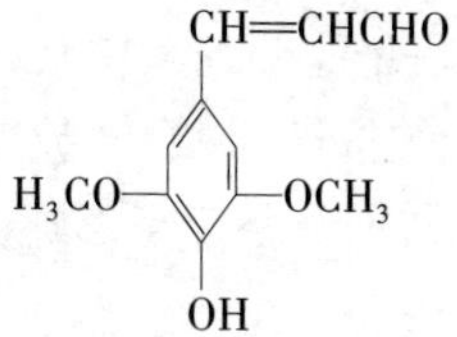

熔点108℃，溶于乙醇和乙醛，极难溶于水和苯，难溶于醚和汽油。在浓的无机酸里溶解并形成蓝红色，与 $FeCl_3$ 作用产生灰红色，是木质素分解的正常产物。发现于橡木的酒精浸出物中。И. А. 也戈罗夫和 Н. В. 巴里索娃，假定这种成分也存在于原白兰地中。

对羟基苯甲醛

分子式：$C_7H_6O_2$，相对分子质量：122，结构式：

熔点115~116℃，从水里结晶，能升华，溶于热水、甲醇、酯，难溶于冷水。与 $FeCl_3$ 作用形成微紫色，是木质素分解的正常产物。发现于原白兰地中，并且在贮存的情况下，它的含量不断增加。

糠醛

法国夏朗德原白兰地中，含2~44mg/L，平均24mg/L。Л. М. 德尧帕拉加和 Ц. Л. 彼德罗夏，在贮藏1~47年的亚美尼亚原白兰地中，发现糠醛的含量为0.17~1.43mg/100mL（无水酒精），在法国夏朗德原白兰地中，含量为1.38~2.18mg/100mL（无水酒精）。按拉瓦滋的意见，法国白兰地中糠醛的含量是1.26~2.10mg/100mL（纯酒精）；亚美尼亚白兰地中，糠醛的含量为0.6~1.0mg/100mL，平均为0.7mg/100mL；美国白兰地中，糠醛的含量从痕量~5mg/100mL，平均1.7mg/100mL；希腊白兰地中，糠醛的含量是从痕量~2.4mg/100mL，平均1mg/100mL。

瓦列尔. Л. М. 德尧帕拉加和 Ц. Л. 彼德罗夏指出，在贮藏情况下，糠醛的含量不断增加。还应考虑到，有部分的糠醛是蒸馏的时候进入原白兰地中的。

甲基糠醛

首先在原白兰地中发现甲基糠醛的是 Л. М. 德尧帕拉加和 Ц. Л. 彼德罗夏，其含量为 5.4~16mg/L，并且甲基糠醛的含量随着贮藏年限而增加。在原白兰地中，甲基糠醛的含量大约等于糠醛的含量。

缩醛

A. D. 拉西赫在老的原白兰地中（1898—1918 年），发现缩醛的含量为 82.7~195.0mg/L。他指出缩醛对白兰地香的形成有良好的影响。

Л. М. 德尧帕拉加把缩醛分为挥发缩醛（易蒸发）和不挥发缩醛（在蒸馏时留在大锅里）。

虽然关于不挥发缩醛的成分，还未得到令人信服的证明，但是按德尧帕拉加和彼德罗夏的资料，在原白兰地贮藏的情况下，不挥发缩醛的含量也是不断增长的，见表 11-6。

表 11-6　缩醛含量随贮存年限而变化　单位：mg/L

生产年限	醛类	缩醛		
		挥发的	不挥发的	总的
1912	160.1	77.5	45.9	123.4
1928	149.6	79.5	32.7	112.2
1930	152.7	70.4	30.6	101.0
1933	156.9	55.6	22.9	78.5
1937	163.2	38.1	20.8	58.9
1951	217.6	53.6	10.9	64.5
1952	177.8	43.9	6.6	50.5
1953	281.4	24.2	6.6	30.8
1954	286.7	13.0	1.0	14.0

2，3-二羟基丁二醇、3-羟基-2-丁酮、乙酰乙酸

彼诺和拉丰研究了原白兰地中2，3-二羟基丁二醇、3-羟基-2-丁酮和乙酰乙酸的含量，这些物质是挥发性的。

2，3-二羟基丁二醇（$CH_3CHOHCHOHCH_3$）：沸点178℃，蒸发系数0.171，也就是说，它是酒尾的混合物。

3-羟基-2-丁酮（$CH_3-\underset{\underset{O}{\|}}{C}-\underset{\underset{OH}{|}}{CH}-CH_3$）：沸点144～145℃，蒸发系数为1。

乙酰乙酸（$CH_3-\underset{\underset{O}{\|}}{C}-\underset{\underset{O}{\|}}{C}-CH_3$）：沸点88～89℃，蒸发系数大于1，它主要在酒头里。

如果酒醪里含2，3-二羟基丁二醇为300～1300mg/L；含有3-羟基-2-丁酮为2～20mg/L；含有乙酰乙酸为2～3mg/L，那么得到的二次蒸馏的原白兰地，平均含有2，3-二羟基丁二醇6.1mg/L（纯酒精）；含3-羟基-2-丁酮4.6mg/L（纯酒精）；乙酰乙酸为1.6mg/L（纯酒精）。阿尔马涅克白兰地含以上三种物质的相应量为46.9mg/L、117mg/L和2mg/L。

五、聚 苯 酚

聚苯酚总是伴随着橡木的单宁而存在，占单宁总量的10%～13%。当原白兰地在橡木桶里贮藏时，聚苯酚便与单宁一起进入原白兰地中。聚苯酚包括五倍子酸，橡精、橡皮苷。此外，橡木单宁水解时，还能形成鞣酸，下面讲述这些化合物的特性。

五倍子酸

分子式$C_7H_6O_5$，结构式：

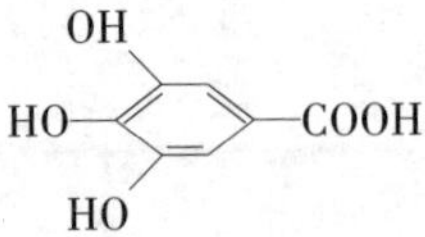

相对分子质量：170。五倍子酸从水里带一个结晶水结晶，不溶于氯仿和苯，在醚里溶解 2.5%；在 90% 的酒精里溶解 18.9%；在丙酮里溶解 29.4%；在醋酸乙酯里溶解 8.4%；紫外线照射产生荧光。与 KCN 作用产生暗红色，与 $FeCl_3$ 作用生成蓝色。一般都随橡木的成分而存在。

橡精

分子式 $C_{16}H_{10}O_7$，相对分子质量 314，结构式为：

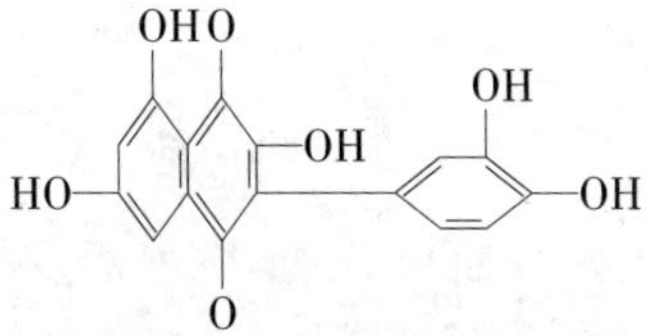

以黄色晶体的形式在水里结晶，带两个分子的结晶水。熔点 313~314℃，不溶于冷水，在开水、酯、氯仿里也溶解很少。易溶于乙酸和乙醇，易溶于碱液形成黄色。与 $FeCl_3$ 作用产生深绿色，加热时则变成红色。能为斐林溶液还原。发现于橡木里，因而叫橡精，与橡木伴随存在。

橡皮苷

分子式 $C_{22}H_{20}O_{11}$，相对分子质量：460，结构式为：

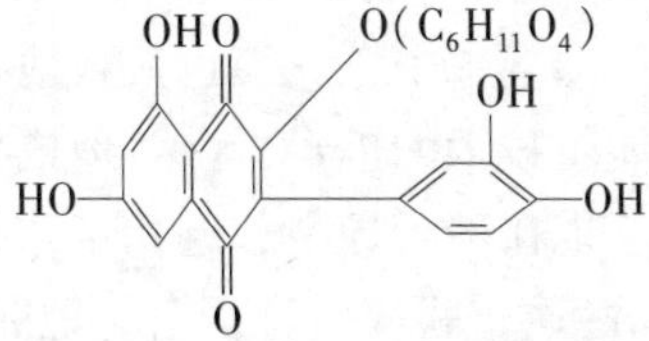

熔点 250℃，带两个结晶水，不溶于冷水，在热水里也溶解很少。溶于酒精。与 $FeCl_3$ 作用形成橄榄绿的颜色。发现于橡木中，总是伴随橡木的单宁而存在，水解时产生橡精和鼠李糖，发现于原白兰地中。

鞣酸

分子式：$C_{14}H_6O_8$，相对分子质量：304，结构式为：

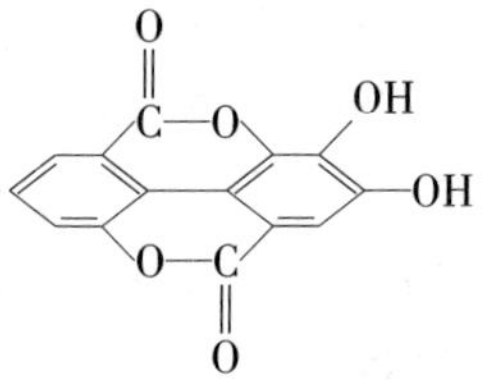

熔点 360℃，难溶于水和酒精，不溶于醚。与 $FeCl_3$ 作用生成绿色。是橡木的单宁物质水解时形成的。原白兰地中尚未发现。

六、无　机　盐

根据 Л. М. 德尧帕拉加和 Ц. Л. 彼德罗夏的资料，灰分的含量随着原白兰地贮藏的年限而增加，贮藏 1 年的原白兰地，灰分的含量为 0.034g/L，贮藏 47 年的原白兰地，灰分的含量为 0.118g/L。除了铜（含量 1~5mg/L）和铁（含量可达 5mg/L）以外，在原白兰地中存在由橡木浸取的灰分。

橡木木质含有如下的灰分：

K_2O：22%~26%，Na_2O：9%~11%，　CaO：18%~19%，

MgO：6%~7%，　SO_3：4%~8%，　Cl：2%，

P_2O_5：2%~4%，　SiO_2：2%~4%，　CO_2：19%~25%。

可以预料，在原白兰地中，它们也大致地按这种比例存在。

随着科学的发展，技术的进步，白兰地成分的分析方法在不断改进，分析的精度也在不断提高。近几年，有不少资料报道了用气相色谱法和色谱-质谱联用法分析白兰地的成分。

1975 年，由中国科学院大连化学物理研究所、烟台张裕葡萄酿酒公司、山东省第一轻工业科学研究所组成白兰地名酒剖析组，对烟台张裕公司生产的白兰地酒（简称 C. B 酒）及法国白兰地酒（简称 F. B 酒）进行组成分析，以便获得改进工艺和设备的依据。剖析组对白兰地气相成分的分析，采用气相色谱法及色谱-质谱联用法。液相成分的分析，采用经过预先处理后，再

用气相色谱法及色谱-质谱联用法；也进行过不经预处理，直接进行的气相色谱法分析。

关于白兰地酒的组成成分，有关文献资料记载的法国白兰地的组成成分与剖析组对法国白兰地和中国白兰地的分析结果，如表 11-7 所示。

表 11-7　　白兰地酒组分数量表

		酯类	醇类	有机酸	羟基化合物	缩醛类	其他类	总计
文献记载	F. B 酒	27	15	24	17	6	—	89
剖析组	F. B 酒	26	21	16	10	2	8	83
	C. B 酒	26	19	17	10	2	7	81

白兰地剖析组对中国白兰地和法国白兰地定性分析的结果，见《山东轻工科技》1976. 4 白兰地酒组分名称表，其中所引证的“文献记载”，是指文献上已有报道的法国白兰地的组分。

从表 11-7 可以看出，中国白兰地与法国白兰地之间，定性组分大致相同，只是某些组分含量有差异，因而对酒的质量有不同的影响。

第二节　白兰地的产地特性分析

不同产地的白兰地，即使采用相同的葡萄品种，采用相同的生产工艺，产品的风格也有所不同。通过对白兰地成分的分析，可以对白兰地的这种产地特性，进行区别和鉴定。这对指导打击伪劣假冒产品有重要的现实意义。

所使用的分析化验方法，基本上是使用毛细管柱的气相色谱法，并使用传统的检测法（FID）或特殊的检测法（NPD，ECD 质量光谱测定），高性能液相色谱法，原子吸收法，UV-可见分光光度计法，传统的容量分析方法等。必要时，还对分析结果进行统计处理，以方便理解。

按照所要解决问题的复杂性，可以使用不同的分析方法。

一、传统分析

传统的分析能保证在现行的欧盟规定的标准下，产品的一致。法国的标准较欧盟标准更加严格。对 4 种科涅克白兰地的常规指标的分析结果列在表 11-8 中。

非酒精挥发成分的总和被称作非酒精系数。这个系数与蒸馏物所含的发酵过程中产生的成分相对应。法国的规则中规定，所有科涅克产品中，非酒精挥发成分的最低含量为 225g/100L（纯酒精）。

表 11-8 中列举了 4 个不同质量等级的科涅克产品及其对应的分析结果。

表 11-8　　　　四种科涅克的分析结果

分析内容	三星级	VSOP 级	拿破仑级	XO 级
实际的酒精含量/（体积分数%）	40	40	40	40
酒精净含量/（体积分数%）	38	38	38	38
总酸含量/（mg/L，以乙酸计）	216	312	408	552
固定酸含量/（mg/L，以乙酸计）	84	120	180	216
挥发酸含量/（mg/L，以乙酸计）	132	192	228	336
干浸出物含量/（g/L）	9	9	9.5	9
甲醇含量/（g/100L 纯酒精）	53	38	46	44
非酒精挥发成分/（g/100L 纯酒精）				
挥发酸（以乙酸计）	33	48	57	84
醛（以乙醛计）	12.5	14	20	25

续表

分析内容	三星级	VSOP级	拿破仑级	XO级
糠醛	2.5	2.6	2.7	2.9
总酯（以乙酸乙酯计）	63.5	70.5	77.5	91.5
1-丙醇	38.5	39	43.5	49
2-甲基-1-丙醇	109.5	115.5	121	115.5
1-丁醇	<1	<1	<1	<1
2-丁醇	<1	<1	<1	<1
2-甲基和3-甲基-1-丁醇	305.5	316	310.5	292.5
非酒精系数/（g/100L纯酒精）	565	605.6	632.2	660.1

这种分析形式，足以发现那些很明显的舞弊行为。它们是在不同的地区，利用当地的酒精，添加糖浆、糖色，有时还用香精，部分或完全替代科涅克。

表11-9记录的是一个假冒产品的分析结果。某些成分的含量，与对照的科涅克不吻合。更深一步的研究显示，缺少芳香醛的成分，pH太高，说明这个假冒品没有在橡木桶中进行陈酿。

让人高兴的是，与科涅克总的消费量相比，假冒产品是很少很少的。

表11-9　　真假科涅克的对比分析结果

分析参数	假冒品	对比用VSOP
实际酒精含量/（体积分数%）	44.45	40
酒精纯含量/（体积分数%）	35.7	37.3
总酸含量/（mg/L，以乙酸计）	264	360
固定酸含量/（mg/L，以乙酸计）	168	204

续表

分析参数	假冒品	对比用 VSOP
挥发酸含量/（mg/L，以乙酸计）	96	156
干浸出物含量/（g/L）	41.3	11.6
甲醇含量/（g/100L 纯酒精）	41	45
非酒精系数/（g/100L 纯酒精）	296	591

二、深度分析

1. 基础参考数据的组成

为保护高质量产品的形象，可以采用比前面所述更为精密的分析方法。

到目前为止，可以测量出白兰地中含有的 132 种成分（17 种醛，16 种有机酸和脂肪酸，16 种醇，2 种酮，2 种缩醛，27 种酯，5 种芳香醛，5 种酚类酸，2 种单宁，2 种内酯，7 种糖，7 种金属，4 种香豆素，9 种萜烯和 C_{13} norisolrenoides，7 种多元醇，4 种其他成分），并且可以知道这些成分的名称及气相特征。

通过对科涅克、阿尔马涅克、白兰地、威士忌、苹果烧酒、朗姆酒等多种样品进行分析测定，所得到的基础数据资料，可以建成一个可靠的信息资料库。以此把科涅克与其他烈性酒的特性加以区分，同时也是对各种各样假冒品的测试、鉴定依据。

事实上，各种烈性酒中尽管测定出如此多的成分，但它们中的每一种产品，各自的成分范围，都与所使用的酒精有特定的对应关系。

图 11-1 至图 11-4，分别表示科涅克、白兰地、威士忌的高级醇、辛酸以及 3-甲基-1-丁醇/2-甲基-1-丁醇含量比，丁香醛/香草醛含量比的坐标曲线。从这些成分间的联系曲线，可以看出它们之间的一些不同点。

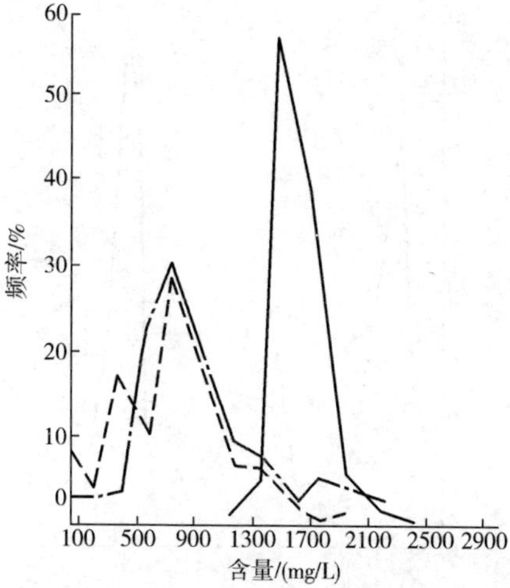

图 11-1　高级醇含量（在酒精含量 40%的酒中）

——科涅克　- - - -白兰地　- - - -威士忌

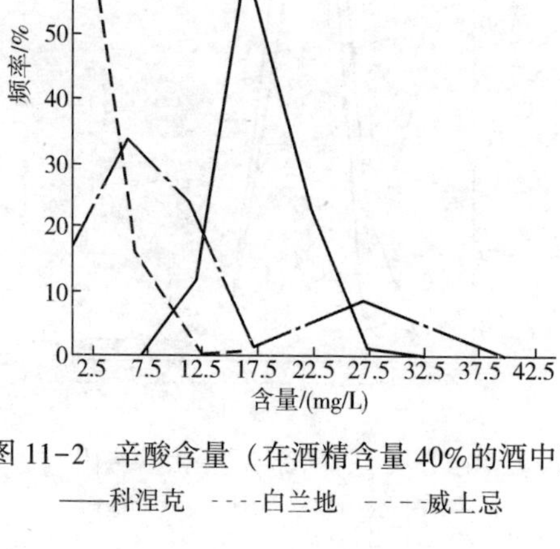

图 11-2　辛酸含量（在酒精含量 40%的酒中）

——科涅克　- - - -白兰地　- - - -威士忌

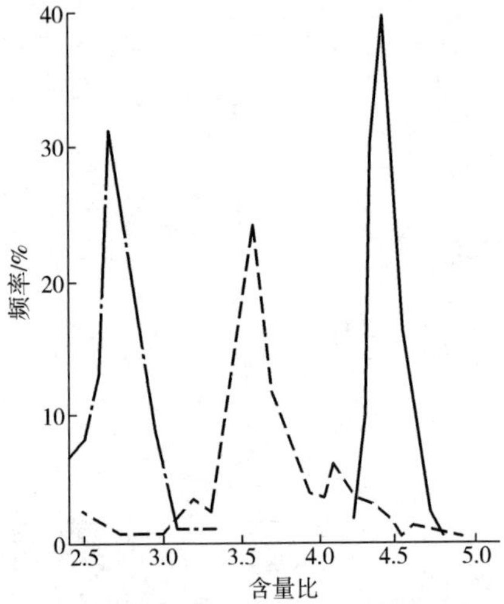

图 11-3　3-甲基-1-丁醇与 2-甲基-1-丁醇含量比

——科涅克　- - - -白兰地　- - - -威士忌

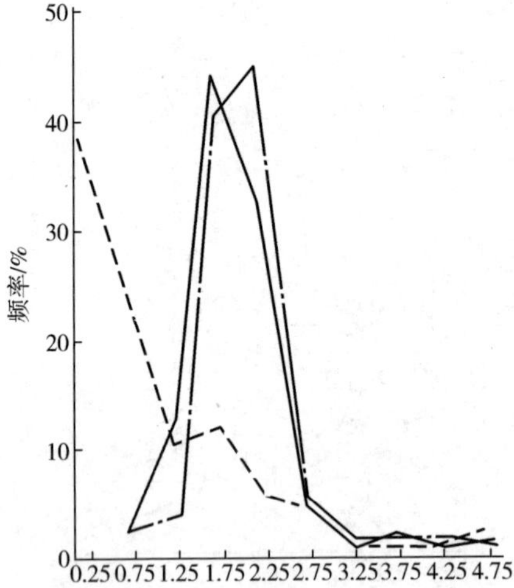

图 11-4　丁香醛与香草醛含量比

——科涅克　- - - -白兰地　- - - -威士忌

对信息数据的处理是很重要的，可以用因子式分析法予以区分。这种统计学的方法，可以提取和概述合情合理的信息：包括把科涅克与其他烈性酒予以定性和对假冒品进行检测。

2. 判别式因数分析

本分析列举的结果，是通过下述样品，对 23 种不稳定的物质因素，进行的判别式因数分析。

15 个法国白兰地（简称 BF）：　第 1 组
14 个西班牙白兰地（简称 BE）：　第 2 组
11 个意大利白兰地（简称 BI）：　第 3 组
20 个科涅克（简称 CO）：　第 4 组
20 个阿尔马涅克（简称 AR）：　第 5 组
20 个苹果烧酒（简称 CA）：　第 6 组
15 个威士忌（简称 WI）：　第 7 组

图 11-5 的因数表 1-2、表 1-3、表 1-4 和表 1-5 中是对各种不同的烈性酒的表象描述。

为了检测方法的有效性，额外地引入了 4 个威士忌（标注 $S_1 \sim S_4$）、4 个科涅克（$S_5 \sim S_8$）、4 个法国白兰地（$S_9 \sim S_{12}$）、4 个苹果烧酒（$S_{13} \sim S_{16}$）、4 个阿尔马涅克（$S_{17} \sim S_{20}$），对这 23 种受重视的化合物作了定量的分析，制定出参考图。

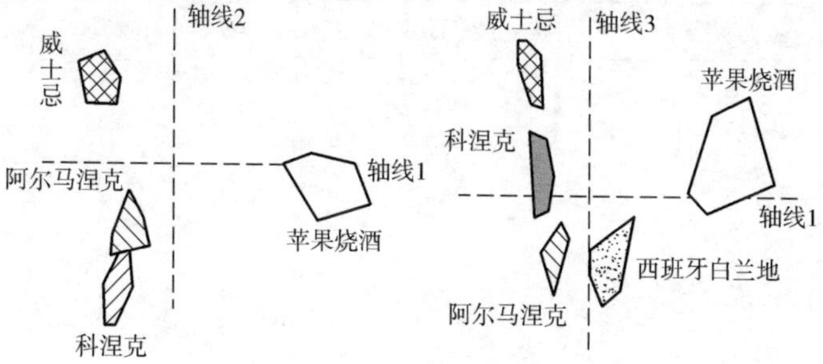

图 11-5

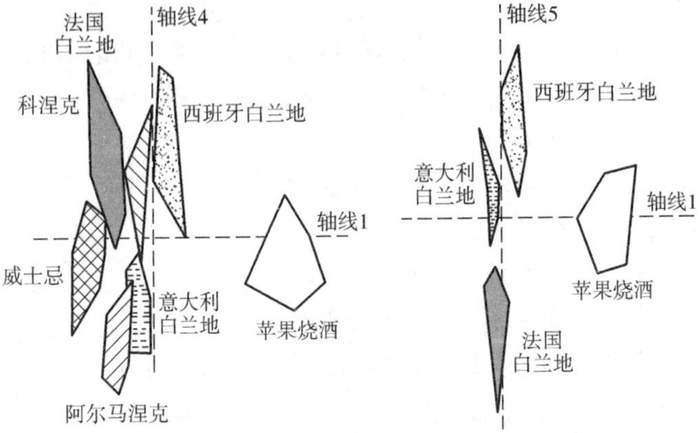

图 11-5　7 组烈性酒的因数表

1-2、1-3、1-4、1-5 中的图示

图中从左至右分别为因数表 1-2、1-3、1-4、1-5。

这样做的目的，就是要看一下每一组烈性酒中的这些试验品，将被如何分类。归类结果列入表 11-10 中，从中可以看出，所有的科涅克都归入了科涅克组，即第 4 组。所有的阿尔马涅克都归入了阿尔马涅克组，即第 5 组。

表 11-10　对 20 种试验用烈性酒进行多量纲分析后的归属分类

烈性酒编号	烈性酒应归属类	量纲分析后烈性酒归属类
S_1	7	7
S_2	7	7
S_3	7	7
S_4	7	6
S_5	4	4
S_6	4	4
S_7	4	4

续表

烈性酒编号	烈性酒应归属类	量纲分析后烈性酒归属类
S_8	4	4
S_9	1	1
S_{10}	1	3
S_{11}	1	3
S_{12}	1	3
S_{13}	6	6
S_{14}	6	6
S_{15}	6	6
S_{16}	6	6
S_{17}	5	5
S_{18}	5	5
S_{19}	5	5
S_{20}	5	5

注：第1组：法国白兰地　　第2组：西班牙白兰地
第3组：意大利白兰地　　第4组：科涅克
第5组：阿尔马涅克　　第6组：苹果烧酒
第7组：威士忌

从表11-10中可以看出，对白兰地的产地研究仍然模糊不清，有3个法国白兰地（S_{10}、S_{11}、S_{12}）被归入了意大利白兰地中。但从表11-10中仍然可以看出，因数分析法所表示的科涅克类、阿尔马涅克类、威士忌类、苹果白兰地类，同其他三类白兰地，不管如何颠倒样品的顺序，或贴示假的标签，通过分析结果，都可以非常清楚地将其区别开来。

一个更细的分析，对后3组的产品鉴别，显得尤为必要。

针对多种不同的分析方法，一个新的因数分析方法，可以对法国白兰地、西班牙白兰地和意大利白兰地进行清楚地区分，图11-6中展示了这3类产品在因数表1-2中的情况。

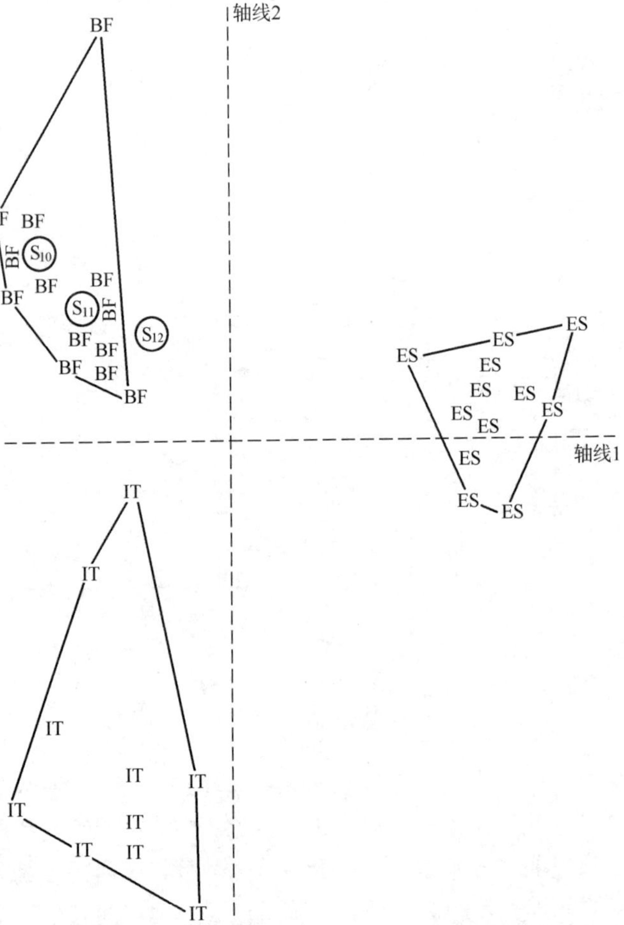

图 11-6 在因数表 1-2 中各种白兰地示图

BF—法国白兰地 ES—西班牙白兰地 IT 一意大利白兰地

经过两种多量纲分析显示，20种不同的试验用烈性酒，在分析后都被正确地归类，还可以通过化学分析的结果，用统计学的处理方法，毫不含糊地确定烈性酒的类别。

在表 11-11 中，列举了 7 种酒的 23 种成分的平均含量以及 F 指数（组间变度/组内变度的比例），这些最高的值显示出区分不同点的特征。

表 11-11　　几种烈性酒成分的平均含量

浓度/（mg/L 纯酒精）	法国白兰地	西班牙白兰地	意大利白兰地	科涅克	阿尔马涅克	苹果烧酒	威士忌	F（6/113）
没食子酸	5.09	11	6.23	32	17.6	14.3	9.43	8.4
辛酸	0.46	1.42	0.9	2.99	1.24	1.08	1.5	16
丁香酸	0.34	2.28	1.45	4.12	2.29	1.21	2.99	15.9
乙醛	179	379	192	172	151	124	145	23.5
1，1-二乙氧基乙烷	98.5	100	61	53.1	32.7	52.6	58.6	19.9
糠醛	2.55	8.84	10	34.6	12.2	4.62	24	35.3
总酚	239	519	21	1107	601	318	300	36.4
香兰素	0.37	2.80	1.27	4.78	2.79	0.76	2.71	3
丁香醛	0.51	3.01	2.07	7.43	4.38	1.92	5.60	18.3
松柏醛	0.23	0.64	0.33	2.5	1.17	0.42	0.82	27
肉桂醛	0.57	0.59	0.66	3.29	2.16	0.70	0.85	20.9
甲醇	662	769	526	443	438	1123	105	47.2
丙醇	191	261	353	447	385	1162	563	62.4
正丁醇	368	283	498	1065	1027	538	830	79.2
2-甲基-1-丁醇	261	219	348	505	554	434	323	23.8
3-甲基-1-丁醇	929	873	1236	2294	2405	1930	883	59.6
己醇	7.9	14.4	14.5	23.1	18.6	109	2.25	222

续表

浓度/（mg/L 纯酒精）	法国白兰地	西班牙白兰地	意大利白兰地	科涅克	阿尔马涅克	苹果烧酒	威士忌	F（6/113）
顺 3-己醇	2.84	24.9	7.63	42.3	19.3	17，7	21.6	29
辛酸乙酯	13.2	2.86	3.22	8.27	5.45	6.43	3.76	33.5
癸酸乙酯	12.5	24.8	5.67	508	12.2	25.2	53.1	14.1
月桂酸乙酯	3.26	6.88	2.22	18.1	3.57	10.9	26.7	39.8
总酸	202	1100	587	1216	1053	1320	521	21.8
pH	4.39	3.48	4.08	3.56	3.42	4.13	3.87	18.1

甲醇和高级醇的含量是区别 7 种酒的重要参数。

3. 一步一步的基础分析

这个工作已经由 Mazerolles 先生于 1992 年对细节做了详细的描述。这是一个很出名的统计学方法：即一步一步地区分分析法。它是基于 3 种酒的 678 个样品的基础数据，其中 458 个科涅克、46 个阿尔马涅克，174 个不同国家的白兰地，而得出的结论。

所有的计算是借助于 Parvus（1990 年出版）的软件实现的。

借助于 6 种变量分析，它们包括：

——2 个高级醇；

——1 个脂肪酸酯；

——1 个挥发性脂肪酸；

——1 个与贮藏有关的参数；

——1 个与蒸馏有关的参数。

可以对上述 3 类烈性酒进行很好的区分。这 6 个变量并不是拥有高区分力数据基础的唯一变量。

需要指出的是，所选择的这些成分是产品生产过程中，不同技术阶段有特征的参数：4 种成分（两种高级醇、一种脂肪酸、一种脂肪酸酯）是“土地”方面的变量（包含葡萄酒酿造的各个阶段），2 种成分代表的是蒸馏和老熟过程的变量。

为了说明这种方法有效，每个样品都出自基础数据：所有的计算数据均出自 678 个样品，这些样品又都是随机抽取的样品，这些操作做了 3678 次。

——烈性酒正确的比率是很高的（错误的比例为 4/678 = 0.6%）；

——所有的科涅克都得到正确的区分；

——2 个阿尔马涅克被归入了白兰地类，这是由于阿尔马涅克组的有效数目很少，因此对这一组较高比例的归类错误不需吃惊；

——最后，在所选取的这 6 类基质物中，有 2 个白兰地产品被归入了科涅克类。

为避免这 2 个错误，必须再看其他的参数，现在已经很清楚，疑虑已经解开，即应考虑 3-甲基-1-丁醇与 2-甲基-1-丁醇之比及丁香醛与香兰素之比，这一点在最初的基质物中未被引用。

所建立的基础数据和经过发展的统计工具，可以不仅知道一个样品的本源，同时也可以处理很细微的假冒品。例如：用质量达不到的科涅克去代替贮存后质量很好的科涅克。

当然，如果人们只对所分析的产品的原产地感兴趣，可以使用更先进的分析技术。

三、乙醇氘同位素分析法

特殊的同位素分析法，通过核磁共振，研究氘的分布。

1983 年 Martin 的工作结果显示，对乙醇分子作氘同位素分析，可看出其原产地的明显不同。

所用的乙醇取自：在旋转的柱状蒸馏器上得到的酒精含量至少为 95%的乙醇。

同位素分析是在 400Hz 的核磁共振下进行的。通过对下述样品进行分析，可以确定科涅克地区的同位素剖面图，并同其他烈性酒的同位素剖面图进行比较。

79 个不同销售等级的科涅克（CO），39 个法国白兰地（BF）。

21 个外国白兰地：意大利（BI），西班牙（BE），北美（BAM），法国（BAC），亚美尼亚（BR）。

10 个威士忌：7 个调配的（WB），3 个纯麦芽的（WPM）。

基于 148 个观测报告和 3 个不同的结果，对主要成分进行综合分析，分析结果在图 11-7 中的 1-2 因数表中列出。

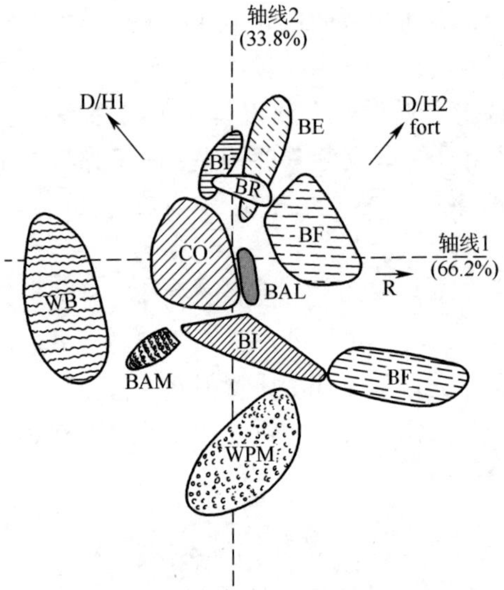

图 11-7　在因数表 1-2 中 148 种烈性酒的图示

CO—科涅克　BF—法国白兰地　BE —西班牙白兰地　BI—意大利白兰地

BR—亚美尼亚白兰地　BAM—美国白兰地　BAL—德国白兰地

WB—威士忌（调配）　WPM—威士忌（麦芽）

在8组分析的样品中，科涅克组（CO）是最一致的，可以看到科涅克与其他全部被研究的烈性酒有细微的不同。夏朗德地区的产品，通过这种分析方法可以很清楚地显示其特征。

法国白兰地形成了2个很不相同的组，因为它们是出自两个不同葡萄产地的葡萄所蒸馏的酒精。意大利白兰地也是这种情况。所取的德国白兰地样品，在其用于蒸馏的葡萄酒中添加了夏朗德葡萄酒精，因此其同位素分析结果很接近科涅克。由此可以看出，科涅克地区的葡萄酒精所占的比例对产品的影响很大。

混合型的苏格兰威士忌同纯麦芽威士忌是可以区分开的。

总而言之，苏联科涅克行业局各个部门很关心科涅克的质量，并有丰富的经验促使科涅克保持很高的质量。

为确保对地方性、合法性及稳定性的尊重，所使用的分析方法是很有用的一个补充鉴别方法，这些被研究部门接受的方法，将在质量检验部门中得到应用。

无论是传统的分析方法，还是已经使用的比较进步的色谱分析法，都可以用来对不同的烈性酒进行定性，并对假冒产品加以区分。

乙醇的氘同位素分析法可以对不同产地的醇类进行区分。

第三节　白兰地的技术标准

由于诸多方面的原因，白兰地工业在我国一直发展不快。我国实行改革开放以后，与国外的经济交往日益增多，我国人民的生活水平和消费水平迅速提高，白兰地工业也得到快速的发展。20世纪80年代以前，我国生产白兰地，没有统一的国家标准和行业标准。白兰地生产发展后，生产白兰地的厂家多了，要求建立统一的技术标准。我国第一个生产白兰地的国家标准，是1987年立项，1989年首次发布的，即GB11856—89白兰地。该标准在当时对规范白兰地生产，引导白兰地工业的发展，起到一定的作用。由于当时对外交流少，工艺技术比较落后，标准制定仓促，参考的国外技术标准少，所以在该标准中有些项目，规定的指标不合理。如铜的指标和杂醇油的指标，标准规定得太低，既限制了我国白兰地的生产，又制约了国外白兰地的进口和交流。进入90年代，国内外要求修订原标准的呼声强烈，原标准的修订势在必行。

1996年3月，修订白兰地新标准计划下达。全国食品发酵标准化中心经过短时间的酝酿协调，组建了标准起草小组。起草工作由中国食品发酵研究所、烟台张裕葡萄酿酒公司等5个单位派员组成。

起草工作小组成立后，立即投入紧张的工作。召开了国内外专家会议，广泛征集国内外白兰地样品，广泛搜集欧共体和法国的白兰地标准。

1996年7月初，将征集到的30个国内样品和10个国外样品，分发到国内4个条件好的实验室去进行检测。9月中旬，将4个试验室的实测数据进行汇总，并草拟了标准初稿。

1996年9月23~25日，在北京召开了第二次行业专家及起草工作组会议，对40个征集样品进行了感官分析。根据国内外样品实测结果和我国白兰地工业的实际情况，商定新标准的内容，会后改写成标准文本的第二稿。

在标准修订过程中，根据中法合作协议精神，与法方开展了有关白兰地酒标准方面的技术合作和交流。1996年4月24~25日，在中国食品发酵工业研究所召开了第一次中法白兰地酒标准专家研讨会。出席会议的法方专家有康塔格雷尔（R. Cantagrel）、纪兰都和翻译许志成先生。中方专家有李汝诚、郭其昌、田栖静等共10人。专家会上，法国专家介绍了欧共体关于白兰地的定义和法国科涅克酒的标准、法规。中法双方专家还就“杂醇油”和“铜”的标准制定，阐述了各自不同的看法和论据。中法还交换了10个白兰地样品（5个XO级、5个VSOP级），分别在两国测试，然后交换测试数据。

应法国科涅克行业办公室的邀请，由国家技术监督局李汝诚带团，中国食品发酵工业研究所田栖静等一行4人，于1997年1月11~20日赴法，参加了在法国科涅克市召开的第二次法中白兰地酒标准专家研讨会。代表团重点参观考察了科涅克酒的生产工艺过程、质量控制措施。法方着重介绍了欧共体和法国关于葡萄蒸馏酒、白兰地、科涅克酒的标准、法规，提供了有关资料。法方认为，白兰地中的杂醇油，是酒的主要香味成分。世界各国的白兰地标准，均未做含量上限控制。相反，欧共体和法国，根据几百年的生产经验，为了保证产品质量，都用法规形式，做了非酒精挥发物（包括杂醇油）含量下限控制。所以希望中国方面在制定白兰地标准时，不要把“杂醇油”作为卫生指标加以限制。同时法方认为铜是无毒元素，希望中方放宽限量要求。

在科涅克市召开的这次专家会上，还交换了双方试验室对比分析结果，和有关标准的试验方法。通过技术交流，加深了对标准的理解，对该标准的主要技术内容初步达成了共识。在此基础上，整理成标准的第4稿。

由于白兰地是属于国际通畅型酒种，欧共体法规对此已有明确定义。所以本行业专家和起草工作组，从开始就达成共识，即积极与国际接轨，等效采用欧共体1989年发布的1576/89/EEC号法规。法国科涅克是世界上公认的最好的白兰地，所以受“原产地命名”法律保护。这在欧共体、美国、加拿大等国都得到承认。此次在本标准修订中，我国也等效采用这一做法。写在标准前言部分。

白兰地产品分为特级（XO级）、优级（VSOP级）、一级（VO级）和二级（三星级或VS级）四个质量等级。在新标准中，XO级、VSOP级、VO级产品，是在橡木桶中贮藏、陈酿的酒龄，等效采用法国科涅克酒的规定。二级品白兰地，主要是指配制酒型白兰地，这类酒比较便宜，适合我国当前大多数人的消费水平，而且长期饮用已被消费者所接受，国内市场尚有很大的需求，故暂时保留此级产品，不采用欧共体法规，有待进一步提高或淘汰。

对我国第一个白兰地国家标准修订后，正式形成的白兰地新标准，是 1997 年 6 月 11 日，由国家技术监督局发布的。标准请见本书的附录二。

新的白兰地标准，与原来的标准相比，其主要条款有以下新内容、新特点。

1. 新内容

在原标准基础上，增加了关于“酒龄”和“非酒精挥发物总量”术语。明确了分类和产品等级，对 XO 级、VSOP 级、VO 级、三星（VS）级产品提出了最低酒龄要求。增加了特级白兰地标准，规定特级（XO 级）白兰地的最低酒龄为 6 年。

2. 新特点

由于产品等级不同，贮藏陈酿的时间不同，感官特性差别很大。所以在新标准中，根据产品的等级，提出不同的感官要求。

3. 理化要求

（1）酒精含量定为 38.0%~44.0%（体积分数），其依据如下：

①欧共体法规要求白兰地的酒精含量必须在 36%（体积分数）以上。

②这次修订标准对国内外 40 个白兰地样品分别在 4 个试验室进行普查，将数以万计的数据汇总成表，见表 11-12，表 11-13。这次普查的酒精含量，都在此范围内。

③原标准中酒精含量规定为 38.0%~44.0%，所以仍维持原标准酒精含量范围不变。

（2）非酒精挥发物总量（=挥发酸+总酯+醛类+糠醛+高级醇），除三星白兰地以外，本标准对各个质量等级白兰地的非酒精挥发物总量都有规定，请见附录 2。

这个标准是根据欧共体的标准规定和法国科涅克的标准规定，

表 11-12　　白兰地分析结果剖析表

剖析内容	样品个数	酒精含量/%（体积分数）		总酸（以乙酸计）含量/（mg/L）	固定酸（以乙酸计）含量/（mg/L）	挥发酸（以乙酸计）含量/（mg/L）	干浸出物含量/（g/L）	甲醇含量/（g/100L纯酒精）	杂醇油含量（折60%酒精含量）/（g/L）	铜含量/（mg/L）
		表观	实际							
外 XO	5	—	—	—	—	—	—	—	—	—
范围		36. 4~37. 6	39. 7~40. 2	294~635	102~233	192~451	12. 04~16. 70	41. 0~52. 5	2. 87~3. 02	1. 4~4. 3
平均		36. 34	40. 0	489. 4	167	322. 4	13. 792	45. 28	2. 924	2. 284
内 XO	10	—	—	—	—	—	—	—	—	—
范围		37. 0~39. 4	39. 1~40. 8	217~483	21~177	197~325	4. 97~13. 3	44. 3~76. 8	1. 41~2. 62	0. 9~3. 30
平均		38. 28	39. 93	381. 6	108. 7	273. 8	8. 25	56. 8	1. 83	2. 319
外 VSOP	5	—	—	—	—	—	—	—	—	—
范围		36. 8~39. 1	39. 5~40. 4	298~387	96~137	172~250	9. 10~13. 14	34~52. 5	2. 54~2. 85	1. 00~1. 73
平均		37. 9	40. 06	325. 4	114. 6	210. 8	11. 0	43. 6	2. 702	1. 34
内 VSOP	10	—	—	—	—	—	—	—	—	—
范围		37. 1~38. 6	39. 8~40. 6	350~522	147~256	150~327	7. 09~15. 78	57. 3~105	0. 75-1. 67	1. 32~50. 9
平均		37. 64	40. 2	455. 3	182. 4	273. 1	12. 42	84. 01	1. 224	10. 371
内 VO	5	—	—	—	—	—	—	—	—	—
范围		37. 8~38. 3	39. 7~40. 3	300-404	113~207	179~225	8. 95~10. 99	24. 7~81. 0	0. 20~0. 28	0. 83~2. 08
平均		38. 1	40. 1	332. 2	137. 6	194. 8	10. 31	37. 12	0. 406	1. 138
内 VS	4	—	—	—	—	—	—	—	—	—
范围		37. 8~38. 8	40. 1~40. 2	256~308	27~125	184~237	6. 76~10. 97	25. 5~27. 9	0. 26~0. 28	0. 73~0. 92
平均		38. 53	40. 15	271. 75	54	218. 25	7. 92	26. 55	0. 268	0. 79
内★★★	1	38. 1	39. 8	16	7	10	6. 45	23. 8	0. 14	0. 33
国内五档次	30	—	—	—	—	—	—	—	—	—
范围		37. 0~39. 4	39. 1~40. 8	16~522	7~256	10~327	4. 97~15. 78	23. 8~105	0. 14~2. 85	0. 33~50. 9
平均		38. 06	40. 07	346	127. 4	244. 2	9. 88	57. 46	33. 782	5. 66

表 11-13 白兰地分析结果剖析表

剖析内容	非酒精挥发性组分/（g/100L 纯酒精）										
	挥发酸（以乙酸计）	总醛（以乙酸计）	糠醛	总酯	丙烯醇	正丙醇	异丁醇	正丁醇	戊醇（活+异）	高级醇	总含量
外 XO	—	—	—	—	—	—	—	—	—	—	—
范围	47.8~113.0	17.0~22.0	2.8~4.3	45.3~117.0	0.5~0.7	34.2~48.8	119.0~147.4	0.3~0.8	349.0~360.9	503~547	617~799
平均	80.68	18.36	3.36	88.96	0.58	43.06	134.96	0.58	354.14	533	724.4
内 XO	—	—	—	—	—	—	—	—	—	—	—
范围	49.8~81.6	8.4~21.7	1.4~4.5	71.8~81.3	0.5~1.2	27.7~66.2	61.5~120.0	0.5~1.4	137.5~316.9	271~489	402~673
平均	68.37	17.95	3.27	67.92	0.9	53.46	91.18	0.85	212.06	357.9	514.9
外 VSOP	—	—	—	—	—	—	—	—	—	—	—
范围	43.2~56.0	14.0~17.0	2.5~2.9	45.8~85.7	0.4~0.6	3.03~33.8	109.4~140.2	0.3~0.6	282.4~347.4	457~500	577~652
平均	52.94	15.16	3.0	62.28	0.48	31.72	120.7	0.42	324.44	474.4	610.4
内 VSOP	—	—	—	—	—	—	—	—	—	—	—
范围	37.5~81.8	16.5~31.0	1.2~5.5	29.8~76.4	0.7~3.6	25.7~54.8	44.0~67.4	0.4~2.3	80.4~213.1	113~380	321~447
平均	68.18	25.21	2.95	59.9	1.86	47.74	52.36	1.51	151.11	254	409.4
内 VO	—	—	—	—	—	—	—	—	—	—	—
范围	45.0~56.1	17.3~38.8	3.6~2.0	44.4~60.7	5.1~1.4	34.0~41.7	10.6~55.1	0.3~1.6	22.8~115.0	75~207	209~335
平均	48.76	31.58	0.92	51.56	0.72	38.84	22.06	0.78	45.56	107.2	239.8
内 VS	—	—	—	—	—	—	—	—	—	—	—
范围	55.6~59.1	22.3~29.4	0.1~0.7	43.9~49.3	0~0.3	34.1~42.4	12.8~13.3	0.2~0.3	29.0~31.1	76~87	205~212
平均	57.13	24.85	0.3	45.58	0.125	39.7	13.0	0.25	29.63	82.5	210
内★★★	2.4	15.9	0.5	32.5	0	20.0	6.6	0.1	16.5	43	94
国内五档次	—	—	—	—	—	—	—	—	—	—	—
范围	2.4~81.8	8.4~38.8	0.1~5.5	29.8~81.3	0~3.6	20.0~66.2	6.6~140.2	0.1~0.85	16.5~347	43~489	94~673
平均	61.34	23.49	2.28	58.36	1.06	47.22	53.48	0.95	133.15	234.27	379.2

根据对 40 个白兰地样品的实测结果汇总表（见表 11-13）而制定的。

测定 251 个科涅克白兰地样品，其非酒精系数的平均值为 618。这 251 种科涅克酒非酒精系数的分布情况见图 11-8。

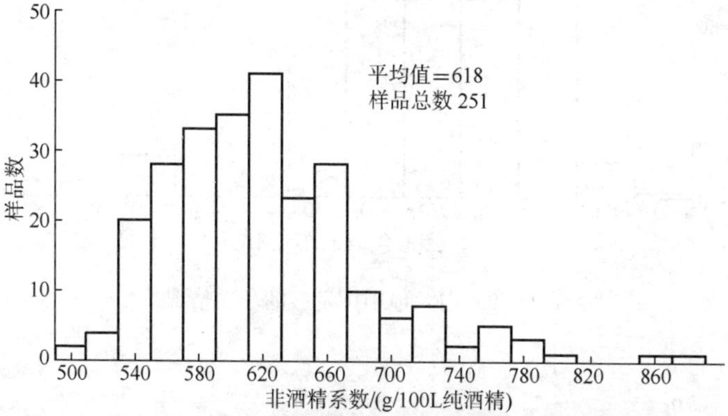

图 11-8　251 种科涅克酒非酒精系数的分布情况

在这个白兰地新标准中，引入一个新概念，即非酒精挥发物总量，这是以前的标准所没有的。新标准没有对挥发酸、总酯、醛类、糠醛、高级醇做具体的指标规定，但对这 5 种成分的和，即非酒精挥发物总量，做了下限规定。这 5 种非酒精挥发成分，都对白兰地有一定的影响。所以弄清楚这 5 种非酒精挥发物的含量，对控制白兰地的质量是很有益处的。法国白兰地专家提供了科涅克酒中，这 5 种非酒精挥发物的平均含量及分布频率。如图 11-9~图 11-13 所示。

新标准规定：挥发酸=总酸-固定酸

由此规定可知，挥发酸不是直接测定出来的，它是由测定的总酸和测定的固定酸相减而得到的差数。因而就需要对白兰地中总酸和固定酸的平均含量及分布情况有所了解，见图 11-14 和图 11-15。

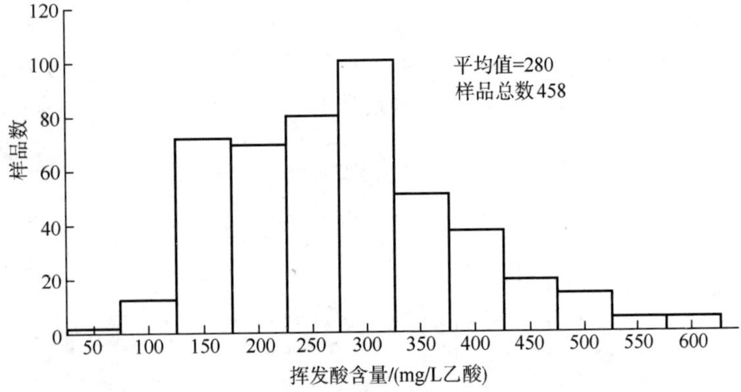

图 11-9　白兰地中挥发酸的分布情况

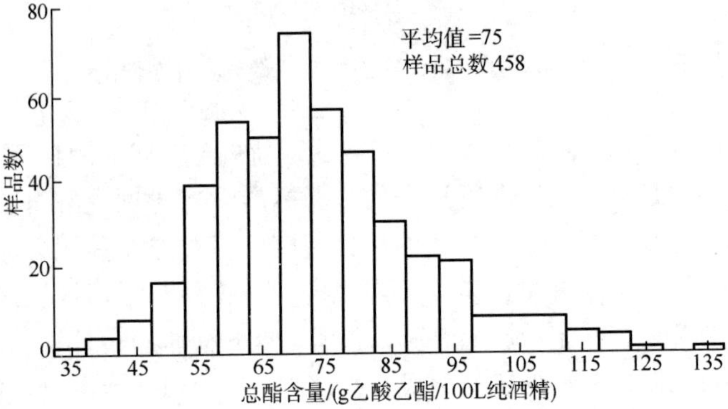

图 11-10　白兰地中总酯分布情况

(3) 铜　对各种质量等级的白兰地，规定铜≤6mg/L。

铜是人体必需的微量元素，在新陈代谢中，参与细胞氧化作用，使一些酶系统活化。铜还参与人体造血过程，成年人每天需要摄入量为2~3mg。铜的毒性虽然很小，但过多摄入对人体也没有好处。此次实测40个样品中，有两个样品铜含量高达30~

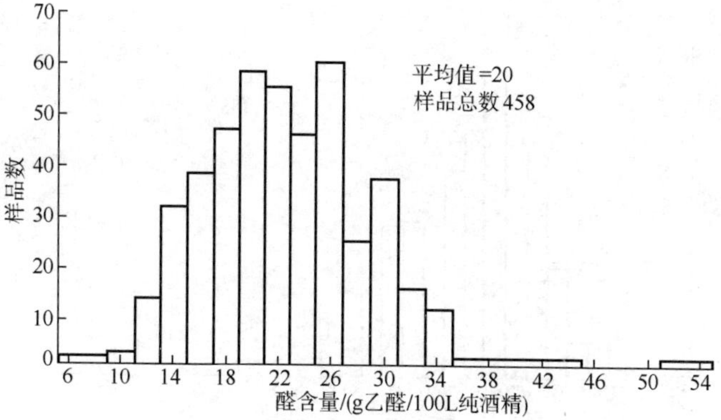

图 11-11 白兰地中醛类分布情况

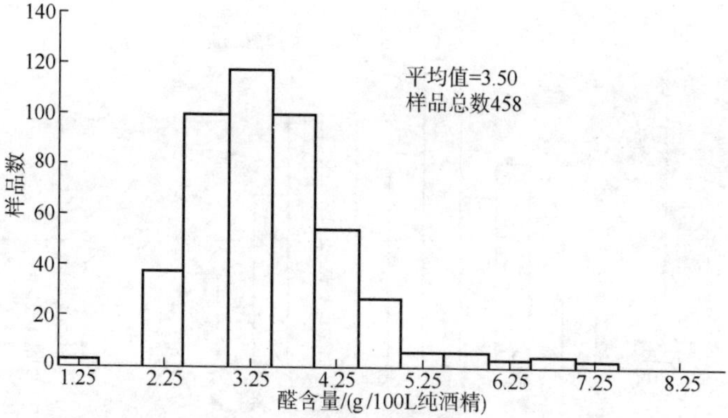

图 11-12 白兰地中糠醛分布情况

50mg/L。所以对白兰地中的铜含量，还应该加以控制。

白兰地中的铜主要来源于蒸馏设备。长期的生产实践证明，使用铜制的壶式蒸馏设备，可以除去酒中的异杂味。铜是白兰地陈酿成熟过程中的催化剂。

法国和欧洲其他国家，用铜制的壶式蒸馏锅生产白兰地已有几百年的历史。长期饮用，非常安全。至今在他们的白兰地法规

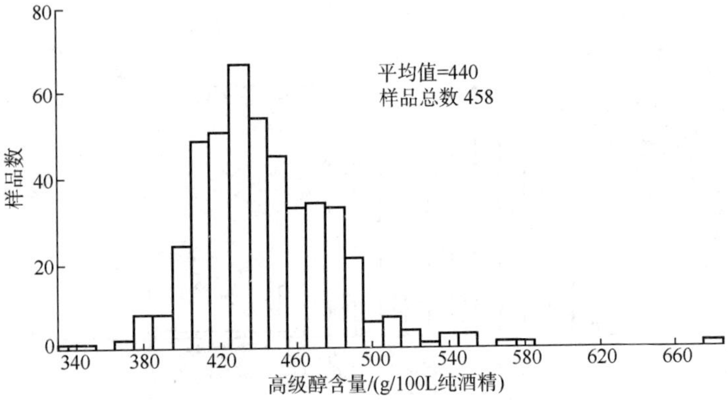

图 11-13　白兰地中高级醇分布情况

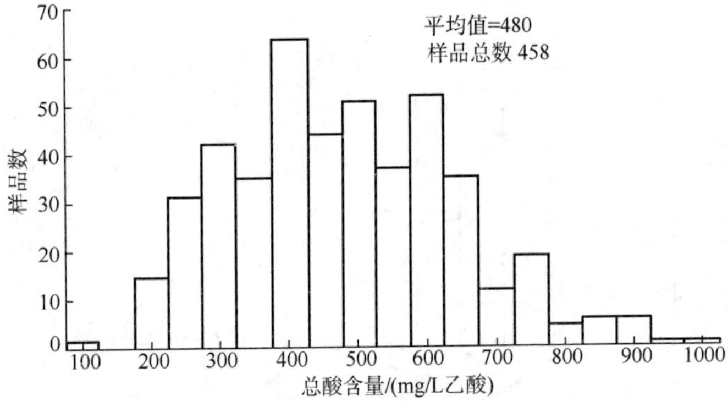

图 11-14　白兰地中总酸分布情况

中，对铜含量没有任何要求。

法国科涅克白兰地中，378 个样品，铜的平均含量是 2.2mg/L。铜含量的分布情况见图 11-16。

修订前白兰地标准中规定铜含量≤0.5mg/L。这对用铜质壶式蒸馏锅生产出的高档白兰地，根本是不合理的。即便是用不锈钢设备蒸馏的白兰地，经过木桶贮藏，也很难达到这个指标。

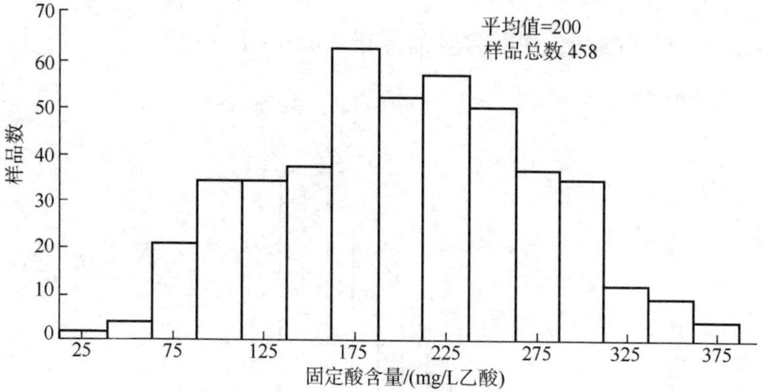

图 11-15　白兰地中固定酸分布情况

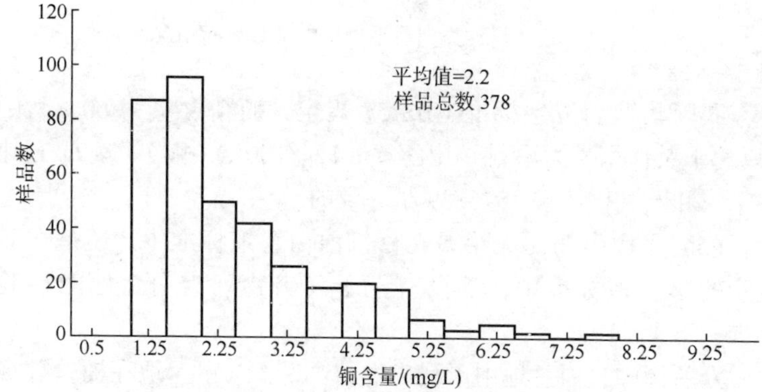

图 11-16　科涅克白兰地中铜含量分布情况

所以新标准把铜的指标由铜≤0.5mg/L 放宽到铜<6mg/L。

（4）甲醇　对各种质量等级的白兰地，规定甲醇≤2.00g/L［100%（体积分数）乙醇］，相当于≤200g/100L［100%（体积分数）乙醇］。

甲醇的毒性极强，摄取 4mL 就会使人体严重中毒。饮用量超过 10mL，就可能导致人体死亡。所以必须严格控制甲醇的含量。

对 458 个科涅克酒样品进行甲醇分析，其甲醇的平均含量为 48g/100L 纯酒精，甲醇含量的分布情况见图 11-17。

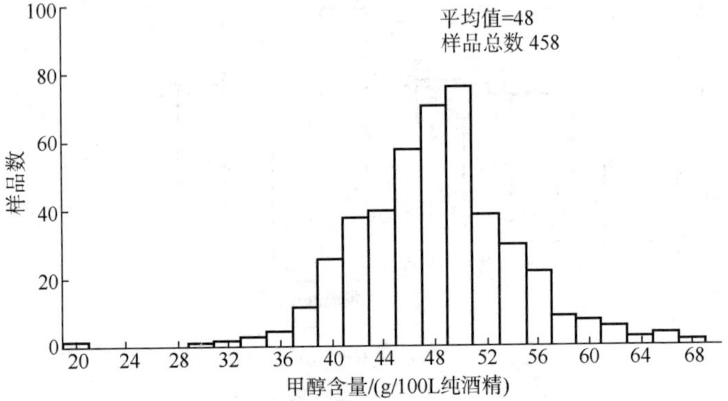

图 11-17　科涅克白兰地中甲醇含量分布情况

我国蒸馏酒卫生标准 GB2757 规定，酒精含量为 60%酒中（以薯干及代用品为原料）甲醇≤0. 12g/100L，相当于≤2g/L 纯酒精，和欧共体法规 1576/89 是一致的。

（5）干浸出物　无论是在修订前白兰地标准中，还是在新制定的白兰地标准中，都没有把干浸出物列为白兰地的检验标准。

众所周知，白兰地中干浸出物的含量，与白兰地在桶里贮藏时间有直接关系。桶藏时间越长，干浸出物的含量就越高。

对 458 个科涅克白兰地样品进行干浸出物测定，平均值为 9. 7g/L。干浸出物含量的分布情况如图 11-18 所示。

4. 试验方法

由于新标准的技术要求，与原标准相比改动很大，所以试验方法需要重新建立。新的试验方法，原则上与国际葡萄酒局 1994 年发布的《国际饮料酒分析方法汇编》相一致。各种成分具体的检验方法，见白兰地标准 GB11856—1997。

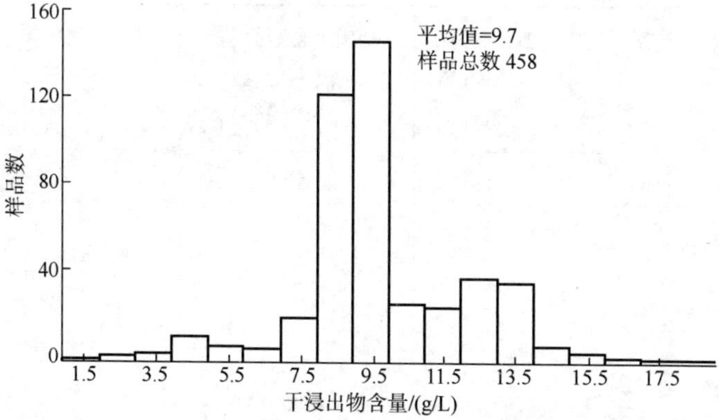

图 11-18　科涅克白兰地中干浸出物含量分布情况

5. 标准水平

新的白兰地标准：GB11856—1997，等效采用欧盟政府公报 1576/89/EEC 号法规，部分参照法国科涅克酒法令。特级（XO）、优级（VSOP）均具有国际先进水平，见表 11-14。

表 11-14　　国内外标准对照表

项目 \ 法规名称	欧盟政府公报 1576/89/EEC 号法规	法国第 82. 154 号法令科涅克			本标准		
		XO 级	VSOP 级	VO 级	XO 级	VSOP 级	VO 级
酒精含量/%（体积分数）	≥36 ≥37. 5 （葡萄蒸馏酒）	≥40			38. 0~44. 0		
非酒精挥发物/（g/L 无水乙醇）/（g/100L 无水乙醇）	≥125	≥225		若<0. 75* 可≥150	≥2. 5 ≥250	2. 0 200	1. 25 125

续表

项目 \ 法规名称	欧盟政府公报1576/89/EEC号法规	法国第82.154号法令科涅克 XO级 | VSOP级 | VO级	本标准 XO级	本标准 VSOP级	本标准 VO级
铜/（mg/L）	—	—	6		
甲醇/（g/L无水乙醇 g/100L无水乙醇）	≤200	≤200	≤2.0 ≤200		
在橡木桶中贮存陈酿时间（最低酒龄1年）	≥1（<1000L桶）	法令无要求，实际有 ≥5　4　4	≥6	4	3
葡萄品种	—	白玉霓、鸽笼白、白福尔三个品种	—		

综上所述，新的白兰地标准GB11856—1997是在中法白兰地专家共同交流讨论的基础上制定的。这是一个成熟的技术标准，是一个与国际接轨的技术标准。

第十二章　白兰地的品尝与欣赏

第一节　白兰地的感官品尝

判断白兰地质量的好坏，最终还是要靠感官检验来评论。

酒类的品尝，也是一门学问。不同的酒类，生产工艺不一样，产品的质量标准也不一样，因而品评鉴定的标准也就不一样。所以，你会评啤酒，不一定会评葡萄酒。你能评白酒，不一定能评白兰地。俗话说“隔行如隔山”，就是这个道理。

如果说白兰地爱好者学习品尝白兰地，是为了消遣取乐，是为了提高自己对白兰地的鉴赏能力，那么在法国专业的白兰地品尝员，则把品尝白兰地作为一种职业，作为一种谋生的手段。实践证明，感官品尝和化学分析相结合，才是鉴定白兰地质量的完整方法；感官品尝的结论，是向消费者推荐白兰地的最终意见。

专业的白兰地品尝，要经过专门的挑选和训练。品尝员的先天素质是感官要特别灵敏，要具有“明察秋毫，嗅过军犬”的能力。

白兰地品尝员的基本知识，要掌握白兰地的生产工艺的技术标准。白兰地品尝员的基本功，是对各种档次各种牌号白兰地反复地品尝、潜心的记忆。把每种白兰地的色、香、味、体，默记在心。所有的射击神枪手，都是在靶场上用子弹练出来的；所有的白兰地品酒师，都是靠反复品尝，不断积累经验而培育出来的。

为了使感官检验尽量可靠，不受外来干扰影响，除了评酒员本身的素质外，品酒的环境和条件是很重要的。评酒室要求宽敞、明亮，空气要新鲜洁净，环境要幽静。室温在 20℃左右。每个评酒员一张桌，最好彼此隔开，互不干扰。

品尝白兰地的酒杯，杯形像郁金香花。这种杯形，能使白兰地的芳香成分缓缓上升，品尝者可以按层次分析其千姿百态的各种闻香。精制的小口大肚玻璃杯，符合品尝白兰地的要求。见图 12-1。

图 12-1　品尝白兰地的酒杯

选择玻璃杯，对品尝白兰地很重要。品尝白兰地的玻璃杯，必须能让人舒适地把握在手中。最好用薄边水晶玻璃杯。杯肚大，杯口狭窄，能扼制香气冲向鼻子。它的直接效应，就是陶醉品酒者的嗅觉。杯壁的厚薄也是很要紧的。当用手掌兜住杯身底部，它能够通过手掌的温度，让白兰地的芳香，缓缓地散发出来。即使把杯中的白兰地饮尽，浓郁的芳香仍会在空杯中经久不散，能萦绕维持几个小时。见图 12-2。

品尝白兰地时，斟酒不能太满，至多不能超过杯容量的 1/4。如果杯的容量为 100mL，倒入白兰地要小于 25mL，使酒的液面达到杯腹部最大截面处。要让杯子里留出足够的空间，使白兰地的芳香在此萦绕不散。这样做的目的，是使白兰地在杯的腹部有最大的蒸发面积。上部杯口小，使蒸发出来的芳香分子得到集

图 12-2　品尝前用手温加热

中，可供嗅觉有足够的享用。这样品尝者就能对白兰地中长短不同、强弱各异、错落有致的芳香成分，进行仔细的分析、鉴别和欣赏。

品评白兰地的程序是：

1. 先评外观

手捏玻璃杯柱部分，举杯齐眉，瞻望形象，观察白兰地的色泽和澄清程度。见图 12-3。好的白兰地应该是澄清透亮，晶莹光灿。白兰地的颜色应该是金黄色或赤金黄色，庄重而不娇艳。有的白兰地带有暗红色或瓦灰色，是质量较差或铁污染的象征。白兰地的颜色和色调，在某种程度上，能反映出白兰地贮藏时间的长短和白兰地质量的好坏。

2. 再评香气

手捏玻璃杯柱部分，把杯托至鼻孔，将鼻头探入杯口，做微量的吸气动作，嗅样品香气。见图 12-4。有了初步概念后，再手握玻璃杯下部，用手掌的温度给酒杯加热，摇荡后再闻香气。白兰地酒杯，在加热之前和加热之后，香气的浓馥程度是不一样的。

图 12-3　品酒前先看外观

图 12-4　用鼻子闻香

人的嗅觉器官是非常灵敏的。特别难能可贵的是，它能对各种香韵进行综合的分析和评价，这是任何的仪器分析所无法解决的。白兰地的芳香成分是非常复杂的，既有幽雅的葡萄品种香，又有浓郁的橡木香，还有在蒸馏过程和贮藏过程形成的醇香和酯香。这诸多的芳香，相辅相成地交织在一起，构成一部优美的乐章。人们用鼻子闻香白兰地，就像用耳朵听交响乐一样。由于人的嗅觉器官极灵敏，所以白兰地质量的好坏，通过闻香，可以确定其40%。

3. 三评滋味

喝进嘴里一小口白兰地，尽可能地在口内均匀分布于所有的味觉区，特别是要使舌头充分与酒接触。在得到明确印象后，将酒咽下，再体会口中的后味。白兰地的滋味应该是醇厚、甘洌、柔和、协调、回味悠长。

轻轻啜一小口，缓缓品尝白兰地的滋味，当闭着唇在口中静心欣赏时，会有一种甘醇丰腴的感受。真是美妙至极。只能意会，不可言传。

入口品尝是最重要、最关键的一步。酒是做给人喝的，只有喝到嘴里，尝一尝，试一试，才能知道是否好喝。

品尝白兰地第一口，不要喝得太多。少喝一点白兰地，沿着舌尖，经过整个舌头进入喉咙。人的舌头上分布着许多味觉细胞，形成味蕾，对酸、甜、苦、辣有不同的感受。舌尖对甜味最敏感；舌的两侧对酸味最敏感；舌根对苦涩最敏感；接近舌尖的两侧对咸味最敏感。白兰地的口味成分是非常复杂的，有乙醇的辛辣味，有单糖的微甜味，有单宁多酚的苦涩味，还有有机酸成分的微酸味，可以说酸甜苦辣五味俱全。仪器分析报告证明白兰地的成分有几百种，这几百种成分形成丰富多彩的口味，在口腔里不断翻滚、扩散、回荡，经久不散。品尝者就是要根据酸甜苦辣的刺激强度，根据各种香味的协调程度，来判断白兰地的好坏优劣。

品尝任何的酒，小口品尝的滋味和大口品尝的感觉是不一样的。有的酒，小口品尝味很浓，有滋有味，可以接受，甚至觉得不错，但大口品尝时可能会感觉香味太重，伤胃伤头。反之，有的酒小口品尝，比较清淡，似嫌不足，但大口品尝比较流畅，恰到好处。白兰地的品尝也是这样，在小口品尝后，第二口再多喝一些，感受那分温和的，没有强烈刺激的流畅，感受那分葡萄发酵和橡木桶贮藏的愉悦。

4. 前后结合，评出典型性

根据外观、香气、滋味的特点，加以综合分析，静心推敲，反复权衡，评定白兰地的风格和典型性。

人脑胜过电脑，靠人脑的由此及彼、去伪存真，与早已储藏在脑海里的各种白兰地的坐标定值，相比较、相对照，就可以对所品尝的白兰地做出比较准确的品尝意见。

专业的白兰地品尝员或白兰地酿酒师，通常使用900多个专用词汇，来形容白兰地的色香味体，形容白兰地的品尝感受。对广大的消费者来说，学一点白兰地的品尝知识，对鉴定白兰地的好坏真伪，对提高欣赏白兰地的能力，是很有益处的。

白兰地的感官评定，可以按百分制评分。习惯的记分方法是色泽占10分，澄清度占10分，香气占30分，滋味占40分，典型性占10分，总计为100分。

国内评定白兰地，一般采用两种评酒表。一种是一个白兰地样品填写一张评酒表，见表12-1。

表 12-1　　白兰地感官品评记录表　　单位：分

样品编号　　第　页

项目名称		品评结果	备注
外观	色泽（10）		
	澄清度（10）		

续表

项目名称		品评结果	备注
香气滋味	香气（30）		
	滋味（40）		
典型性（10）			
综合评定结论			
评委签字			

另一种是几个白兰地样品，填写一张评酒表，见表 12-2。这两种评酒表的内容是一致的，都是采用百分制评酒。

表 12-2　　白兰地感官评酒记录

单位：分

第　组　　　　年　月　日

编号	品名	色泽 10	透明 10	香气 30	滋味 40	风格 10	总分 100	评语

单位：　　　　姓名：

表中的“评语”，是分数不能表达时，用文字加以说明。即用简练的文字，对样品的突出优点和主要缺陷加以概括和描述。

白兰地的品尝表各种各样。如法国阿尔马涅克白兰地使用带选择框的品尝表。见表 12-3。

表 12-3　　阿尔马涅克品尝表

品尝员:		表号:
白兰地:	品尝表	日期:
外观	香气	口感
	总体浓度	
	淡 弱 一般 浓 很浓	淡 弱 一般 浓 很浓
	□ □ □ □ □	甜 □ □ □ □ □
	感觉到的香气	酸度 □ □ □ □ □
	辛辣 □□□□□	丰满 □ □ □ □ □
	发酸 □□□□□	燥辣 □ □ □ □ □
	花香 □□□□□	干 □ □ □ □ □
	果香 □□□□□	涩 □ □ □ □ □
颜色	李子干 □□□□□	苦 □ □ □ □ □
很浅 浅 一般 深 很深	香草 □□□□□	圆满 □ □ □ □ □
□ □ □ □ □	木香 □□□□□	芳香持久性
	哈喇 □□□□□	□ □ □ □ □
主要色调	可能的缺陷	
黄 棕 棕红 绿 铅灰	生青 □□□□□	
□ □ □ □ □	蒸馏壶 □□□□□	口感评价
	焦味 □□□□□	很差 差 一般 好 优
外观评价	恶臭 □□□□□	□ □ □ □ □
很差 差 一般 好 优	烂木 □□□□□	
□ □ □ □ □	霉味 □□□□□	
	浓烈 □□□□□	
	其他	
	香气评价	总体质量
	很差 差 一般 好 优	很差 差 一般 好 优
	□ □ □ □ □	□ □ □ □ □
		评语

白兰地的感官品尝，应该由有经验的评酒员进行。感官品尝的结果，既是生产厂家改进工艺，提高产品质量的依据，也是产品评优、商业宣传的依据。

第二节　白兰地的艺术欣赏

一、怎样欣赏白兰地

白兰地是一种高贵典雅的世界名酒，一瓶好白兰地，可以卖人民币几百元，甚至几千元。法国雷米·马丁（Remy-Martin）公司生产的路易十三白兰地，每瓶售价在 1 万元以上，相当于中等水平家庭一年的消费。目前还没有别的酒价值如此昂贵，酒好莫过白兰地。

国际上流行的白兰地，酒精含量在 40% 左右，色泽金黄晶亮，具有幽雅细腻的葡萄果香和陈酿浓郁的橡木香，口味甘洌，醇美无瑕。因为这种酒是以葡萄为原料，采用自然发酵的酿造工艺，没有任何的人为添加和装饰，是真正的绿色食品。因而它美得自然，美得清秀，美得质朴，诚如“返璞归真，真言清似水。”对艺术的欣赏，需要有艺术的修养；对白兰地的鉴赏，需要白兰地的熏陶。钟子期听伯牙弹琴，能听出志在高山，志在流水。你如果是白兰地的知音，在你喝白兰地的时候，慧心能想到万顷绿色葡萄海洋，能闻到满架晶莹珍珠的幽香。

前面已经说过，白兰地的酿造过程，是一种艺术的加工过程。因而一种好的白兰地，宛如一种艺术品。它像一首好诗，一曲好歌，一幅好画，令人向往，令人陶醉，脍炙人口。

有人在读书的时候，写字的时候，或办公的时候，喜欢在案头摆一束鲜花。一阵阵花香袭人，周围的空气净化了，升华了，能使你更专心致志，一往情笃。如果在案头摆放一杯 XO 级白兰地，一阵阵浓郁的白兰地芳香沁人心脾。如果说一束花的清香是一曲小提琴独奏，那么幽雅协调的白兰地馥郁，便是一曲气势磅礴的交响乐章。

白兰地还有一种妙用，是别的酒不能代替的。当你日理万机，劳累一天，回到家里，仰靠在沙发上，这时端上一杯XO级白兰地，时而闻闻，时而尝尝，会松弛你的神经，消除你的疲劳。像听听音乐，浏览名画一样，使你进入一个美妙的世界。同样，当你运筹帷幄，决策千里的时候，端上一杯上乘的白兰地，灵感会油然而生，茅塞会豁然开朗。

二、怎样喝白兰地

白兰地是一首诗：

玉液琼浆世无双，
淡饮浓酌皆芳香。
奇思遐想通环宇，
白兰地酒贵端庄。

白兰地是一种端庄高雅的美酒，因而白兰地的享用也非同一般。

首先饮用白兰地的酒杯，最好是特制的水晶玻璃酒杯。白兰地酒杯是大肚圆形，杯口收小，稍有高脚。图12-1所示品尝白兰地的酒杯，就是最理想的饮用白兰地的酒杯。制造白兰地杯的玻璃，应该用纯净的石英玻璃，透明度要高。这些特殊的设计要求，是为了充分享用白兰地的香味。

白兰地香气优雅，在饮用之前，要充分享受白兰地闻香之美。白兰地倒入窄口大肚玻璃杯，注入量以28.3g为最适宜。也可把大肚玻璃杯横放于桌面上，以白兰地不溢出为准。如此的注入量，能使白兰地在大肚杯里有较大的挥发液面。由于大肚杯里酒液上面有较大的空间，而且杯口收小，这样就能使白兰地香雾缥缈，长时间萦绕。把鼻子探在杯内，间做深呼吸和浅呼吸，美不胜收，其乐无穷。大肚杯的另一个作用，是把杯托在手里，可以让手掌充分接触杯体，手掌的温度可以将杯内白兰地稍稍加热，增加了香味的挥发。同一杯白兰地，不加温闻和用手掌加热后再闻，香气是不一样的。

白兰地的饮用方法多种多样，可作开胃酒，可作佐餐酒，可以不加任何东西的“净饮”，也可以加冰块饮，加矿泉水饮，或兑茶水饮，随各人的习惯和爱好。一般说来，不同档次的白兰地，采用不同的饮用方法，可以收到更好的效果。

例如，XO 级的白兰地，它是在小木桶里，经过十几个春夏秋冬的贮藏陈酿，酒质柔和协调，醇美无瑕，是酒中的珍品和极品。这种白兰地最好的饮用方法是什么都不加，像京剧清唱一样，叫作“净饮”，或叫“清饮”。这样原浆原味，更能欣赏到这种白兰地的高雅神韵。

有些白兰地，贮藏年限较短，如 VS 级白兰地，只有 2~3 年的贮藏期。这类白兰地，如果直接饮用，酒的刺口辣喉感觉明显。若能加冰块饮用，或兑矿泉水饮用，既使酒精含量得到稀释，减轻了刺口辣喉感，又能保持白兰地的风味，这种方法被广泛采用。

值得特别推广的是，中等档次白兰地冬天兑热茶饮用。把乌龙茶泡得酽酽的，茶水的颜色和白兰地的颜色基本一致。白兰地兑茶水后，能保持白兰地的颜色不变。茶水中含有丰富的茶碱和单宁，白兰地中也含有丰富的多酚物质和单宁。用这样的浓茶兑白兰地喝，能保持白兰地的颜色、香味和酒体的丰满程度不变，只是降低了酒精含量，减少了酒精的刺激性。这种方法饮白兰地，别有情趣，值得提倡。

西方人的生活习惯，是吃饭时喝佐餐葡萄酒，酒足饭饱之后，吃点冰激凌，喝点白兰地。一顿饭快结束时，您可能感到需要将这美好的时刻挽留住。这时候就在一个大肚玻璃杯里斟上科涅克，然后静静地品尝和享用其醇香美味，这是最传统的饮用方法。包括法国科涅克的产地，法国科涅克地区的人们，不管怎么富贵，不管怎么豪华，也是这种习惯喝白兰地。他们视白兰地“很高贵”“很宝贵”，点点滴滴皆有情。

中国人以前没有喝佐餐葡萄酒的习惯，常常把白兰地当作佐餐酒饮用。有时一桌酒席，一次就喝一瓶科涅克，在法国人看来简直不可思议。殊不知我们有些大款，一桌宴席喝掉几瓶科涅克，酒钱经常超过饭菜的价值。

白兰地酒还有令人吃惊的喝法，可以在白兰地酒里兑上加气矿泉水，或兑上杜松子酒，都是一样的和谐可口。朋友间聚会时作为开胃酒，可以使干渴的喉咙得到滋润。这些新的消费方式，已经在世界范围内流行起来，特别是在美国和日本。在这两个国家，科捏克酒既是夏天午后大杯装盛的消暑饮料，又是精美晚餐上的主要佐餐酒。

当然，您完全可以按照自己的口味，用科涅克酒和果汁，用科涅克酒和苏打水，或用科涅克酒和浓缩果汁，调配成各种大杯饮料。但是，应该特别推介科捏克酒以下几种简单的饮用方法。

1. 科涅克酒饮用方法

（1）姜水科涅克

3大块冰	200mL科涅克酒 兑上姜水

（2）橙汁科涅克

3大块冰	2份鲜橙汁
1份科涅克酒	装饰一只橙片

（3）加冰科涅克

3大块冰	200mL科涅克酒

（4）加汽科涅克酒

3大块冰	200mL科涅克酒兑入 加汽水

（5）带汽科涅克酒

3大块冰	1份柠檬汁
2份科涅克酒	苏打

（6）杜松子科涅克酒

3 大块冰　　　　　　　200mL 科涅克酒
　　　　　　　　　　　兑入杜松子酒

（7）漂浮科涅克酒

3 大块冰　　　　　　　加汽矿泉水

将科涅克酒缓缓地倒在加汽矿泉水里，使酒漂浮在水面上。

白兰地凝聚了葡萄和橡木的芳香，入口香醇甘美，所以用作鸡尾酒的底酒是很不错的。用 VS 和 VSOP 白兰地，按下面的调酒法，可以调配成很开胃的鸡尾酒。

①白兰地加水作通常饮料。

②白兰地和苏打水混合饮用。

③白兰地和干姜水混合。挤一瓣柠檬汁，洒一些安古斯图拉（Angostura）苦啤酒。

④白兰地和奎宁水混合。不过有些人认为奎宁和白兰地并不合拍。

⑤白兰地和柠檬汁及糖浆混合。

⑥赛德卡鸡尾酒：56.6g 白兰地，7.1g 橘味白酒（Cointreau），14.2g 柠檬汁，摇匀，饰一瓣柠檬。

科涅克酒和烹饪艺术相结合，构成美食家的一个新篇章。不管你吃什么样的菜，鱼、虾、蟹、贝等海产品也好；鸡、鸭、牛、羊等肉食品也好，都可以用白兰地作佐餐酒，白兰地的香味会使您的菜肴更加鲜美可口。

科涅克酒还有一种妙用，那就是烹饪时作料酒。当您发现科涅克酒可以使最丰盛美味菜肴锦上添花时，您就可能会想象，在这种酒里，有一种神奇的魔力。

有不少的菜可以用白兰地作料酒，如螯虾，苏赞特薄饼等，用白兰地“火烧”一下，很能提味。传统做肉或做鱼时，只要加上少许白兰地酒，就可以把这道菜的味道提起来，使其独具特色。

另外，可把一小勺白兰地缓缓地浇在水果上或各色甜食上。在其他许多食谱中，均可将白兰地作为精美菜肴的最佳配料。

用科涅克酒作料酒，烧贻贝或扇贝，或做成科涅克巧克力块菰，是很有特色，值得推荐介绍的。

2. 用科涅克酒烹调

（1）科涅克烧贻贝

配料（4 人用）：

2kg 贻贝	一汤勺面粉
一杯白葡萄酒或夏朗德葡萄酒	一瓣蒜（末状）
一汤勺黄油	一汤勺鲜奶油
30mL 科涅克酒	一个蛋黄，半个柠檬的汁

制作过程：

将贻贝洗净，放入双耳盖锅，倒入葡萄酒、柠檬汁和科涅克酒，再放入蒜泥和调味香料。盖上锅盖，用旺火烧。贻贝张开后捞出，留汁；将每只贻贝都去除一扇壳，把留有贝肉的壳放到深底盘里，放入盛有开水的容器中保温。用黄油把面炒成金黄色，倒进冷却后澄清的贻贝汁中，搅动成调味汁。碗中放入一个蛋黄，加鲜奶油，用勺将制好的调味汁倒入并搅动。最后把碗里调好的配料与余下的调味汁调匀后，浇在带肉的贻贝上，并饰以香芹。

（2）平锅扇贝

配料（4 人用）：

12 只扇贝	2~3 瓣蒜
50mL 科涅克酒	黄油、植物油、香芹少许

制作方法：

把扇贝打开，将贝肉取出，除去黑色部分后仔细清洗，将沙子清除干净。放在一块布上，将水沥干后切成大丁。把漂亮的凹度最大的 4 个贝壳，洗刷干净，放到热水中待用。将贝肉放到平底锅里，加黄油和植物油后，置旺火上烩。待汁快收干时，改用文火再烩 5min。加进蒜泥，再用文火烧 2min，并不断搅动。然后将点着的科涅克酒浇上。将锅从火上移下，放入核桃大的一块黄油并搅拌均匀。将做好的贝肉平分，分别装进热水中取出的空贝壳里，再撒上切碎的香芹和胡椒粉。

（3）科涅克巧克力块菰

配料（350g 块菰）：

100g 巧克力糖	1 汤勺鲜奶油
1 汤勺牛奶	80g 可可粉
100 克黄油	125g 冰糖
1 汤勺科涅克酒	香草精少许
2 个鸡蛋黄	

制作方法：

在文火上将巧克力化开，同时加入牛奶和科涅克。再加入化开的黄油和蛋黄，50g 可可粉，鲜奶油，冰糖粉和香草精。将做好的糊放在冰箱中数小时。然后取出，用小勺把糊做成核桃大小的球。将这些小球放在剩下的可可粉里滚上粉，把做好的“块菰”放入冰箱待食用。

有人说“喝白兰地容易醉，见风倒”。持这种看法的人，要么是贪杯白兰地，要么是对白兰地缺乏应有的知识。白兰地是一种酒精含量为 40%的烈性酒。

白兰地是好酒，但好酒也不能饮之过量。饮酒本是一种美的享受。适量饮酒，能增进食欲，振奋精神，对人体有益无害。但饮酒过量，有害无益，切记切记。

三、怎样培养喝白兰地的习惯

人们的消费习惯是可以改变的，是能够培养的。

因为白兰地口味特殊，所以喝白兰地的习惯也需要培养。有些人听说白兰地是种好酒，兴冲冲地买回一瓶。开瓶一尝，既不酸，又不甜，只有乙醇的辛辣味和橡木单宁的苦涩味，很不适应，甚至认为上当受骗了。如果能坚持喝上几次白兰地，就会由不习惯到习惯，就会逐渐体会到，白兰地的苦，苦得怡神，苦得愉悦；白兰地的涩，涩得爽快，涩得有筋有骨。再好的菜肴，没有盐就没有风味了。白兰地中的单宁，就像菜肴中的盐一样不可缺少。

夏天的蔬菜品种中，有一种“苦瓜”，也叫“癞瓜”。把这种瓜切成丝炒着吃，非常苦口。第一次吃苦瓜的人，不一定习惯，吃上几次就习惯了。喝白兰地也是这样，只要喝上几次，不但能够习惯，而且还能上瘾。许多人养成喝白兰地的习惯后，别的什么酒都不想喝。有人甚至认为，白兰地里有“大烟土”，理由是鸦片能使人上瘾，白兰地也能使人上瘾，因而误认为白兰地里有鸦片。实际上这种推断是错误的。白兰地所特有的苦涩味，能够对人体构成特殊的诱惑力，使人上瘾。

喝白兰地还有一个好处，就是喝白兰地以后，呼出来的气，或打出来的饱嗝，也有白兰地的芳香。有些人在跳舞之前，喝上几口白兰地，对舞伴有一种特殊的魅力。不像浓香型白酒，喝的人享受，闻的人讨厌。

张裕公司的金奖白兰地，每年在广东省的销售额 1 亿多元。从外省进入广东省的酒类品种中，张裕公司的金奖白兰地畅销不衰，首屈一指，说明许多广东人已习惯喝白兰地。

烟台“疯”饮白兰地，1995 年，张裕公司的金奖白兰地，仅在烟台市芝罘区，销售额就达到 2000 万元。芝罘区有 40 万人口，1995 年男女老少平均每人用于购买金奖白兰地的钱是 50 元。金奖白兰地在芝罘区消费量之大，是任何一个酒种无法比拟的。为什么烟台人这样喜欢喝白兰地呢？因为张裕公司坐落在烟台市，“近水楼台先得月”。烟台人受白兰地更多的熏陶，所以对白兰地情有独钟。

四、怎样选购白兰地

改革开放以来，法国白兰地潮水般地涌进中国市场。这几年随着经济的发达，我国白兰地的产量、质量、花色品种也日新月异。每当人们走进沿海城市的大商场里，在酒类货架上，几乎到处可见各种牌号的法国白兰地、各种牌号的中国白兰地，及各种形象的中外合资企业生产的白兰地。每一种白兰地的装潢，都经过一番良苦用心，为的是吸引顾客，招揽生意。面对着这争奇斗艳、琳琅满目的白兰地，你选择哪一种？怎样选购白兰地？

首先人们选购白兰地时，应该从自己的经济实力出发。如果经济条件允许，尽可以花几百元甚至上千元，购买一瓶 XO 级的或 VSOP 级的法国科涅克酒，喝这种白兰地既体面排场，又是一种至高无上的享受。人生得意，享受之时，唯此为最。如果是工薪阶层买酒喝，就不必那样奢侈，花十几元或几十元买一瓶张裕公司生产的 VS 级或 VO 级金奖白兰地喝，既得到白兰地的享受，又经济实惠，何乐不为！

有的人选购白兰地时，仅从价格着眼，认为价格高质量就一定好，这种看法也有片面性。诚然，价格昂贵的白兰地，其内在质量和包装质量，要好于价格低廉的白兰地。但白兰地价格的差别和质量的差别是不成比例的。质量差几分，价钱差几倍，甚至质量差毫厘，价钱差千里，这种情况也是可以看到的。应该承认，目前我国产的白兰地和法国白兰地相比，内在质量和包装质量，都有一定差距。但白兰地的生产工艺、技术标准、质量要素等基本上是一致的。法国白兰地的价格是国产白兰地的几倍、十几倍甚至几十倍，显然价格和质量不成比例。这也难免，因为法国白兰地千里迢迢运到中国，又要缴纳 200%的关税，无形中价格就高出几倍。

消费者选购白兰地时，认清白兰地牌号，弄清白兰地生产厂家是非常重要的。例如，张裕牌金奖白兰地，是国家认定的驰名商标。这种产品，是经过 1 个世纪的漫长时间闯出来的名牌，是货真价实，有口皆碑的。像张裕公司这样百年老厂，生产设备先进、工艺技术严谨，检测手段完备，机构设置合理，层层把关，不会让不合格产品流入市场。选购这种厂家的产品，消费者尽管放心。消费者要选择一种适合自己需要的白兰地，需要对白兰地有广泛的了解和涉猎，需要对白兰地有较高的品尝和鉴赏能力。

第三节　绿色的产业，受宠的行业

凡是喝过法国科涅克酒的人，都会得到美的享受，都会对生产白兰地的人油然而生敬意。

科涅克酒既是整个科涅克地区的标志，又是该地区经济发展的动力。科涅克地区经济繁荣是与科涅克酒息息相关的。

在科涅克地区有 87 万居民，许多人直接参与了与科涅克酒生产有关的活动。这当然包括葡萄种植者、葡萄育苗者、酿酒师、调酒师、经销商和经纪人；也包括所有在玻璃业、纸板业、印刷业、制桶业、制锅行业、铸造和交通运输业工作的人们。而其他居民不少也与这种产品有间接的关系。正是科涅克酒的发展，带来了该地区的经济繁荣。

科涅克地区有 25000 多个农户，其中近 90% 的农户种植葡萄。走进科涅克地区，到处是一片片绿色的葡萄园，如图 12-5，图 12-6 所示。白兰地本身就是绿色的产业、绿色的食品。种葡萄农户的 50%，即 10000 多户，有资格酿造科涅克原料葡萄酒。如果不仅计算注册农户，而且把他们的妻子和长年雇工也算在内的话，则总共约有 30000 多人从事科涅克酒的劳务。

除了葡萄种植和科涅克原料葡萄酒酿造，根据法国科涅克酒行业办公室掌握的最新数据，在科涅克地区，从科涅克酒生产直接派生出来的就业岗位分布如下：

图 12-5　科涅克地区葡萄园

图 12-6　大香槟地区的葡萄园

蒸馏和销售	6000 人
制桶	600 人
玻璃、瓶帽及木塞制作	900 人
纸箱业和印刷业	1200 人
制蒸馏锅和铸造业	700 人
过境贸易、运输、保险	500 人
环境保护	26 人
法国科捏克酒行业办公室	109 人

总共有 4 万人从事科涅克酒的生产、酿造和销售。如果把与之有关的人也都算进去的话，那么约有 10 万多居民是以科涅克酒谋生。这对于居民总数不足 90 万的人口来说，这个 10%以上的比例就相当大了。

科涅克地区从葡萄种植到做成科涅克酒卖到消费者手中，这个产业过程见图 12-7。

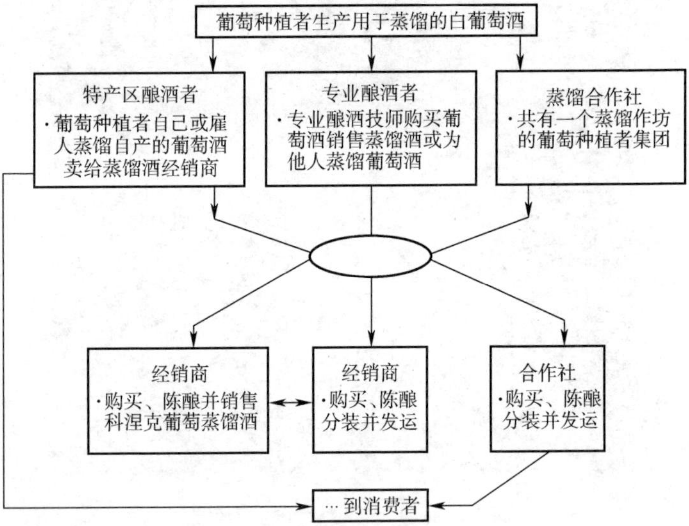

图 12-7　科涅克酒生产和流通过程

由于从事科涅克生产是受宠的行业，因而使科涅克地区成为备受宠爱的地区，这里成为人们向往的旅游胜地。

参观科涅克地区，你还能发现富于传奇色彩的法兰西文化。在涓涓小河与古老石块之间，在罗马艺术与烹饪艺术之间，在弗朗索瓦一世美丽的故乡，一切都那么赏心悦目，那么香甜可口。科涅克城坐落在夏朗德河边，见图 12-8。

图 12-8　科涅克城堡坐落在夏朗德河边

科涅克城所以闻名于世，除了它的白兰地酒以外，还有城中那狭小弯曲的街道。街道的两边，多是二层或三层楼的老式建筑，或是古老宁静的石屋。这些石块的表面，覆盖了一层“丝绒”——是酒精蒸汽长期滋养的一种微生物菌。科涅克城的宾馆和饭店，多半小而古朴，使人感到温馨，感到舒适。

在科涅克市，你可以看到历史的见证：

弗朗索瓦一世城堡，圣—莱日教堂，圣—雅可万城楼以及许多 17 世纪的旅馆。使科涅克城名声大振的，还有多年延续下来的联欢节：侦探片节、夏季节、葡萄收获节、花神节等。

科涅克地区，有许多美味餐馆，在那里人们可以品尝到新鲜蔬菜、水果、野味、鱼和贝类等当地特产烹饪的菜肴。

科涅克葡萄园产的蜗牛称作沙古伊尔（Cagouille），可以和用蒜与香草制的酥皮饼一起享用，也可以用土产甜酒、青葱和蒜同炖，后者是拉罗谢尔市（Rochelle）的名菜。

夏朗德的西瓜素负盛名。

本地最佳的蔬菜，除土产蘑菇之外，著名的是种豆角（mojette），可以和羊肉、胡萝卜、洋葱同制。

家禽在菜谱中也常见，本地的马兰鸡，据说是本地鸡种和远东的鸡种杂交而得，肉质鲜嫩肥美。

干酪是科涅克的美味食品，如夏朗德莫顿（MottinCharentais）和拉皮古尔（Lapigouille）都是牛奶制的干酪。

科涅克人很欣赏他们的点心。科涅克雪糕也是叫人经常怀念的。

科涅克地区有许多值得一看的小城，参观这些小城，犹如翻看一本令人激动的法国历史书或建筑史书。

夏朗德河发源于上维也纳地区的舍罗纳克山，从罗什弗尔流入大西洋，全长370km。这条曲折蜿蜒缓缓流动的河流，在15世纪时，已成为联系法国和北欧各国间的天然纽带。每年3—11月，都可以乘船饱览这条河的美丽风光。沿河两岸，许多罗马教堂时隐时现。小块平原和低低的丘陵，构成各种迷人的景色，还有美丽的葡萄园、美丽的乡间别墅。

从公元1000年开始，在安古莫万、奥尼、普瓦杜和圣东日等地，修建了许多教堂和神庙。这里是罗马艺术的发源地，这里体现了精致优雅、大胆构思与新技术尝试的结合，如石制拱穹。教堂的特点是造型简洁、雕塑引人入胜，壁画奇妙动人。选用当地的汉白玉，内部装饰雍容华贵。

科涅克地区是地形多变的地区，因此能为休闲度假的人们提供娱乐活动，诸如骑马、汽车越野、远足的场所等。这里又毗邻大西洋，能进行各种水上活动。在雷扬和雷岛、奥莱龙岛及爱克斯岛，有天然海滩和海水浴疗养院。

100 多年来，科涅克地区的葡萄种植者和经销商联合起来，紧密团结在国家科涅克酒行业办公室（BNIC）的旗帜下，采取共同行动，维护并提高了科涅克酒的质量和声誉。

BNIC 是一个民间组织机构，其经费由科涅克酒行业提供。然而该机构具有政府部门的职能，特别是控制科涅克酒的流通，酒龄的鉴定以及提供酒龄和原产地证书等方面。其成员是由葡萄种植者工会和各白兰地经销商工会指派相等的人数组成。财贸部任命的一名监督员与科涅克酒有关的行政机关的负责人一起，代表国家参与该机构的工作。

国家科涅克酒行业办公室的宗旨是保护整个行业的利益，促进科涅克酒的发展。在专业委员会的领导下，由全体代表大会作出一切有关科涅克酒的各种决定。而其下属各部门，负责全力实施这些决定。

法国科涅克酒行业办公室的组织机构如图 12-9 所示。

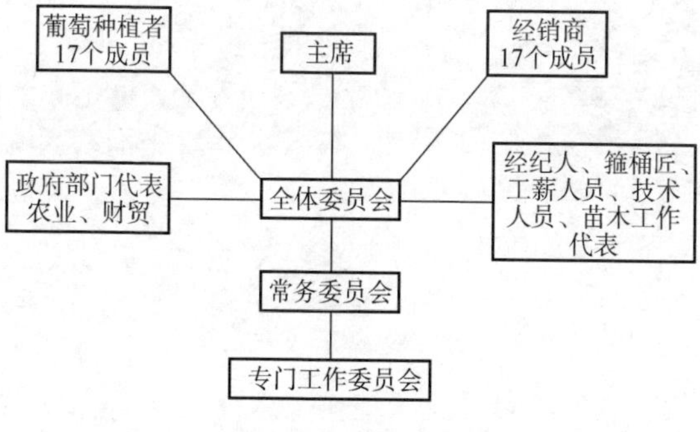

图 12-9　法国国家科涅克酒行业办公室

科涅克酒行业办公室与 100 多个单位合作，在全世界共同开展有关科研、统计分析以及立法方面的交流，扶持葡萄种植业，打击假冒商品。行业办公室不仅与各个和科涅克酒直接有关的行业保持联系，而且还与法国及欧盟的行政机构保持联系。当然该机构也未忽视与销售和消费部门的联系。

第十三章　白兰地的封装工艺

成品白兰地的装瓶和包装，是白兰地生产的最后一道工序，也是白兰地酒的最终贮存形式。瓶装白兰地能方便地送到消费者手中。所以，白兰地的封装工艺，是白兰地生产厂家联系消费者的桥梁和纽带。

在 18 世纪和 19 世纪初期，科涅克酒的贸易是按桶购销的。大约到了 1850 年，酒商开始用瓶子来输出白兰地。这使得白兰地更广泛地走向世界，给消费者提供了消费方便，并得到消费者更大的信任。白兰地瓶装生产开创于科涅克市，到了 1880 年，本区的白兰地销量达到 100 万箱。

白兰地的封装工艺流程如下：

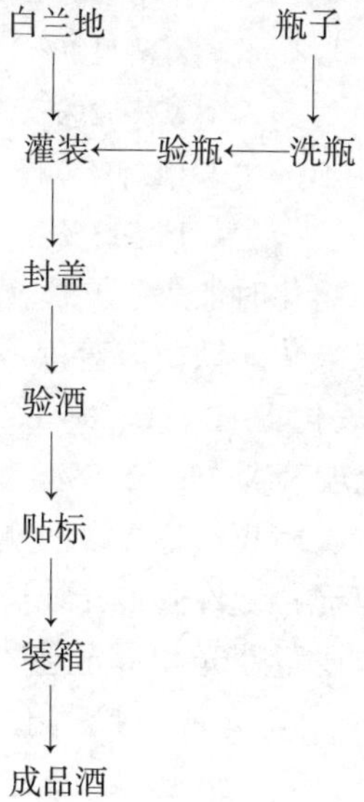

现按白兰地封装的工艺流程及对包装原材料的要求，分别介绍如下。

第一节　洗　　瓶

一、白兰地酒瓶的成分和形状

白兰地酒瓶，大都使用玻璃瓶，有白色、青白色、浅绿色、深绿色等几种颜色。有的高档白兰地用水晶瓶装盛，如法国的路易十三白兰地。高雅的白兰地装盛在庄重的水晶瓶内，越发显出白兰地雍容华贵的艺术身价。

玻璃是一种无定形、非晶体、不溶性、耐酸碱的透明物质。它是由二氧化硅、碳酸钙、氧化铝等化合物，添加其他金属的氧化物为着色剂，在1500℃高温下熔化而成的。一般玻璃的成分比例如下：

二氧化硅	68%~71%
生石灰	7%~10%
氧化铝	1%~2%
苏打	14.5%~15.5%
镁	1%~3%

以上比例的物料，熔化时加入不同比例的金属氧化物，即呈现不同的颜色。如加入氧化亚铁呈淡蓝色，加入三氧化二铁呈浅黄色。青白色玻璃含氧化亚铁0.08%~0.15%，浅绿色玻璃含0.8%~1.2%，深绿色玻璃含2%~2.5%。

玻璃瓶的颜色不同，阻止透过光线的颜色也有所不同。白色玻璃瓶阻挡紫外线和紫光，允许其他光线通过。绿色玻璃阻止紫外线的能力更强，允许少量蓝光和黄光通过。玻璃具有很强的反射光能力，可使瓶装酒免受光的直接照射。玻璃颜色与透光关系，如图13-1所示。

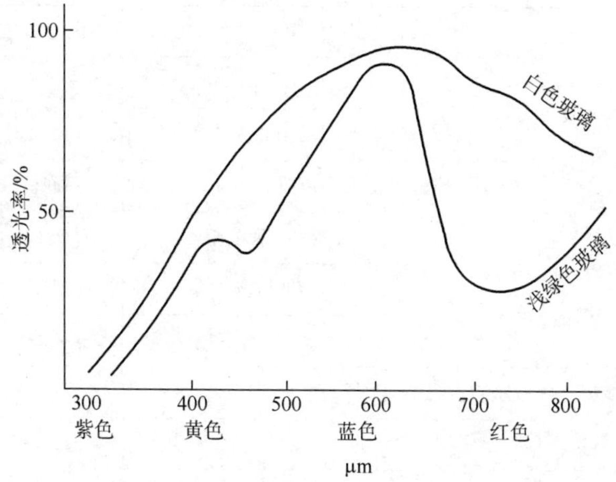

图 13-1　玻璃颜色与透光关系

为了取得消费者的欢心和钟爱，不同的白兰地生产厂家，采用不同瓶形、不同颜色的白兰地酒瓶，而且尽量追求把白兰地瓶形设计得赏心悦目。

二、白兰地酒瓶的技术标准

我们国家对各种玻璃酒瓶的技术要求，都有详细的国家标准。烟台张裕公司白兰地酒瓶执行的技术标准如下。

1. 范围

本标准规定了各种玻璃酒瓶的各项技术指标及试验方法、检验规则、包装、运输、保存。适用于张裕公司酒类产品包装用玻璃酒瓶。

2. 引用标准

GB4544、GB4545、GB4546、GB4547、GB4548、GB8452。

3. 技术要求

见表 13-1。

表 13-1　　　　白兰地酒瓶的技术标准

序号	项　目			要　求
1	热稳定性（急冷温差）	香槟瓶 40℃		不破裂
		其他瓶 35℃		
2	化学稳定性（酸性染色液）			不许呈橙黄色
3	耐内压力 MPa（升压时限 10~15s）	香槟瓶		≥1.8
		其他充气瓶		≥1.0
		不充气瓶		≥0.5
4	内应力（香槟瓶）			不大于 4 级
5	色泽			无色、绿色、棕色
6	气泡	玻璃内气泡直径/mm		不大于 6
		外表薄皮气泡直径/mm		不大于 2
		其数量总计/个	<500mL 时	不多于 2
			≥500mL 时	不多于 3
		1mm 以下能目测的气泡，在瓶壁上（个/cm^2）		平均不多于 6
		1mm 以上的气泡，瓶口封合面及封锁环上		不许有
7	不透明沙粒	不大于 1.5mm，周围无裂纹，轻击不破的	<500mL	不大于 2 个
			≥500mL	不大于 3 个
		瓶口封合面及封锁环上		不许有
8	炸裂纹（表面点状碰伤不作炸裂纹论）			不许有
9	合缝线	尖锐的		不许有
		按凸出测量/mm		不大于 0.5
		瓶口仅允许有		轻微的
		初型模合缝印仅允许有		轻微的
10	瓶身椭圆度，不超过直径/%			6

续表

序号	项目			要求
11	瓶身倾斜和垂直偏差	瓶全高 150mm 以下		不大于 2mm
		瓶全高 285mm 以下		不大于 4mm
		瓶全高 285mm 以上		不大于 5mm
12	瓶口	平面偏差		不大于 1mm
		内棱应呈光滑圆角，立棱		不许有
		封合面上影响密封性的折皱		不许有
		瓶口最小内径	瓶口内径下限<15mm 的酒瓶与瓶口内径下限	相等
			瓶口内径下限≥15mm 的酒瓶与瓶口内径下限	小于 0.8mm
13	厚薄度/mm	身厚		不小于 2
		底厚（≤500mL）		不小于 3
		底厚（>500mL）		不小于 4
		底厚薄偏差		不大于 1 倍

4. 试验方法

（1）热稳定性（耐热急度） 按 GB4547 试验规定进行。

（2）耐内压力 按 GB4546 试验规定进行。

（3）内应力 按 GB4545 试验规定进行。

（4）耐酸侵蚀度 按 GB4548 试验规定进行。

（5）容量 将样瓶装满水，再倾入量器内，测其容量。

（6）瓶高 用测高仪测量。

（7）瓶身外径 用卡尺或量规测量。

（8）瓶壁或瓶壁厚 用测量仪或卡尺测量。

（9）瓶口、瓶颈 用圆柱形内径量规测量。

（10）色泽、外观及其他尺寸偏差 以目测观察为主，必要时用量具测量及封样比较。

（11）垂直轴偏差 按 GB8452 要求测试。

5. 检验规则

(1) 验收时应首先检验产品的包装是否完整无损，如有破损应有记录，以分清责任。

(2) 生产厂必须保证所交付的产品符合标准规定，并要附产品合格证或合格标签。

(3) 收货方凭合格证（签）收货，而有异议需经双方确认。

(4) 同一时间交付的同一产品为一批，从每批中的不同包内取1%~2%，但不得少于100个进行试验。

①将全部瓶做规格尺寸和外观等项试验。

②取样瓶50个做热稳定性试验。

③取样瓶不少于2个做化学稳定性试验。

④取样瓶不小于50个做内应力试验。

(5) 凡符合下列规定者则整批产品为合格品。

①规格尺寸和外观合格率为95%。

②热稳定性合格率为99%。

③化学稳定性100%。

④内压力合格率99.8%。

⑤轴偏差合格率99.8%。

⑥内口合格率为99.5%。

(6) 检验结果如果有任何一项的合格率达不到规定时，应再取双倍数量的样品，对该项目进行复验。如仍达不到要求，按不合格项目的性质分别进行处理。

(7) 对化学稳定性和内压力偏差、内口规格等项，由生产厂将该批产品逐个检验，再按上述办法验收。

6. 包装、运输和保存

(1) 每件产品必须标明生产厂商标、生产年、月、日和模型编号的内容。

(2) 酒瓶用托盘（个别酒瓶除外）包装，外套塑料膜，包装内需附有产品合格证或合格标签、生产厂名称、产品名称、规格、数量、装包或装箱编号、日期以及玻璃容器、小心轻放等字样。

(3) 运输途中严防剧烈震荡，装卸时必须轻拿轻放，运输过程中运输部门应负有确保安全和完整的责任。

(4) 堆放在露天的酒瓶，应避免雨水浸淋酒瓶内部，加盖篷布，防止雨水渗透产生水迹。

三、白兰地酒瓶的洗刷

白兰地酒瓶的洗刷，可分为手工刷瓶和机械化自动刷瓶。

1. 手工洗瓶

手工洗瓶全部操作均为手工，适用于生产量较小的白兰地工厂。

手工洗瓶分为浸泡、洗刷和清洗三个工序。

浸泡容器可用水池或水槽。最好是用温水浸泡，若洗旧瓶或脏瓶要用碱水浸泡，碱水浓度1%左右。一般新瓶浸泡数分钟，旧瓶、脏瓶浸泡1h以上。

在此必须明确提出，新瓶在退火、出窑和冷却之后是无菌的，但并不意味着它是干净的。新瓶在运输过程中，会受到不同程度的污染。另外，根据退火处理方法不同，新瓶可能含有不同的杂质。例如，灰白色的硫化钠（称为窑雾），附着在瓶的外表和瓶颈内部的表面上。新瓶还可能沾有灰尘、玻璃碴及润滑剂沾染的痕迹。所以有些酿酒者认为，只要保持新瓶在运输和保管过程中的“清洁”，新瓶可以免去清洗，这种想法是错误的。要对消费者负责任，新瓶在装白兰地之前，必须进行认真的清洗。

无论是新瓶还是旧瓶，经过浸泡以后都要用毛刷逐个刷洗瓶子内部，并用手逐个地把瓶外壁洗刷干净。

洗刷后用清水清洗。清洗后放在控瓶架上控干。然后放在空瓶输送带上进行灌装。

2. 机械化洗瓶

随着机械化的提高，大的葡萄酒厂和白兰地工厂，洗瓶都实现了机械化。机械化洗瓶，不但工作效率高，而且洗瓶干净，完全能达到工艺要求。

机械化洗瓶使用洗瓶机。绝大多数洗瓶机都有除去旧商标和去垢装置，最后用温水和冷水洗掉碱液。瓶子洗得干净程度，取决于洗涤时间、碱液浓度和温度。洗瓶机的碱液浓度和温度是主要控制参数。

洗瓶机各阶段的温度控制很重要，要注意不使瓶子因大的温度梯度而炸裂。

通常情况下的洗液浓度、浸泡时间和洗涤温度如表 13-2 所示。

表 13-2　　洗液浓度、时间和温度的关系

工序	洗液	时间	温度
预冲	水	10~60s	21~38℃
浸泡除商标	氢氧化钠液 0.5%~2.5%	5~15s	最高 71℃
温冲	水	15~60s	38~43℃
最后冲洗	清水（同饮用水标准）	15~60s	10~16℃

使用洗瓶机的操作如下。

（1）调整

①对不同的瓶型，需要更换瓶胆套和进瓶隔板。

②根据不同的技术要求，调整好浸泡时间。

③根据流水线的速度，调整好机器的速度。

（2）操作

①打开主开关，接通电源。

②打开进水阀门，开启水泵，向洗涤槽里加水。

③当看到限位排水管出水时，表明水已加足，揿下主机启动

按钮，开始进瓶。

④出瓶如有倒伏，在光电管的作用下，机器会自动停机。这时只要把瓶扶正，重新揿下启动按钮，即可正常工作。

⑤进瓶如有卡死现象，在安全行程开关的作用下，机器会自动停机。这时只要活动一下进瓶杠，使卡住的瓶溜入瓶胆，再把行程开关复位，重新启动机器，就可正常工作。

⑥机器的上部有三色指示灯。

a. 绿色：正常运行信号。

b. 黄色：工作不正常信号。

——冲洗水压低

——瓶子太满

——水位太低

c. 红色：非正常停机信号。

——错误进瓶

——错误出瓶

——防护门打开

——防护电机热锁住

根据黄灯指示，调整工作状态；根据红灯指示，排除故障。

⑦工作结束，关闭主机和水泵，打开放水阀，排空污水，关闭进水阀。

（3）维护与保养

①每天工作结束后，排空清理洗涤槽，然后将其灌满。

②每周检查和清洗喷水管、过滤装置。

③每工作 8h，按图纸 MO15 所示润滑点加油一次。

④每工作 200h，检查链条张力，检查瓶胆是否损坏。

⑤每工作 1400h，减速箱换油一次。

第二节　白兰地的装瓶、封口和验酒

一、白兰地的装瓶

白兰地装瓶的要求是，往法定容积的瓶中，灌入准确容积的酒液，留下一定体积的顶空，以备遇热后酒液体积的膨胀。

白兰地的酒精含量一般在40%左右。这个酒精含量本身，就有杀菌和抑菌的作用，不像酒精含量为12%左右的葡萄酒，要求无菌条件灌装。但是，白兰地灌装也有很高的技术要求，酒瓶要洗刷得干净。即使是刚出厂的新瓶，也要充分洗刷和冲洗，洗去瓶子表面附着的微粒和尘雾。装瓶的白兰地酒液，要过滤得澄清透亮有光泽，瓶装酒要晶莹透亮，不得有可见的悬浮物。

因为白兰地本身就是氧化型陈酿酒，所以它不像葡萄酒那样，怕接触空气被氧化。白兰地封口，大都采用防盗盖，或采用“T”形软木塞，其密封程度，远不如葡萄酒使用的软木塞严密。

白兰地的灌装，可分为手工灌装和机械化灌装。所谓手工灌装，指在灌装过程中各工序均用手工操作，这种灌装方法在小型工厂使用较多。对大厂来说，小批量的高档酒生产，也可以采用这种方法。

自动化灌装是采用机械化传动和控制。随着科学技术的迅猛发展，自动化灌装的水平越来越高。

装酒机根据工作原理不同，可分为虹吸式装酒机、等压式装酒机和差压的式装酒机。目前国内外灌装葡萄酒和灌装白兰地，普遍采用差压式装酒机。

差压式装酒机又称真空装酒机。使用这种装酒机时酒瓶内呈负压，而贮酒罐内维持常压，因此形成“压差”。压差约是大气压的10%~30%。真空室中的负压由一根吸气管传到瓶内。当然压差越大，酒液流速越快，但它受乳化或起泡作用的限制。当酒的液位达到吸气管口处时，多余的酒液就会抽到真空室中，瓶则被移走。这种负压灌装，防止了装酒管滴酒，装酒损失很少。

使用真空装酒机的操作规程是：

1. 调整

（1）当使用的瓶子直径不同时，需要调整螺旋输送装置，调整输入输出星轮和瓶子中心位置，调整瓶子导向装置。

（2）当使用的瓶子高度不同时，需要进行装酒线高度的调整。

2. 操作

（1）启动真空泵。

（2）打开进酒阀，往酒缸内灌酒，达到标准液面为止。

（3）将选择旋钮打到自动位置，按下主电机启动按钮，进入正常装酒操作。

（4）遇有瓶子破碎等突发情况，按下红色按钮，紧急制动，用压缩空气将碎瓶残渣清除干净后，方可开机。

3. 维护和保养

（1）每天开机前，用油枪将机器前部每个中心油孔，注入些润滑脂，将升降圆筒的连接轮上涂些油膏。

（2）每月给星轮的中心齿轮、螺旋传动装置、主机基杆润滑一次，给变速器中心油孔注入润滑剂，注意不要涂到皮带上。

（3）每 4 个月更换齿轮箱油一次。

（4）每班结束后，必须用水对机器外部进行清洗。

二、白兰地封口

白兰地装瓶后，要立刻进行封口，防止果蝇或其他异物落入瓶装酒里，造成装酒事故。所以白兰地的封口和灌装机，最好是连在一起的。

对于普通质量的白兰地，多采用防盗盖进行封口。防盗盖又叫扭断盖，用它封口白兰地，生产成本低，自动化程度高，能够保证不漏酒，满足使用需要。

对防盗盖的技术要求如下。

（1）根据瓶口标准，由瓶盖生产单位，提供瓶盖尺寸图纸，经使用单位和生产单位双方确认后，作为生产和验收瓶盖的依据。

（2）瓶盖的扭断力矩定位在10～24kg·cm。瓶盖槽切口要求全部切断，封口过程不出现连接点断开现象。封口开启时，扭断率达到96%以上。切口毛边不大于0.1mm。

（3）铝制瓶盖的图案和色泽，按供需双方确认的实物样品为准。铝盖内壁为铝板本色。

（4）瓶盖内为纸质密封垫，厚薄均匀平整，弹性良好，密封性好。经密封后，瓶装酒倒置，不出现渗漏现象。垫片表面为聚乙烯薄膜，无毒无味。密封垫片不得脱落，不得有皱纹及夹杂物污染。

（5）瓶盖印刷要保持表面光滑、有光泽、没有皱纹，文字图案清晰，在高温时保证不脱漆变色。

（6）瓶盖文字图案偏离直径方向不大于0.8mm。无明显划痕，碰疤。

自动封盖机根据工作效率不同，有单头的，有多头的。烟台张裕葡萄酿酒公司白兰地灌装使的是六头封盖机，工作效率为9000～12000瓶/h。

使用封盖机的操作规则如下。

1. 调整

对不同的瓶和盖，需要进行如下调整：

（1）更换星轮、中心护板、限位器、滑槽。

（2）安装完更换件后，必须对导向横杆进行调整。

（3）调整机头高度。

（4）调整滚动刀、封口刀的高度。

（5）调整滚丝刀侧压力。

2. 操作

（1）启动机器之前，要把输入光管遮蔽一下。

（2）手动操作。

①操作变速电位器，将机器速度降到最小。

②把总开关置于“MAN”位置上。

③把“盘式分类器”选择置于“1”位。

④按一下复位键，再按启动键，使机器运转。

⑤检查输入星轮，是否将瓶置于机头下准确位置。

⑥检查封盖情况是否完善。

（3）一切正常后，转入自动操作。

①将总开关置于“AUT”上。

②按下启动按钮。

③转动电位器调高机速。

（4）如遇意外歪瓶，星轮安全装置自动停机。拿掉障碍物后，用手转动星轮，直到安全装置回到正确位置后，按下启动按钮，重新开始工作。

（5）工作即将结束，输送带已停止上瓶，需要做以下工作。

①将机器速度降到最低。

②遮蔽进口光电管、封完输送带上的瓶子。

③等最后一个瓶子到达封盖机出口处，按下停止按钮。

④将“盘式分类器”选择“O”位，将总开关置于“O”。

3. 维护和保养

（1）每天工作结束，用空压机吹净机器上的碎玻璃渣，保持机器清洁。

（2）每周用油枪将所有的润滑点加油一次。

（3）机头的滚刀部分，每两天至少润滑一次。

（4）机器工作前，检查一下减速箱内的油位，每200h将油全部更换一次。

白兰地除了防盗盖封口外，有些高档白兰地使用“T”形软木塞封口。“T”形软木塞是由两部分构成的，即露在瓶外的圆盖，一般是硬塑料的，也有是金属的。另一部分是塞在瓶口内的软木，起密封作用。

白兰地用“T”形塞封口后，外面要加上印刷的热缩帽或锡帽，能起到装饰作用和防盗作用。

三、验　　酒

瓶装白兰地封口后，要逐瓶进行检验，称为验酒。验酒是把好质量关的重要工序，验酒一般是以灯光照射，目检为主。

验酒的主要内容包括检查酒液内是否有脏物、异物，酒液是否失光、酒瓶是否有炸纹、封盖是否漏酒、酒的容量是否合适等。

验酒要求不漏检。在流水线上作业，验酒工要求每 0.5h 轮换一次，以免验酒工眼睛疲劳而漏检。

小型的白兰地生产，可以用手工操作验酒。即把流水线上的每一瓶酒，倒置举起来，检查酒中是否有异物。将有异物的剔除，符合质量要求的酒，进入下道工序，进行贴标，装箱。

大型的白兰地工厂使用验酒机验酒。验酒机配有适合的光源，能自动地把每一瓶酒倒置。验酒工只需聚精会神地逐瓶检验，把不符合质量要求的酒剔出来。烟台张裕葡萄酿酒公司使用的白兰地验酒机，每小时通过 9000~12000 瓶白兰地。

验酒机的操作规则如下。

1. 调整

对于不同的瓶型，需要更换进出瓶拨轮、中心护板、限位器、瓶夹头等。瓶的高度不同时，需要调整机头的高度。

2. 操作

（1）打开主开关，接通电源，揿下启动按钮，机器开始运转。

（2）当发现某瓶内有异物时，快速将夹持瓶的夹头竖杆向上一拍，该瓶混酒就会从流水线上自动剔出。

（3）当发现出口处塞满酒瓶时，揿下红色停止按钮，立即停车。

3. 维护及保养

（1）每天下班后，都擦拭机器，打扫卫生，保持整机清洁。

（2）每3天对机头部分润滑一次。

（3）每周对所有的润滑点润滑一次。

第三节　贴　　标

贴标就是把商标标贴，牢固地贴在酒瓶上。白兰地的商标一般分为主标、背标、星标、围条标。主标又叫大标，上面印有产品名称、注册标识、生产厂家等。主标印刷精美，能唤起消费者购买的欲望。背标是产品的说明书，通过阅读背标，消费者可以了解该产品的原料、成分、容量、生产日期等。有的白兰地有星标和围条标（或印刷套帽），星标和套帽主要对产品起装潢作用。套帽还能起防盗作用。

在白兰地商标上，经常可以看到用缩写的英文字或特殊的符号表示白兰地的质量等级和贮藏年限。因此，学会解读白兰地酒商标，了解缩写英文字母或特殊符号的实际意义，对选购白兰地或鉴赏白兰地，有重要的指导意义。

现以法国科涅克白兰地为例，它的标签上符号的实际意义是：

VS（Very Special，质量甚佳）或三星（★★★）：表示该产品勾兑酒中，最短年限的白兰地酒龄不少于2.5年。

VSOP（Very Superior Old Pale，甚超陈纯），VO（Very Old，甚陈）和Reserve（存陈）：勾兑酒中白兰地最少酒龄是4.5年。

Napoleon（拿破仑），XO（极陈）。

Extra（特醇），Hors d'Age（忘年陈酿）。

调勾酒中最少的酒龄为6年。

Fine Champagne（上等香槟）是大香槟和小香槟白兰地勾兑的，其中大香槟白兰地至少占一半。

白兰地商标的内容，必须符合 GB10344—1989 饮料酒标签标准的要求。

白兰地商标要贴在瓶子的固定位置。要美观大方，要求粘贴牢固平整，横平竖直，不得有拱突，不得有翘边翘角。黏合剂涂抹均匀，不能有明显的黏合剂痕迹。

对白兰地商标印刷的技术要求如下。

①版面：版面整齐，无齿刺，压力丰实，均匀一致，反面无明显凸痕。

②墨色：色相正确、鲜艳、均匀、牢固、叠色光亮。两批商标之间颜色可略有差异，但同一批商标颜色应保持一致。

③套印：主要部位允许差一线（0.2mm），次要部位允许差 0.5mm。

④文字线条：清晰完整，电化铝烫印色泽光洁牢固。

⑤底纹：层次丰富，网点清晰。

⑥上光、上蜡、复合：上光油均匀平滑无绺，不泛黄、牢固、无明显气泡。

⑦凹凸：轮廓清楚、饱满、不破裂。

⑧扣刀：刀口光洁，压力断线轻重适宜，不破裂。误差范围不得超过 0.5mm。

⑨切线：符合规格要求，允许误差±1mm。

⑩成品外观：整洁、无折角、污物、无破碎。

⑪为适应机器贴标，防止标纸破裂，要求商标纸张丝向为横丝。

⑫使用单位对产品按标准进行检查。如不符合标准规定可加倍抽查，如仍不符合标准，不得验收，不得使用。

商标印刷品的包装，应用防水防潮性能好的牛皮纸或纸箱包装，每件包装数量相同。在运输过程中要求纸箱牢固，不散件，注意防水防潮。验收合格的商标，在常温下室内存放，应注意防潮防晒。

小批量生产白兰地，可采用手工贴标。特别是对一些很高档的白兰地，手工贴标，能把白兰地装饰成精美的艺术品。

大批量生产的白兰地，多采用机械化贴标。如烟台张裕葡萄酒公司，生产白兰地采用的是从意大利进口的 P. E 贴标机。这种贴标机是真空吸标式，一次可贴四种标，即大标、背标、星标和围条标，光腚瓶在贴标机里转一圈，这四种标都能准确地贴好。

贴标机的操作规程如下。

1. 调整

（1）对不同的瓶型，需要更换星轮、中心护板、限位器等。

（2）对于不同的标纸，需要更换标盒、标板等。

（3）通过转动操作台上的调速旋钮，使贴标机的转速与流水作业线的生产能力相匹配。

2. 操作

（1）开机前检查一下，三个浆桶中是否有足够的浆糊，各工位标盒中是否有标纸，标纸方向是否正确。

（2）检查一切无误后，揿下启动按钮，开动机器试运行几分钟，观察浆糊打胶是否正常，如室温较低，浆糊流动性太差，打开浆桶加热器。

（3）一切正常后，打开进瓶开关，开始贴标操作。

（4）根据把关人员反馈的信息，及时调整标盒出口的螺钉，微调标纸位置。

（5）流水线因故暂时中断，贴标机不能停机。应在低速下缓慢运行待瓶。

（6）如有意外情况，按下红色紧急按钮停机。

3. 维护与保养

（1）每天工作结束后，应用湿抹布仔细地擦拭机器，胶辊应拆下放入温水中仔细清洗，彻底清除残浆和残纸，保持整机清洁。

(2) 每3天对所有转动部分润滑一次。

(3) 每周检查一次润滑油位，如低于最下限，及时加注润滑油。

(4) 经常观察平滑海绵、毛刷的磨损情况，如有必要则及时更换。

第四节　装箱和封箱

把封口严密、贴标完整的白兰地装入箱里，叫装箱。白兰地的装箱分手工装箱和机械装箱。生产规模大的白兰地工厂，则采用机械化装箱。

目前白兰地的包装箱，国内外普遍采用的是瓦楞纸板纸箱。这种纸箱适用于封装高档白兰地的需要。

白兰地纸箱外面，要印刷有醒目的产品名称、产品规格、纸箱的长、宽、高尺寸，毛重、净重、防水防潮、轻拿防碎的标识。

对白兰地纸箱的技术要求如下。

①成品纸箱必须箱型端正，外观整洁，规格准确。

②纸箱的面纸原则上不得拼接，必须拼接时不得超过二拼一接。

③版面整齐，无齿刺，压力丰实，均匀一致。

④图案清晰，色相正确，鲜艳牢固，墨色均匀。

⑤印刷均匀光亮，两盖对口对齐，允许公差为±4mm。

⑥表层完整不开胶。裱层起泡只限一处，面积小于50mm×50mm。

⑦分纸刀口光滑，不毛不刺，面不带鱼鳞边，斜度不超过5mm。

⑧压线不得有四心及一边倒现象，箱面不得压线，箱顶箱底

允许有双线，但不得超过5%，箱里拼接口要离机线30mm以外。

⑨切角必须准确，刀口光洁，不带毛边。箱角严紧，如有漏眼，不超过4mm。

⑩钉箱规矩，线口对齐，钉距要均匀，排列整齐，不得有坏钉。

⑪对口合拢公差为±5mm。

⑫冲眼打扣手要冲掉，在不影响图案文字的情况下偏差±15mm。

纸箱在运输和存放过程，应防止雨水浸淋，防止暴晒和受潮。验收合格的纸箱在清洁的仓库里存放。

使用装箱机的操作规程如下。

1. 调整

（1）对不同尺寸的瓶子，需要更换导轨、吸盘中心装置等部件。

（2）对于不同的纸箱，需要调整纸箱的停止点，使纸箱中心同吸盘中心在同一位置上。调整纸箱的横向导向装置，使纸箱同吸头处于完好位置，留一小间隙便于箱子滑动。

2. 操作

（1）把主开关扳向“1”，接通电源。

（2）如果温度太低，要把选择器“1—2—3”置于“1”，让机器运转几分钟。

（3）检查压缩空气是否同装箱机相通，压力是不是理想压力（0.4~0.6kPa）。

（4）将“Heat—mm—auto”选择器移至“auto”位置。

（5）将“箱传送带”“瓶传送带”和“瓶定位装置”选择器置于“1”上。

（6）按下“开始操作”按钮，机器进入正常运行状态。

（7）如遇意外情况，揿下红色紧急止动按钮，机器立即停止。再按“复位”钮，把选择器移至“mm”位置，然后按所要进行的程序进行操作。

（8）工作结束停机，将总开关移至“0”位，关闭进气阀。

3. 维护与保养

（1）每天下班后，用抹布擦拭机器，保持机器清洁。

（2）每3天将所有的润滑点润滑一次。

（3）每周检查过滤器里的凝结水，将其放掉。

（4）每两周检查一次链条的张力。

（5）每3周检查一次排气制动装置工作是否正常。

（6）减速齿轮无需润滑，它是水密的，上了永久润滑脂。

白兰地装入纸箱以后，要进行封箱。白兰地封箱有三种形式可供选择。一是用黏合剂把箱盖黏合封住；另一种是用黏合胶带把箱盖黏合胶住；第三种用捆扎机捆扎。捆扎机是由电磁离合器和电磁制动器，通过程序控制，有节奏地启动和停止机械捆扎动作，实现把塑料带松紧适中地捆扎在纸箱上。

附录一　酒精标准折算表

酒精体积分数、质量分数、密度对照见附表1。

附表1　　**酒精体积分数、密度、质量分数对照表**

体积分数/%	密度/(g/mL)	质量分数/%	体积分数/%	密度/(g/mL)	质量分数/%	体积分数/%	密度/(g/mL)	质量分数/%	体积分数/%	密度/(g/mL)	质量分数/%
0.0	0.99823	0.0000	1.0	0.99675	0.7918	2.0	0.99529	1.5860	3.0	0.99385	2.3825
0.1	0.99808	0.0791	1.1	0.99660	0.8712	2.1	0.99515	1.6655	3.1	0.99371	2.4622
0.2	0.99793	0.1582	1.2	0.99646	0.9505	2.2	0.99500	1.7451	3.2	0.99357	2.542
0.3	0.99779	0.2373	1.3	0.99631	1.0299	2.3	0.99486	1.8247	3.3	0.99343	2.6218
0.4	0.99764	0.3163	1.4	0.99617	1.1092	2.4	0.99471	1.9043	3.4	0.99329	2.7016
0.5	0.99749	0.3956	1.5	0.99602	1.1386	2.5	0.99457	1.9839	3.5	0.99315	2.7815
0.6	0.99734	0.4748	1.6	0.99587	1.2681	2.6	0.99443	2.0636	3.6	0.99300	2.8614
0.7	0.99719	0.5540	1.7	0.99573	1.3475	2.7	0.99428	2.1433	3.7	0.99286	2.9413
0.8	0.99705	0.6333	1.8	0.99558	1.4270	2.8	0.99414	2.2230	3.8	0.99272	3.0212
0.9	0.99690	0.7126	1.9	0.99544	1.5065	2.9	0.99399	2.3027	3.9	0.99258	3.1012

续表

体积分数/%	密度/(g/mL)	质量分数/%	体积分数/%	密度/(g/mL)	质量分数/%	体积分数/%	密度/(g/mL)	质量分数/%	体积分数/%	密度/(g/mL)	质量分数/%
4.0	0.99244	3.1811	5.0	0.99106	3.9819	6.0	0.98973	4.7848	7.0	0.98845	5.5894
4.1	0.99230	3.2611	5.1	0.99093	4.0621	6.1	0.98960	4.8651	7.1	0.98832	5.6701
4.2	0 99216	3.3411	5.2	0.99079	4.1424	6.2	0.98947	4.9456	7.2	0.98820	5.7506
4.3	0.99203	3.4211	5.3	0.99066	4.2226	6.3	0.98935	5.0259	7.3	0.98807	5.8312
4.4	0.99189	3.5012	5.4	0.99053	4.3028	6.4	0.98922	5.1064	7.4	0.98795	5.9118
4.5	0.99175	3.5813	5.5	0.99040	4.3831	6.5	0. 98909	5.5089	7.5	0.98782	5.9925
4.6	0.99161	3.6614	5.6	0.99026	4.4634	6.6	0.98896	5.2673	7.6	0.98769	6.0732
4.7	0.99147	3.7415	5.7	0.99013	4.5437	6.7	0.98883	5.3478	7.7	0.98757	6.1539
4.8	0.99134	3.8216	5.8	0.99000	4.6240	6.8	0.98871	5.4283	7.8	0.98744	6.2346
4.9	0.99120	3.9018	5.9	0.98986	4.7044	6.9	0.98858	5.5089	7.9	0.98732	6.3153
8.0	0.98719	6.3961	9.0	0.8596	7.2046	10.0	0.98476	8.0148	11.0	0.98356	8.8271
8.1	0.98707	6.4768	9.1	0.98584	7.2855	10 1	0.98464	8.1060	11.1	0.98344	8.9084
8.2	0.98694	6.5577	9.2	0.98572	7.3665	10.2	0.98452	8.1771	11.2	0.98333	8.9897
8.3	0.98682	6.6384	9.3	0.98560	7.4475	10.3	0.98440	8.2583	11.3	0.98321	9.0711
8.4	0.98670	6.7192	9.4	0.98548	7.5285	10.4	0.98428	8.3395	11.4	0.98309	9.1524
8.5	0.98658	6.8001	9.5	0.98536	7.6095	10.5	0.98416	8.4207	11.5	0.98298	9.2338
8.6	0.98645	6.8810	9.6	0.98524	7.6905	10.6	0.98404	8.5020	11.6	0.98286	9.3152
8.7	0.98633	6.9618	9.7	0.98512	7.7716	10.7	0.98392	8.5832	11.7	0.98274	9.3966
8.8	0.98621	7.0427	9.8	0.98500	7.8526	10.8	0.98380	8.6645	11.8	0.98262	9.4781
8.9	0.98608	7.1237	9.9	0.98488	7.9337	10.9	0.98368	8.7458	11.9	0.98251	9.5595

12. 0	0. 98239	9. 6410	13. 0	0. 98123	10. 4568	14. 0	0. 98009	11. 2743	15. 0	0. 97897	12. 0934
12. 1	0. 98227	9. 7225	13. 1	0. 98112	10. 5384	14. 1	0. 97998	11. 3561	15. 1	0. 97886	12. 1754
12. 2	0. 98216	9. 8040	13. 2	0. 98100	10. 6201	14. 2	0. 97987	11. 4379	15. 2	0. 97875	12. 2574
12. 3	0. 98204	9. 8856	13. 3	0. 98089	10. 7018	14. 3	0. 97975	11. 5198	15. 3	0. 97864	12. 3394
12. 4	0. 98193	9. 9671	13. 4	0. 98077	10. 7836	14. 4	0. 97964	11. 6017	15. 4	0. 97853	12. 4214
12. 5	0. 98181	10. 0487	13. 5	0. 98066	10. 8653	14. 5	0. 97953	11. 6836	15. 5	0. 97842	12. 5035
12. 6	0. 98169	10. 1303	13. 6	0. 9. 8055	10. 9470	14. 6	0. 97942	11. 7655	15. 6	0. 97831	12. 5856
12. 7	0. 98158	10. 2118	13. 7	0. 98043	11. 0288	14. 7	0. 97921	11. 8474	15. 7	0. 97820	12. 6677
12. 8	0. 98146	10. 2935	13. 8	0. 98032	11. 1106	14. 8	0. 97919	11. 9294	15. 8	0. 97809	12. 7498
12. 9	0. 98135	10. 3751	13. 9	0. 98020	11. 1925	14. 9	0. 97908	12. 0114	15. 9	0. 97798	12. 8320
16. 0	0. 97787	12. 9141	17. 0	0. 97678	13. 7366	18. 0	0. 97571	14. 5603	19. 0	0. 97465	15. 3862
16. 1	0. 97776	12. 9963	17. 1	0. 97667	13. 8189	18. 1	0. 97560	14. 6431	19. 1	0. 97454	15. 4689
16. 2	0. 97765	13. 0785	17. 2	0. 97657	13. 9011	18. 2	0. 97550	14. 7225	19. 2	0. 97444	15. 5515
16. 3	0. 97754	13. 1607	17. 3	0. 97646	13. 9835	18. 3	0. 97539	14. 8081	19. 3	0. 97434	15. 6341
16. 4	0. 97743	13. 2429	17. 4	0. 97635	14. 0660	18. 4	0. 97529	14. 8905	19. 4	0. 97423	15. 7169
16. 5	0. 97732	13. 3252	17. 5	0. 97624	14. 1484	18. 5	0. 97518	14. 9731	19. 5	0. 97412	15. 7997
16. 6	0. 97722	13. 4073	17. 6	0. 97614	14. 2307	18. 6	0. 97507	15. 0558	19. 6	0. 97402	15. 8823
16. 7	0. 97711	13. 4896	17. 7	0. 97603	14. 3132	18. 7	0. 97497	15. 1383	19. 7	0. 97392	15. 9650
16. 8	0. 97700	13. 5719	17. 8	0. 97592	14. 3957	18. 8	0. 97486	15. 2209	19. 8	0. 97381	16. 0478
16. 9	0. 97689	13. 6542	17. 9	0. 97582	14. 4780	18. 9	0. 97476	15. 3035	19. 9	0. 97370	16. 1307

续表

体积分数/%	密度/(g/mL)	质量分数/%	体积分数/%	密度/(g/mL)	质量分数/%	体积分数/%	密度/(g/mL)	质量分数/%	体积分数/%	密度/(g/mL)	质量分数/%
20.0	0.97360	16.3134	21.0	0.97253	17.0428	22.0	0.97145	17.8742	23.0	0.97036	18.7077
20.1	0.97349	16.3963	21.1	0.97242	17.1259	22.1	0.97134	17.9575	23.1	0.97025	18.7912
20.2	0.97339	16.3791	21.2	0.97231	17.2090	22.2	0.97123	18.0408	23.2	0.97014	18.8747
20.3	0.97328	16.4620	21.3	0.97221	17.2920	22.3	0.97112	18.1241	23.3	0.97003	18.9582
20.4	0.97317	16.5450	21.4	0.97210	17.3751	22.4	0.97101	18.2075	23.4	0.96992	19.0117
20.5	0.97306	16.6280	21.5	0.97199	17.4583	22.5	0.97090	18.2908	23.5	0.96980	19.1254
20.6	0.97296	16.7108	21.6	0.97188	17.5415	22.6	0.97080	18.3740	23.6	0.96969	19.2090
20.7	0.97285	16.7938	21.7	0.97177	17.6247	22.7	0.97069	18.4574	23.7	0.96958	19.2926
20.8	0.97274	16.8769	21.8	0.97167	17.7077	22.8	0.97058	18.5408	23.8	0.96947	19.3762
20.9	0.97264	16.9598	21.9	0.97156	17.7910	22.9	0.97047	18.6243	23.9	0.96936	19.4598
24.0	0.96925	19.5434	25.0	0.96812	20.3815	26.0	0.96699	21.2215	27.0	0.96583	22.0642
24.1	0.96914	19.6271	25.1	0.96801	20.4654	26.1	0.96687	21.3058	27.1	0.96571	22.1487
24.2	0.96902	19.7110	25.2	0.96789	20.5495	26.2	0.96676	21.3899	27.2	0.96560	22.2330
24.3	0.96891	19.7947	25.3	0.96778	20.6333	26.3	0.96664	21.4742	27.3	0.96548	22.3175
24.4	0.96880	19.8784	25.4	0.96767	20.7172	26.4	0.96653	21.5583	27.4	0.96536	22.4020
24.5	0.96868	19.9623	25.5	0.96756	20.8012	26.5	0.96641	21.6426	27.5	0.96524	22.4866
24.6	0.96857	20.0461	25.6	0.96744	20.8853	26.6	0.96629	21.7270	27.6	0.96513	22.5709
24.7	0.96846	20.1299	25.7	0.96733	20.9693	26.7	0.96618	21.9112	27.7	0.96501	22.6555
24.8	0.96835	20.2137	25.8	0.96722	21.0533	26.8	0.96606	21.8956	27.8	0.96489	22.7401
24.9	0.96823	20.2977	25.9	0.96710	21.1375	26.9	0.96559	21.9798	27.9	0.96478	22.8245

28. 0	0. 96466	22. 9092	29. 0	0. 96346	23. 7569	30. 0	0. 96224	24. 6073	31. 0	0. 96100	25. 4603
28. 1	0. 96454	22. 9938	29. 1	0. 96334	23. 8418	30. 1	0. 96212	24. 6924	31. 1	0. 96087	25. 5459
28. 2	0. 96442	23. 0785	29. 2	0. 96322	23. 9267	30. 2	0. 96199	24. 7778	31. 2	0. 96074	25. 6315
28. 3	0. 96430	23. 1633	29. 3	0. 96309	24. 0119	30. 3	0. 96187	24. 8629	31. 3	0. 96062	25. 7169
28. 4	0. 96418	23. 2480	29. 4	0. 96297	24. 0968	30. 4	0. 96174	24. 9483	31. 4	0. 96049	25. 8025
28. 5	0. 96406	23. 3328	29. 5	0. 96285	24. 1818	30. 5	0. 96162	25. 0335	31. 5	0. 96036	25. 8882
28. 6	0. 96394	23. 4176	29. 6	0. 96273	24. 2668	30. 6	0. 96150	25. 1187	31. 6	0. 96023	25. 9739
28. 7	0. 96382	23. 5024	29. 7	0. 96261	24. 3518	30. 7	0. 96137	25. 2042	31. 7	0. 96010	26. 0596
28. 8	0. 96370	23. 5872	29. 8	0. 96248	24. 4371	30. 8	0. 96125	25. 2895	31. 8	0. 95998	26. 1451
28. 9	0. 96358	23. 6720	29. 9	0 96236	24. 5222	30. 9	0. 96112	25. 3750	31. 9	0. 95985	26. 2309
32. 0	0. 95972	26. 3167	33. 0	0. 95839	27. 1767	34. 0	0. 95704	28. 0398	35. 0	0. 95563	28. 9071
32. 1	0. 95959	26. 4025	33. 1	0. 95826	27. 2628	34. 1	0. 95690	28. 1264	35. 1	0. 95549	28. 9939
32. 2	0. 95945	26. 4886	33. 2	0. 95812	27. 3491	34. 2	0. 95676	28. 2130	35. 2	0. 95535	29. 0811
32. 3	0. 95932	26. 5745	33. 3	0. 95768	27. 4355	34. 3	0. 95662	28. 2996	35. 3	0. 95520	29. 1680
32. 4	0. 95919	26. 6604	33. 4	0. 95785	27. 5217	34. 4	0. 95648	28. 3863	35. 4	0. 95505	29. 2552
32. 5	0. 95906	26. 7463	33. 5	0. 95772	27. 6078	34. 5	0. 95634	28. 4729	35. 5	0. 95491	29. 3421
32. 6	0. 95892	26. 8325	33. 6	0. 95758	27. 6943	34. 6	0. 95619	28. 5600	35. 6	0. 95477	29. 4291
32. 7	0. 95879	26. 9184	33. 7	0. 95744	27. 7807	34. 7	0. 95605	28. 6467	35. 7	0. 95462	29. 5164
32. 8	0. 95866	27. 0044	33. 8	0. 95731	27. 8670	34. 8	0. 95591	28. 7335	35. 8	0. 95448	29. 6034
32. 9	0. 95852	27. 0907	33. 9	0. 95718	27. 9532	34. 9	0. 95577	28. 8202	35. 9	0. 95433	29. 6908

续表

体积分数/%	密度/(g/mL)	质量分数/%	体积分数/%	密度/(g/mL)	质量分数/%	体积分数/%	密度/(g/mL)	质量分数/%	体积分数/%	密度/(g/mL)	质量分数/%
36.0	0.95419	29.7778	37.0	0.95271	30.6525	38.0	0.95119	31.5313	39.0	0.94964	32.4139
36.1	0.95404	29.8653	37.1	0.95256	30.7402	38.1	0.95104	31.6193	39.1	0.94948	32.5025
36.2	0.95389	29.9527	37.2	0.95241	30.8279	38.2	0.95088	31.7076	39.2	0.94932	32.5911
36.3	0.95375	30.0398	37.3	0.95225	30.9160	38.3	0.95072	31.7959	39.3	0.94917	32.6794
36.4	0.95360	30.1273	37.4	0.95210	31.0038	38.4	0.95057	31.8840	39.4	0.94901	32.7681
36.5	0.95345	30.2149	37.5	0.95195	31.0916	38.5	0.95042	31.9721	39.5	0.94885	32.8568
36.6	0.95330	30.3024	37.6	0.95180	31.1794	38.6	0.95026	32.0605	39.6	0.94869	32.9455
36.7	0.95315	30.3900	37.7	0.95165	31.2673	38.7	0.95010	32.1490	39.7	0.94853	33.0343
36.8	0.95301	30.4773	37.8	0.95149	31.3555	38.8	0.94995	32.2371	39.8	0.94838	33.1227
36.9	0.95286	30.5649	37.9	0.95134	31.4434	38.9	0.94980	32.3254	39.9	0.94822	33.2116
40.0	0.94806	33.3004	41.0	0.94644	34.1914	42.0	0.94479	35.0865	43.0	0.94309	35.9866
40.1	0.94790	33.3893	41.1	0.94628	34.2805	42.1	0.94462	35.1763	43.1	0.94292	36.0768
40.2	0.94774	33.4782	41.2	0.94611	34.3701	42.2	0.94445	35.2662	43.2	0.94274	36.1674
40.3	0.94757	33.5675	41.3	0.94594	34.4597	42.3	0.94428	35.3562	43.3	0.94256	36.2581
40.4	0.94741	33.6565	41.4	0.94578	34.5490	43.4	0.94411	35.4461	43.4	0.94239	36.3483
40.5	0.94725	33.7455	41.5	0.94562	34.6383	42.5	0.94394	35.5361	43.5	0.94222	36.4387
40.6	0.94709	33.8345	41.6	0.94545	34.7280	42.6	0.94377	35.6262	43.6	0.94204	36.5294
40.7	0.94693	33.9236	41.7	0.94528	34.8178	42.7	0.94360	35.7162	43.7	0.94186	36.6202
40.8	0.94676	34.0131	41.8	0.94512	34.9027	42.8	0.94343	35.8063	43.8	0.94169	36.7106
40.9	0.94660	34.1022	41.9	0.94496	34.9966	42.9	0.94326	35.8964	43.9	0.94152	36.8011

44.0	0.94134	36.8920	45.0	0.93956	37.8019	46.0	0.93775	38.7165	47.0	0.93591	39.6360
44.1	0.94116	36.9829	45.1	0.93938	37.8932	46.1	0.93757	38.8081	47.1	0.93572	39.7284
44.2	0.94098	37.0738	45.2	0.93920	37.9845	46.2	0.93738	38.9002	47.2	0.93554	39.8204
44.3	0.94081	37.1644	45.3	0.93902	38.0758	46.3	0.93720	38.9919	47.3	0.93535	39.9128
44.4	0.94063	37.2554	45.4	0.93884	38.1672	46.4	0.93701	39.0840	47.4	0.93516	40.0053
44.5	0.94045	37.3465	45.5	0.93866	38.2586	46.5	0.93683	39.1758	47.5	0.93498	40.0975
44.6	0.94027	37.4376	45.6	0.93847	38.3540	46.6	0.93665	39.2676	47.6	0.93479	40.1900
44.7	0.94009	37.5287	45.7	0.93829	38.4419	46.7	0.93646	39.3598	47.7	0.93460	40.2827
44.8	0.93992	37.6195	45.8	0.93811	38.5334	46.8	0.93628	39.4517	47.8	0.93441	40.3753
44.9	0.93974	37.7107	45.9	0.93793	38.6249	46.9	0.93609	39.5440	47.9	0.93423	40.4676
48.0	0.93404	40.5603	49.0	0.93213	41.4902	50.0	0.93019	42.4252	51.0	0.92822	43.3656
48.1	0.93385	40.6531	49.1	0.93194	41.5833	50.1	0.92999	42.5192	51.1	0.92802	42.4599
48.2	0.93366	40.7459	49.2	0.93174	41.6770	50.2	0.92980	42.6128	51.2	0.92782	43.5544
48.3	0.93347	40.8387	49.3	0.93155	41.7702	50.3	0.92960	42.7068	51.3	0.92762	43.6489
48.4	0.93328	40.9316	49.4	0.93135	41.8639	50.4	0.92940	42.8010	51.4	0.92742	43.7434
48.5	0.93308	41.0250	49.5	0.93116	41.9572	50.5	0.92920	42.8947	51.5	0.92722	43.8379
48.6	0.93289	41.1179	49.6	0.93097	42.0505	50.6	0.92901	42.9888	51.6	0.92701	43.9330
48.7	0.93270	41.2109	49.7	0.93077	42.1444	50.7	0.92881	43.0831	51.7	0.92681	44.0276
48.8	0.93251	41.3040	49.8	0.93058	42.2378	50.8	0.92861	43.1773	51.8	0.92661	44.1223
48.9	0.93232	41.3971	49.9	0.93038	42.3317	50.9	0.92842	43.2712	51.9	0.92641	44.2170

续表

体积分数/%	密度/(g/mL)	质量分数/%	体积分数/%	密度/(g/mL)	质量分数/%	体积分数/%	密度/(g/mL)	质量分数/%	体积分数/%	密度/(g/mL)	质量分数/%
52. 0	0. 92621	44. 3118	53. 0	0. 92418	45. 2632	54. 0	0. 92212	46. 2202	55. 0	0. 92003	47. 1831
52. 1	0. 92601	44. 4066	53. 1	0. 92397	45. 3589	54. 1	0. 92191	46. 3164	55. 1	0. 91982	47. 2797
52. 2	0. 92580	44. 5019	53. 2	0. 92377	45. 4541	54. 2	0. 92170	46. 4125	55. 2	0. 91960	47. 3768
52. 3	0. 92560	44. 5968	53. 3	0. 92356	45. 5499	54. 3	0. 92149	46. 5088	55. 3	0. 91939	47. 4735
52. 4	0. 92540	44. 6918	53. 4	0. 92339	45. 6453	54. 4	0. 92128	46. 6050	55. 4	0. 91918	47. 5702
52. 5	0. 92520	44. 7867	53. 5	0. 92315	45. 7412	54. 5	0. 92108	46. 7008	55. 5	0. 91896	47. 6675
52. 6	0. 92499	44. 8822	53. 6	0. 92294	45. 8371	54. 6	0. 92087	46. 7972	55. 6	0. 91875	47. 7643
52. 7	0. 92479	44. 9773	53. 7	0. 92274	45. 9325	54. 7	0. 92066	46. 8936	55. 7	0. 91854	46. 8611
52. 8	0. 92459	45. 0724	53. 8	0. 92253	46. 0286	54. 8	0. 92045	46. 9901	55. 8	0. 91833	47. 9580
52. 9	0. 92438	45. 1680	53. 9	0. 92233	46. 1241	54. 9	0. 92024	47. 0865	55. 9	0. 91811	48. 0555
56. 0	0. 91790	48. 1524	57. 0	0. 91576	49. 1268	58. 0	0. 91358	50. 1080	59. 0	0. 91138	51. 0950
56. 1	0. 91769	48. 2495	57. 1	0. 91554	49. 2248	58. 1	0. 91336	50. 2065	59. 1	0. 91116	51. 1939
56. 2	0. 91747	48. 3471	57. 2	0. 91532	49. 3229	58. 2	0. 91314	50. 3050	59. 2	0. 91094	51. 2929
56. 3	0. 91726	48. 4442	57. 3	0. 91511	49. 4205	58. 3	0. 91292	50. 4036	59. 3	0. 91071	51. 3926
56. 4	0. 91704	48. 5419	57. 4	0. 91489	49. 5186	58. 4	0. 91270	50. 5022	59. 4	0. 91049	51. 4917
56. 5	0. 91683	48. 6391	57. 5	0. 91467	49. 6168	58. 5	0. 91248	50. 6009	59. 5	0. 91027	51. 5908
56. 6	0. 91662	48. 7363	57. 6	0. 91445	49. 7151	58. 6	0. 91226	50. 6996	59. 6	0. 91005	51. 6900
56. 7	0. 91640	48. 8341	57. 7	0. 91423	49. 8134	58. 7	0. 91204	50. 7984	59. 7	0. 90983	51. 7893
56. 8	0. 91619	48. 9315	57. 8	0. 91402	49. 9112	58. 8	0. 91182	50. 8972	59. 8	0. 90960	51. 8891
56. 9	0. 91597	49. 0294	57. 9	0. 91380	50. 0096	58. 9	0. 91160	50. 9961	59. 9	0. 90938	51. 9885

60. 0	0. 90916	52. 0879	61. 0	0. 90691	53. 0874	62. 0	0. 90463	54. 0937	63. 0	0. 90232	55. 1068
60. 1	0. 90894	52. 1873	61. 1	0. 90668	53. 1879	62. 1	0. 90440	54. 1947	63. 1	0. 90209	55. 2084
60. 2	0. 90871	52. 2874	61. 2	0. 90645	53. 2885	62. 2	0. 90417	54. 2958	63. 2	0. 90185	55. 3106
60. 3	0. 90848	52. 3875	61. 3	0. 90623	53. 3885	62. 3	0. 90394	54. 3969	63. 3	0. 90162	55. 4122
60. 4	0. 90826	52. 4871	61. 4	0. 90600	53. 4892	62. 4	0. 90371	54. 4981	63. 4	0. 90139	55. 5139
60. 5	0. 90804	52. 5867	61. 5	0. 90577	53. 5899	62. 5	0. 90348	54. 5993	63. 5	0. 90116	55. 6157
60. 6	0. 90781	52. 6870	61. 6	0. 90554	53. 6907	62. 6	0. 90324	54. 7012	63. 6	0. 90092	55. 7181
60. 7	0. 90758	52. 7873	61. 7	0. 90531	53. 7915	62. 7	0. 90301	54. 8025	63. 7	0. 90069	55. 8200
60. 8	0. 90736	52. 8871	61. 8	0. 90509	53. 8918	62. 8	0. 90278	54. 9039	63. 8	0. 90046	55. 9219
60. 9	0. 90714	52. 9869	61. 9	0. 90486	53. 9927	62. 9	0. 90255	55. 0054	63. 9	0. 90022	56. 0245
64. 0	0. 89999	56. 1265	65. 0	0. 89764	57. 1527	66. 0	0. 89526	58. 1862	67. 0	0. 89286	59. 2266
64. 1	0. 89976	56. 2286	65. 1	0. 89740	57. 2559	66. 1	0. 89502	58. 2900	67. 1	0. 89262	59. 3310
64. 2	0. 89952	56. 3313	65. 2	0. 89716	57. 3592	66. 2	0. 89478	58. 3939	67. 2	0. 89238	59. 4354
64. 3	0. 89928	56. 4341	65. 3	0. 89693	57. 4619	66. 3	0. 89454	58. 4978	67. 3	0. 89214	59. 5398
64. 4	0. 89905	56. 5363	65. 4	0. 89669	57. 5653	66. 4	0. 89430	58. 6017	67. 4	0. 89190	59. 6444
64. 5	0. 89882	56. 6386	65. 5	0. 89645	57. 6688	66. 5	0. 89406	58. 7057	67. 5	0. 89166	59. 7489
64. 6	0. 89858	56. 7416	65. 6	0. 89621	57. 7723	66. 6	0. 89382	58. 8098	67. 6	0. 89141	59. 8542
64. 7	0. 89834	56. 8446	65. 7	0. 89597	57. 8759	66. 7	0. 89358	58. 9139	67. 7	0. 89117	59. 9589
64. 8	0. 89811	56. 9470	65. 8	0. 89574	57. 9788	66. 8	0. 89334	59. 0181	67. 8	0. 89093	60. 0636
64. 9	0. 89788	57. 0495	65. 9	0. 89550	58. 0825	66. 9	0. 89310	59. 1223	67. 9	0. 89069	60. 1684

续表

体积分数/%	密度/(g/mL)	质量分数/%	体积分数/%	密度/(g/mL)	质量分数/%	体积分数/%	密度/(g/mL)	质量分数/%	体积分数/%	密度/(g/mL)	质量分数/%
68.0	0.89045	60.2733	69.0	0.88799	61.3291	70.0	0.88551	62.3922	71.0	0.88302	63.4619
68.1	0.89020	60.3787	69.1	0.88744	61.4353	70.1	0.88526	62.4990	71.1	0.88277	63.5693
68.2	0.88996	60.4839	69.2	0.88749	61.5415	70.2	0.88501	62.6058	71.2	0.88252	63.6768
68.3	0.88971	60.5896	69.3	0.88725	61.6471	70.3	0.88476	62.7127	71.3	0.88227	63.7843
68.4	0.88947	60.6946	69.4	0.88700	61.7535	70.4	0.88451	62.8196	71.4	0.88202	63.8918
68.5	0.88922	60.8005	69.5	0.88675	61.8599	70.5	0.88429	62.9267	71.5	0.88176	64.0002
68.6	0.88897	60.9064	69.6	0.88650	61.9664	70.6	0.88402	63.0330	71.6	0.88151	64.1079
68.7	0.88873	61.0116	69.7	0.88625	62.0729	70.7	0.88377	63.1402	71.7	0.88126	64.2156
68.8	0.88848	61.1176	69.8	0.88601	62.1788	70.8	0.88352	63.2474	71.8	0.88101	64.3234
68.9	0.88824	61.2230	69.9	0.88576	62.2855	70.9	0.88327	63.3546	71.9	0.88176	64.4313
72.0	0.88051	64.5392	73.0	0.87796	65.6257	74.0	0.87538	66.7207	75.0	0.87277	67.8246
72.1	0.88026	64.6472	73.1	0.87770	65.7350	74.1	0.87512	66.8307	75.1	0.87251	67.9352
72.2	0.88000	64.7560	73.2	0.87744	65.8445	74.2	0.87486	66.9408	75.2	0.87225	68.0460
72.3	0.87974	64.8640	73.3	0.87719	65.9532	74.3	0.87460	67.0510	75.3	0.87198	68.1576
72.4	0.87949	64.9731	73.4	0.87693	66.0628	74.4	0.87434	67.1612	75.4	0.87172	68.2684
72.5	0.87924	65.0813	73.5	0.87667	66.1724	74.5	0.87408	67.2714	75.5	0.87146	68.3794
72.6	0.87898	65.1903	73.6	0.87641	66.2821	74.6	0.87381	67.3825	75.6	0.87120	68.4904
72.7	0.87872	65.2994	73.7	0.87615	66.3918	74.7	0.87355	67.4930	75.7	0.87094	68.6014
72.8	0.87847	65.4079	73.8	0.87690	66.5009	74.8	0.87329	67.6034	75.8	0.87067	68.7134
72.9	0.87822	65.5164	73.9	0.87564	66.6108	74.9	0.87303	67.7140	75.9	0.87041	68.8246

76. 0	0. 87015	68. 9358	77. 0	0. 86750	70. 0562	78. 0	0. 86480	71. 1876	79. 0	0. 86207	72. 3286
76. 1	0. 86989	69. 0472	77. 1	0. 86723	70. 1691	78. 1	0. 86453	71. 3012	79. 1	0. 86180	72. 4429
76. 2	0. 86962	69. 1594	77. 2	0. 86696	70. 2820	78. 2	0. 86425	71. 4156	79. 2	0. 86152	72. 5580
76. 3	0. 86936	69. 2708	77. 3	0. 86669	70. 3949	78. 3	0. 86398	71. 5292	79. 3	0. 86124	72. 6724
76. 4	0. 86909	69. 3832	77. 4	0. 86642	70. 5079	78. 4	0. 86371	71. 6430	79. 4	0. 86097	72. 7877
76. 5	0. 86882	69. 4955	77. 5	0. 86615	70. 6210	78. 5	0. 86344	71. 7568	79. 5	0. 86070	72. 9022
76. 6	0. 86856	69. 6073	77. 6	0. 86588	70. 7342	78. 6	0. 86316	71. 8715	79. 6	0. 86042	73. 0177
76. 7	0. 86830	69. 7190	77. 7	0. 86561	70. 8475	78. 7	0. 86289	71. 9855	79. 7	0. 86014	73. 1332
76. 8	0. 86803	69. 8316	77. 8	0. 86534	70. 9608	78. 8	0. 86262	72. 0995	79. 8	0. 85987	73. 2480
76. 9	0. 86776	69. 9443	77. 9	0. 86507	71. 0742	78. 9	0. 86234	72. 2144	79. 9	0. 85960	73. 3628
80. 0	0. 85932	73. 4786	81. 0	0. 85653	74. 6394	82. 0	0. 85369	75. 8122	83. 0	0. 85082	76. 9956
80. 1	0. 85904	73. 5944	81. 1	0. 85625	74. 7560	82. 1	0. 85340	75. 9305	83. 1	0. 85053	77. 1147
80. 2	0. 85876	73. 7103	81. 2	0. 85596	74. 8735	82. 2	0. 85312	76. 0479	83. 2	0. 85024	77. 2338
80. 3	0. 85848	73. 8263	81. 3	0. 85568	74. 9902	82. 3	0. 85283	76. 1663	83. 3	0. 84995	77. 3530
80. 4	0. 85820	73. 9423	81. 4	0. 85539	75. 1079	82. 4	0. 85254	76. 2848	83. 4	0. 84966	77. 4723
80. 5	0. 85792	74. 0585	81. 5	0. 85511	75. 2248	82. 5	0. 85226	76. 4025	83. 5	0. 84936	77. 5926
80. 6	0. 85765	74. 1738	81. 6	0. 85483	75. 3418	82. 6	0. 85197	76. 5211	83. 6	0. 84907	77. 7121
80. 7	0. 85737	74. 2901	81. 7	0. 85454	75. 4597	82. 7	0. 85168	76. 6399	83. 7	0. 84878	77. 8316
80. 8	0. 85709	74. 4064	81. 8	0. 85426	75. 5769	82. 8	0. 85139	76. 7587	83. 8	0. 84849	77. 9512
80. 9	0. 85681	74. 5229	81. 9	0. 85397	75. 6949	82. 9	0. 85111	76. 8767	83. 9	0. 84820	78. 0709

续表

体积分数/%	密度/(g/mL)	质量分数/%	体积分数/%	密度/(g/mL)	质量分数/%	体积分数/%	密度/(g/mL)	质量分数/%	体积分数/%	密度/(g/mL)	质量分数/%
84. 0	0. 84791	78. 1907	85. 0	0. 84495	79. 3987	86. 0	0. 84194	80. 6200	87. 0	0. 83887	81. 8559
84. 1	0. 84761	78. 3115	85. 1	0. 84465	79. 5204	86. 1	0. 84163	80. 7435	87. 1	0. 83856	81. 9803
84. 2	0. 84732	78. 4314	85. 2	0. 84435	79. 6421	86. 2	0. 84133	80. 8661	87. 2	0. 83824	82. 1058
84. 3	0. 84722	78. 5524	85. 3	0. 84405	79. 7639	86. 3	0. 84102	80. 9898	87. 3	0. 83793	82. 2303
84. 4	0. 84673	78. 6725	85. 4	0. 84375	79. 8858	86. 4	0. 84071	81. 1135	87. 4	0. 83762	82. 3550
84. 5	0. 84643	78. 7937	85. 5	0. 84344	80. 0088	86. 5	0. 84040	81. 2373	87. 5	0. 83730	82. 4807
84. 6	0. 84613	78. 9149	85. 6	0. 84314	80. 1308	86. 6	0. 84010	81. 3603	87. 6	0. 83699	82. 6056
84. 7	0. 84584	79. 0352	85. 7	0. 84284	80. 2530	86. 7	0. 83979	81. 4843	87. 7	0. 83668	82. 7305
84. 8	0. 84554	79. 1566	85. 8	0. 84254	80. 3753	86. 8	0. 83948	81. 6084	87. 8	0. 83637	82. 8556
84. 9	0. 84525	79. 2772	85. 9	0. 84224	80. 4976	86. 9	0. 83918	81. 7316	87. 9	0. 83605	82. 9817
88. 0	0. 83574	83. 1069	89. 0	0. 83254	84. 3744	90. 0	0. 82926	85. 6599	91. 0	0. 82590	86. 9640
88. 1	0. 83542	83. 2332	89. 1	0. 83221	84. 5027	90. 1	0. 82892	85. 7902	91. 1	0. 82556	87. 0954
88. 2	0. 83510	83. 3596	89. 2	0. 83188	84. 6311	90. 2	0. 82859	85. 9196	91. 2	0. 82521	87. 2280
88. 3	0. 83478	83. 4861	89. 3	0. 83156	84. 7585	90. 3	0. 82825	86. 0502	91. 3	0. 82487	87. 3596
88. 4	0. 83446	83. 6127	89. 4	0. 83123	84. 8871	90. 4	0. 82792	86. 1798	91. 4	0. 82453	87. 4914
88. 5	0. 83414	83. 7394	89. 5	0. 83090	85. 0159	90. 5	0. 82758	86. 3106	91. 5	0. 82418	87. 6243
88. 6	0. 83382	83. 8662	89. 6	0. 83057	85. 1447	90. 6	0. 82724	86. 4415	91. 6	0. 82384	87. 7563
88. 7	0. 83350	83. 9931	89. 7	0. 83024	85. 2736	90. 7	0. 82691	86. 5714	91. 7	0. 82350	87. 8884
88. 8	0. 83318	84. 1201	89. 8	0. 82992	85. 4016	90. 8	0. 82657	86. 7025	91. 8	0. 82316	88. 0205
88. 9	0. 83286	84. 2472	89. 9	0. 82959	85. 5307	90. 9	0. 82424	86. 8327	91. 9	0. 82281	88. 1539

92. 0	0. 82247	88. 2863	93. 0	0. 81893	89. 6317	94. 0	0. 81526	91. 0033	95. 0	0. 81144	92. 4044
92. 1	0. 82212	88. 4199	93. 1	0. 81856	89. 7687	94. 1	0. 81488	91. 1426	95. 1	0. 81104	92. 5473
92. 2	0. 82176	88. 5547	93. 2	0. 81820	89. 9046	94. 2	0. 81450	91. 2821	95. 2	0. 81065	92. 6892
92. 3	0. 82141	88. 6885	93. 3	0. 81783	90. 0418	94. 3	0. 81411	91. 4227	95. 3	0. 81025	92. 8324
92. 4	0. 82105	88. 8235	93. 4	0. 81746	90. 1791	94. 4	0. 81373	91. 5624	95. 4	0. 80986	92. 9745
92. 5	0. 82070	88. 9576	93. 5	0. 81810	90. 3154	94. 5	0. 81335	91. 7022	95. 5	0. 80946	93. 1180
92. 6	0. 82035	89. 0917	93. 6	0. 81673	90. 4530	94. 6	0. 81297	91. 8422	95. 6	0. 80906	93. 2616
92. 7	0. 81999	89. 2271	93. 7	0. 81636	90. 5907	94. 7	0. 81259	91. 9823	95. 7	0. 80867	93. 4042
92. 8	0. 81964	89. 3615	93. 8	0. 81599	90. 7285	94. 8	0. 81220	92. 1236	95. 8	0. 80827	93. 5480
92. 9	0. 81928	89. 4971	93. 9	0. 81563	90. 8653	94. 9	0. 81182	92. 2640	95. 9	0. 80788	93. 6909
96. 0	0. 80748	93. 8350	97. 0	0. 80334	95. 3011	98. 0	0. 79397	96. 8102	99. 0	0. 79431	98. 3718
96. 1	0. 80707	93. 9805	97. 1	0. 80290	95. 4516	98. 1	0. 79850	96. 9660	99. 1	0. 79381	98. 5332
96. 2	0. 80665	94. 1273	97. 2	0. 80247	95. 6011	98. 2	0. 79804	97. 1208	99. 2	0. 79330	98. 6961
96. 3	0. 80624	94. 2730	97. 3	0. 80203	95. 7520	98. 3	0. 79757	97. 2770	99. 3	0. 79280	98. 8579
96. 4	0. 80582	94. 4201	97. 4	0. 80159	95. 9030	98. 4	0. 79711	97. 4322	99. 4	0. 79229	99. 0811
96. 5	0. 80541	94. 5662	97. 5	0. 80116	96. 0530	98. 5	0. 79664	97. 5887	99. 5	0. 79179	99. 1833
96. 6	0. 80500	94. 7124	97. 6	0. 80072	96. 2044	98. 6	0. 79617	97. 7455	99. 6	0. 79129	99. 3457
96. 7	0. 80458	94. 8599	97. 7	0. 80028	96. 3559	98. 7	0. 79571	97. 9012	99. 7	0. 79078	99. 5096
96. 8	0. 80417	95. 0064	97. 8	0. 79984	96. 5076	98. 8	0. 79524	98. 0583	99. 8	0. 79028	99. 6725
96. 9	0. 80375	95. 1543	97. 9	0. 79941	96. 6582	98. 9	0. 79478	98. 2144	99. 9	0. 78977	99. 8368
100. 0	0. 78927	100. 0000									

附录二　白兰地国家标准（GB1856—1997）

1. 产品分类

特级：最低酒龄为6年，定为XO级。

优级：最低酒龄为4年，定为VSOP级。

一级：最低酒龄为3年，定为VO级。

二级：最低酒龄为2年，定为三星（包括VS）级。

2. 感官要求

见附表2。

附表2　　白兰地感官标准

项目	特级（XO）	优级（VSOP）	一级（VO）	二级（三星）
外观	澄清透明、晶亮，无悬浮物，无沉淀			
色泽	金黄色至赤金色	金黄色至赤金色	金黄色	浅金黄色至金黄色
香气	具有和谐的葡萄品种香，陈酿的橡木香，醇和的酒香，幽雅浓郁	具有明显的葡萄品种香，陈酿的橡木香，醇和的酒香，幽雅	具有葡萄品种香，橡木香及酒香，香气协调、浓郁	具有原料品种香、酒香及橡木香，无明显刺激感和异味
口味	醇和、甘洌、沁润、细腻、丰满、绵延	醇和、甘洌、丰满、绵柔	醇和、甘洌、完整、无杂味	较纯正、无邪杂味
风格	具有本品独特的风格	具有本品突出的风格	具有本品明显的风格	具有本品应有的风格

3. 理化要求

应符合附表3的要求。

附表 3　　白兰地理化标准

项　目	特级（XO）	优级（VSOP）	一级（VO）	二级（三星）
酒精含量（20℃）/%（体积分数）	38.0~44.0（范围内，标签标示允许差为±1.0）			
非酒精挥发物总量（挥发酸* +酯类+酸类+糠醛+高级醇）/（g/L）（100%乙醇，体积分数）≥	2.50	2.00	1.25	—
铜含量/（mg/L）≤	6.0			
甲醇含量/（g/L）（100%乙醇，体积分数）≤	2.00			

注：* 挥发酸=总酸-固定酸。

参考文献

[1] 葡萄酒生产工艺编写组．葡萄酒生产工艺．北京：中国轻工业出版社，1988

[2] 朱宝镛等译．葡萄酒科学与工艺．北京：中国轻工业出版社，1992

[3] 王恭堂，孙雪梅，张葆春．葡萄酒的酿造与欣赏．北京：中国轻工业出版社，2001

[4] 郭其昌．新中国葡萄酒工业五十年．天津：天津人民出版社，1998

[5] 朱宝镛．葡萄酒工业手册．北京：中国轻工业出版社，1995

[6] 王晓军译．葡萄酒生命之水与白兰地．法国：第68届国际葡萄与葡萄酒局全会，1988.9

[7] 高树贤．葡萄酒工程学．西安：陕西人民出版社，1998

[8] 陆韬译．干邑鉴赏手册．上海：上海科学技术出版社、香港万里机构，2000

[9] 山东轻工科技，1984（4）

[10] 山东食品发酵，1985（1）~（4）

[11] 山东食品发酵，1986（1）~（4）

[12] 山东食品发酵，1987（1）

[13] Roger Cantagrel. Elaboration et Connaissance des Spiritueux. LAVOISIER-TEC & DOC，1993

[14] В. И. ИаДтабар，Д. О. Нутов，Г. И. Фермиан. технадогияКонъяка. Москва，1959

后　记

笔者1965年山东大学生物系毕业，接着考取生物系研究生。1968年初，我被分配到烟台张裕葡萄酿酒公司工作，从此与张裕公司结下不解之缘。开始是技术员，随工人一起参加劳动。之后安排我和张桂英师傅负责培养和保存酵母菌种。

1972年优质白兰地研究课题下达后，我与张桂英师傅承担的研究项目是：白兰地酵母菌的分离和应用研究。

在这期间，我翻译了一本苏联出版的《白兰地工艺学》。这本书对白兰地的生产工艺作了全面系统的介绍，对指导我以后的白兰地研究，起到了很大的作用。

1974—1978年，我被任命为张裕公司酿造车间的党支部书记。

1978—1984年，我担任张裕公司科研所所长，与张桂英、王世斟、任其瑞等同志一起，从事新产品、新工艺的开发研究。很快就研究成功"烟台苹果香槟酒"，获得山东省科技进步二等奖；"高档葡萄酒新工艺研究"（即雷司令、李将军等干白葡萄酒新工艺研究）获得山东省科技进步三等奖；"XO级烟台白兰地研究"（以后改名为XO级张裕金奖白兰地），该项目获得山东省科技进步二等奖。这几年的科技工作，为张裕公司产品的更新换代，提供了技术保证和技术贮备。也是由于上述几项科研成果，1988年我被评为山东省首批专业技术拔尖人才；1992年，我获得国务院对有贡献的科技人员颁发的特殊津贴，终生享受；1996年，我再次被评为山东省专业技术拔尖人才。2000年我被评为烟台市专业技术拔尖人才，终生享受烟台市政府颁发的特殊津贴。我工作做得不多，党和国家却给了我很高的荣誉，我终生感激。

特别应该记住的是王世斟同志对白兰地研究的突出贡献。1984年，我由研究所所长调任张裕葡萄酿酒公司的副总经理（以后改为总工程师），王世斟继任研究所所长。由于王世斟同志的执着追求，他对XO级张裕金奖白兰地的调配和勾兑研究做出了突出的贡献。1988年，张裕XO级金奖白兰地在雅典举行的世界优质产品评选会上，获得国际金奖，它标志着我国白兰地研究达到一个新水平。

1992年，以康达格雷尔（R. CANTAGREL）为首，在法国的科涅克市召开了世界蒸馏酒学术研讨会。我与张裕公司的杨明副总经理一起参加了这次学术会议。对于我这个从事白兰地研究的人，到了科涅克，参观了科涅克的葡萄园，参观了科涅克白兰地的生产工厂，不啻是虔诚的伊斯兰教徒朝圣到了麦加。在这次学术交流会上，我与王晓军同志合作，发表了一篇《烟台地区适合酿造白兰地的葡萄品种》，被收集在会议的学术论文集中。

参加这次学术会议后，张裕公司在我的倡导下，大面积地发展了酿造白兰地的葡萄品种白玉霓葡萄，目前该品种已有3000多亩。

1984—1987年，我在《山东食品发酵》杂志上，连续十期发表了《白兰地工艺学基础讲座》，讲的主要是苏联白兰地工艺学。法国科涅克白兰地，是世界上最好的白兰地，要讲白兰地工艺，就应该以科涅克白兰地工艺为主体。因此，我这次编写的《白兰地工艺学》，对过去的讲稿进行了认真的修改，大量增加补充了科涅克白兰地的酿造工艺，以及我们自己从事白兰地生产和科学研究的实践经验。本书的特点是中国的经验和外国的经验结合得好，理论和实践结合得好。

由于本人的学识所限，本书中的缺陷和错误一定难免，请有识之士批评指正。

王恭堂

2001年7月20日